やさしい Java

第6版

高橋麻奈
Mana Takahashi

本書に関するお問い合わせ

この度は小社書籍をご購入いただき誠にありがとうございます。本書のお問い合わせに関しましては以下のガイドラインを設けております。恐れ入りますが、ご質問の際は最初に下記ガイドラインをご確認ください。

ご質問の前に

本書サポートページで「正誤情報」をご確認ください。正誤情報は、下記のサポートページに掲載しております。また、サポートページでは、本書掲載のサンプルコードのダウンロードファイルも用意しております。

本書のサポートページ　http://mana.on.coocan.jp/yasaj.html

ご質問の際の注意点

- ご質問はメール、または郵便など、必ず文書にてお願いいたします。お電話では承っておりません。
- ご質問は本書の記述に関することのみとさせていただいております。従いまして、○○ページの○○行目というように記述箇所をはっきりお書き沿えください。記述箇所が明記されていない場合、ご質問を承れないことがございます。
- ご質問の内容によっては、回答に数日ないしそれ以上の期間を要する場合もありますので、あらかじめご了承ください。なお、本書の記載内容と関係のない一般的なご質問、本書の記載内容以上の詳細なご質問、お客様固有の環境に起因する問題についてのご質問、具体的な内容を特定できないご質問など、そのお問い合わせへの対応が、他のお客様ならびに関係各位の権益を減損しかねないと判断される場合には、ご対応をお断りせざるをえないこともあります。

ご質問送付先

ご質問については下記のいずれかの方法をご利用ください。

- **Webページより：**小社の本書の商品ページ内にある「この商品に関する問い合わせはこちら」をクリックすると、メールフォームが開きます。要綱に従ってご質問を記入の上、送信ボタンを押してください。

本書の商品ページ　http://isbn.sbcr.jp/88268/

- **郵送：**郵送の場合は下記までお願いいたします。

〒106-0032
東京都港区六本木2-4-5
SBクリエイティブ　読者サポート係

まえがき

Javaは現在、さまざまな環境で活躍しているプログラミング言語です。「プログラミングをやってみたいけれど、Javaはちょっとむずかしいかな……」と思っていらっしゃる方も多いのではないでしょうか。

本書は、そんな方々のためのJava言語の入門書です。プログラミングを学んだことがない方でも、無理なく学習できるように構成されています。プログラミングの初歩から解説しているので、ほかの言語の知識はいっさい必要ありません。また、イラストを豊富に使って、できるだけわかりやすく概念を図解するように心がけました。

本書にはたくさんのサンプルプログラムが掲載されています。プログラミング上達への近道は、実際にプログラムを入力し、実行してみることです。ひとつずつたしかめながら、一歩一歩学習を進めていってください。

本書が読者のみなさまのお役にたつことを願っております。

著者

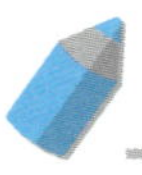

コマンドプロンプトの使いかた

本書で作成するプログラムはコマンドプロンプト（またはWindows PowerShell）上で操作しますので、基本を身につけておいてください。

1. コマンドプロンプトを起動する

コマンドプロンプトを起動します。次の方法で起動してください。

- Windows 7

「スタート」ボタン→［すべてのプログラム］→［アクセサリ］→［コマンドプロンプト］

- Windows 8.1/10

デスクトップ画面の左下隅の「スタート」ボタンを右クリックしてメニューを開き、［コマンドプロンプト］または［Windows PowerShell］を選択

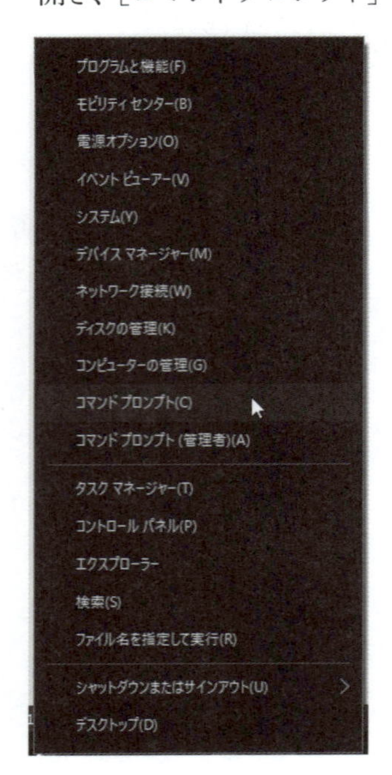

2. 現在のディレクトリが表示される

コマンドプロンプトを起動すると、「現在のディレクトリ」が表示されます。コマンドプロンプト上では、Windowsのフォルダのことをディレクトリ(directory)と呼び、現在操作の対象となっているフォルダのことを「現在のディレクトリ」と呼んでいるのです。

たとえば「C:¥Users」の場合は、Cドライブの下のUsersディレクトリ（フォルダ）のことをあらわしています。

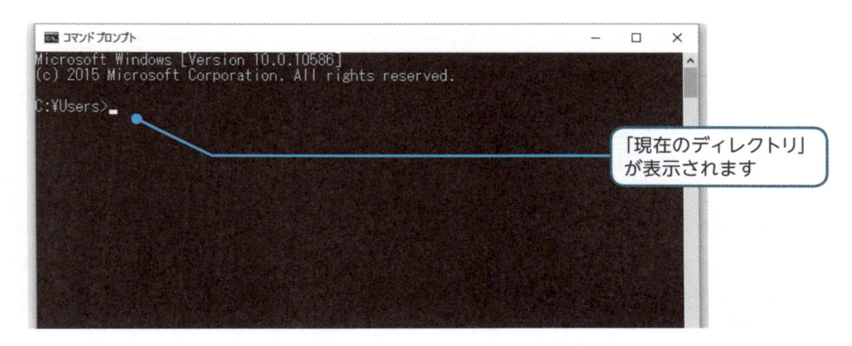

3. ディレクトリを移動する

Javaのプログラムを作成する場合には、ディレクトリを移動して操作をしなければならない場合があります。ディレクトリを移動するには、「cd」というコマンドに続けて、移動したいディレクトリを入力することになります。

ディレクトリは、¥で区切って指定します。たとえば、「Cドライブの下のYJSampleディレクトリ内の01ディレクトリ」であれば、「c:¥YJSample¥01」となります。

次のようにコマンドを入力して Enter キーを押すと、指定したディレクトリに移動することができます。

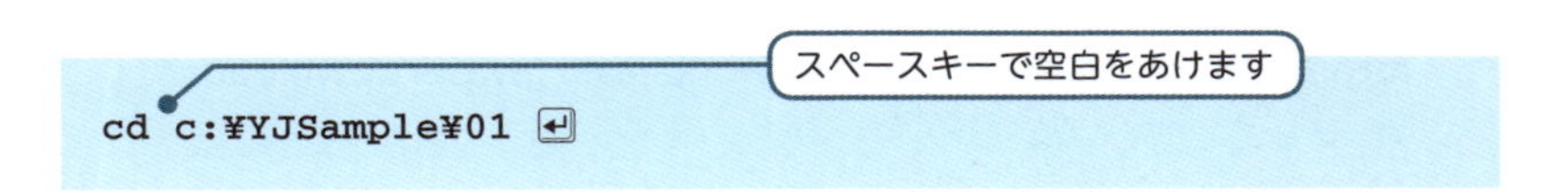

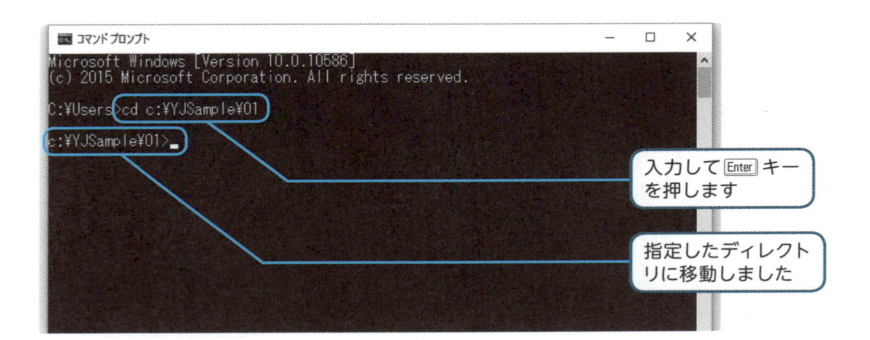

Java言語開発環境の使いかた

Java言語のプログラムは、本書の第1章で説明するように、❶ソースファイルの作成→❷コンパイルの実行→❸プログラムの実行、という順番で作成します。そこで、ここではJava言語プログラムを開発するツールの代表例、JDK（Java Development Kit）の使いかたを通して、プログラム実行までの手順を説明しておきましょう。❶〜❸のくわしい意味については、第1章を参照してください。

JDKの使いかた

JDK（Java Development Kit）は、Oracle社が配布するJava言語開発環境です。

使用前の設定

1. JDKをダウンロードする

❶ Oracle社のJDKのダウンロードページにアクセスします。

http://www.oracle.com/technetwork/java/javase/downloads/

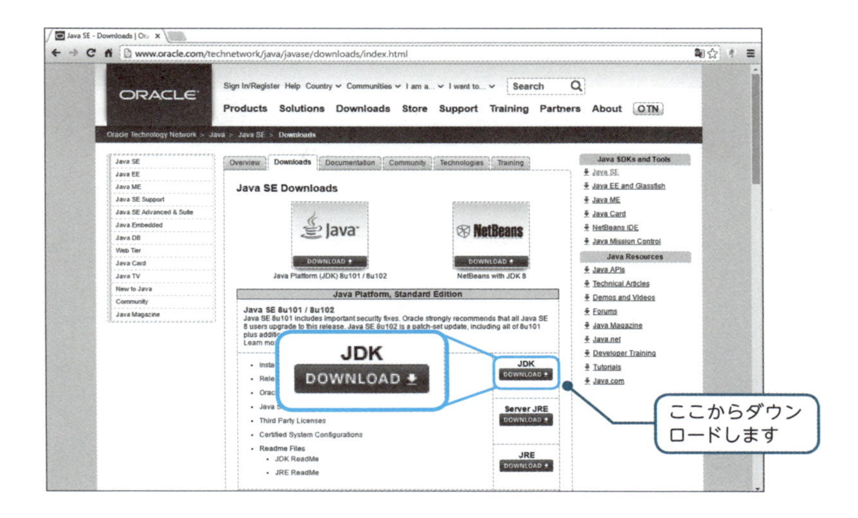

❷ ライセンス同意書に同意します。チェックすると、ダウンロードすることができるようになります。

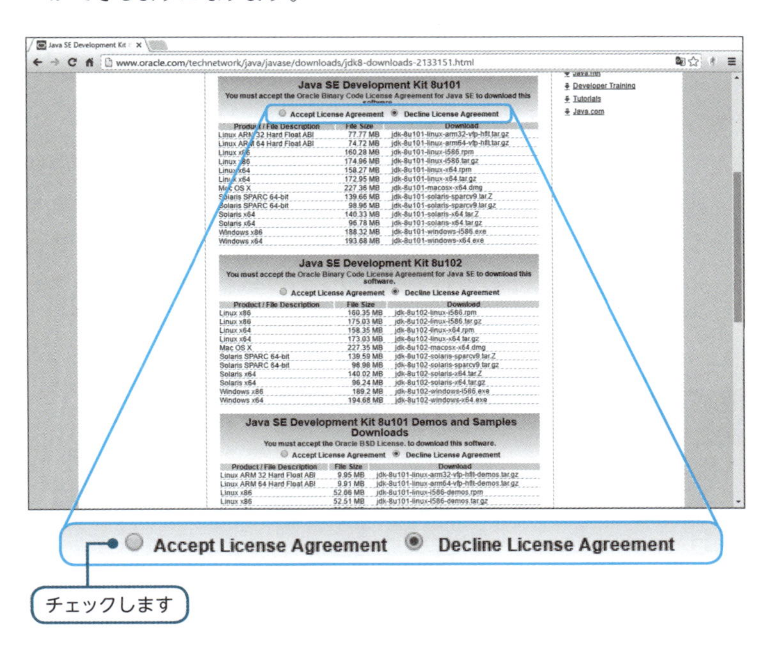

❸ お使いのWindows環境にあわせてWindows x86（32ビット版）またはWindows x64（64ビット版）をダウンロードします。リンクをクリックする

と、ダウンロードがはじまります。

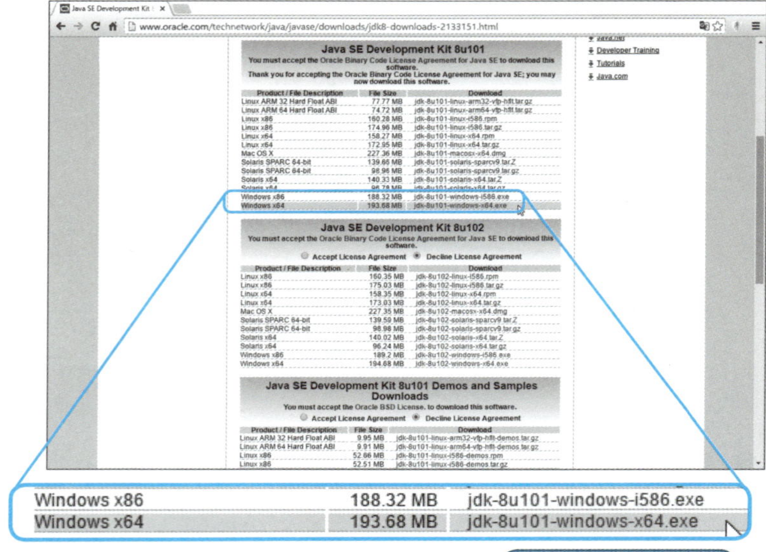

2. JDKをインストールする

ダウンロードしたファイルをダブルクリックすると、インストールが開始されます。画面の手順にしたがって作業を進めてください。ここでJDKをインストールしたディレクトリ名をおぼえておいてください。通常は、「Program Files」の下の「Java」の下のJDKバージョン名のディレクトリにインストールされます。

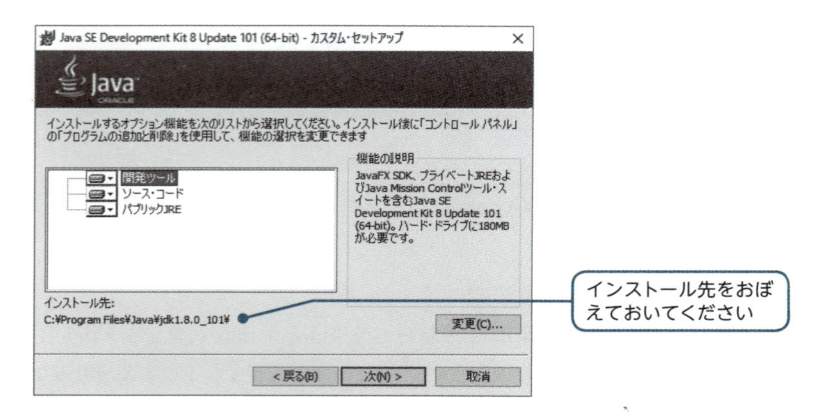

3. パスを設定する

インストールが完了したら、環境設定を行います。プログラムを作成するためのソフトウェア（コンパイラ・インタプリタなど、第1章参照）をかんたんに起動できるように、「パス」というものを設定します。次の手順でパスを設定してください。

❶ ［システムのプロパティ］から環境変数の設定画面を開きます。

Windows 7：「スタート」ボタン→［コントロールパネル］→［システムとセキュリティ］→［システム］→［システムの詳細設定］

Windows 8.1：デスクトップ画面の左下隅の「スタート」ボタンを右クリックしてメニューを開き、［システム］→［システムの詳細設定］

Windows 10：「スタート」ボタン→［Windowsシステムツール］→［コントロールパネル］→［システムとセキュリティ］→［システム］→［システムと詳細設定］

［システムのプロパティ］ダイアログボックスが開いたら、［詳細設定］パネルにある「環境変数」ボタンを選択してください。

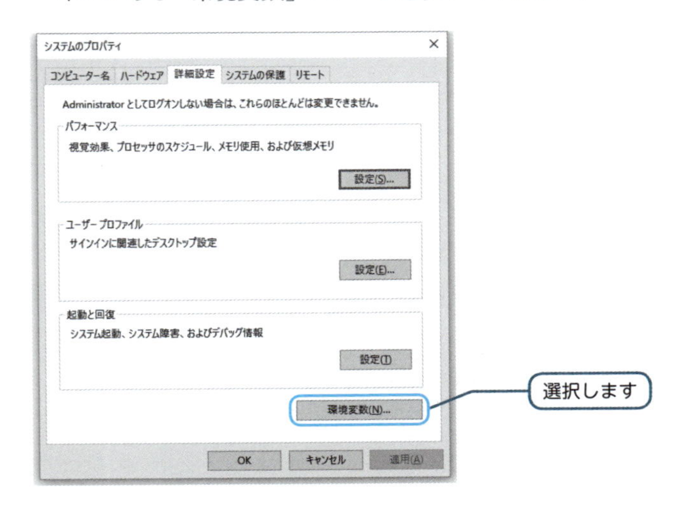

❷ ［ユーザー環境変数］で［PATH］の項を探します。［PATH］の項がある場合には、［PATH］を選択してから「編集」または「新規」ボタンを選択して、行の最後に「;JDKをインストールしたディレクトリ名¥bin」を追加します。項がない場合には、「新規」ボタンを選択して、［変数名］に

「PATH」、［変数値］に「JDKをインストールしたディレクトリ名¥bin」を入力します。

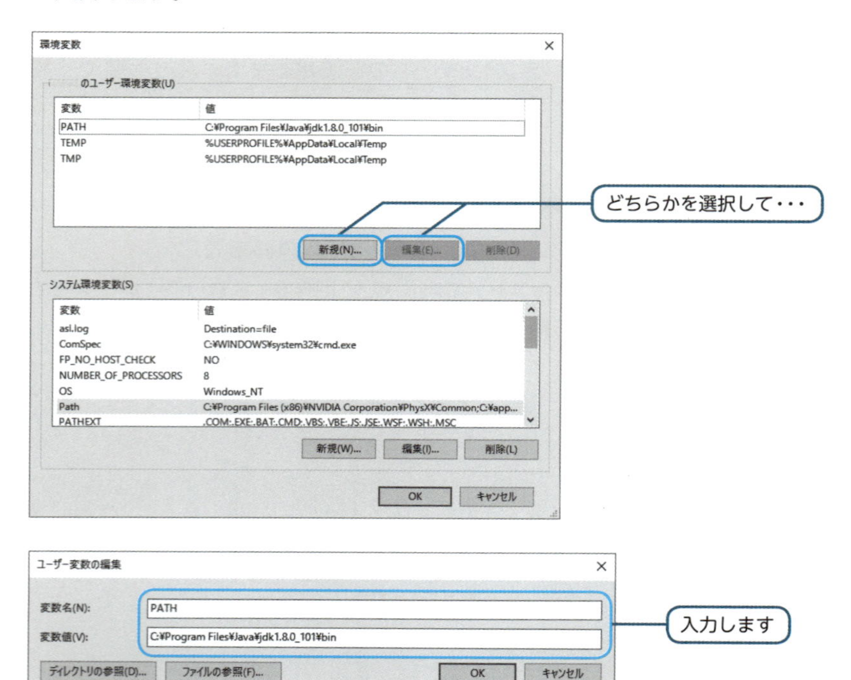

プログラムの実行手順

1. メモ帳などのテキストエディタを起動して、本書で紹介しているコードを入力・保存し、ソースファイルを作成します。ソースファイル名は「<クラス名>.java」とします。

（・・・❶ソースファイルの作成）

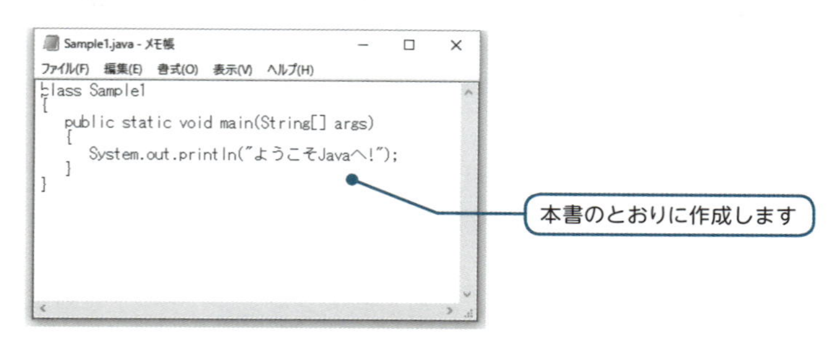

2. コマンドプロンプトを起動して、ソースファイルを保存したディレクトリに移動します。手順については、ivページからの説明も参考にしてください。

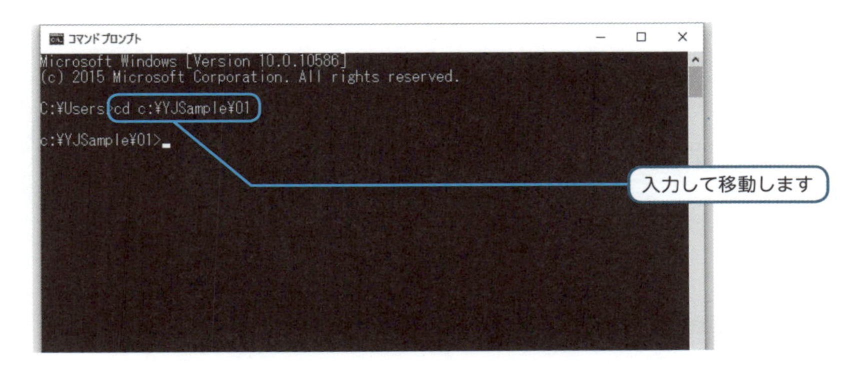

3. コンパイラを起動して、プログラムを作成します。「javac <ソースファイル名>」と入力してから Enter キーを押してください。たとえば、ソースファイルが「Sample1.java」という名前であれば、以下のように入力すると、「Sample1.class」というクラスファイルが同じディレクトリに作成されます。
コマンドプロンプトに特に何も表示されずに、ディレクトリ名がもう一度表示されたら、コンパイルの完了です。
（・・・❷**コンパイルの実行**）

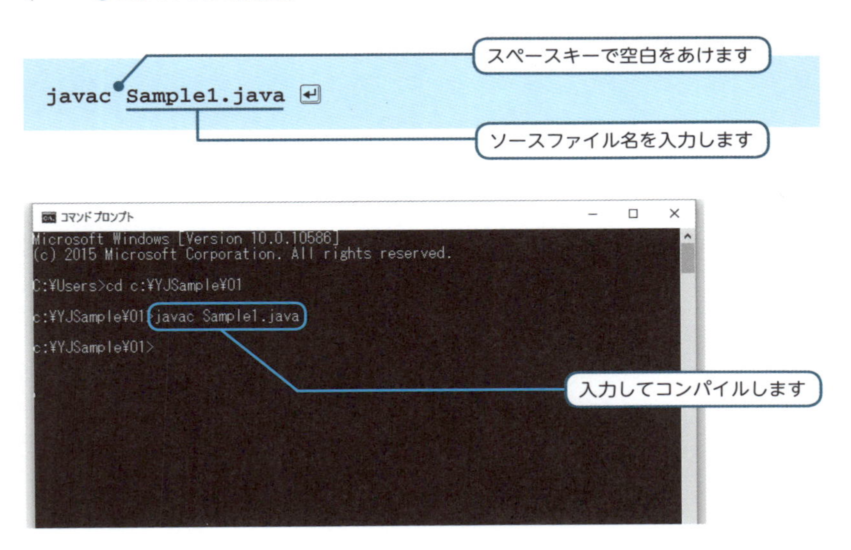

4. インタプリタを起動して、プログラムを実行します。「java <クラス名>」と入力してから Enter キーを押してください。たとえば、クラスファイルが「Sample1.class」という名前であれば、次のように入力します。
（・・・❸**プログラムの実行**）

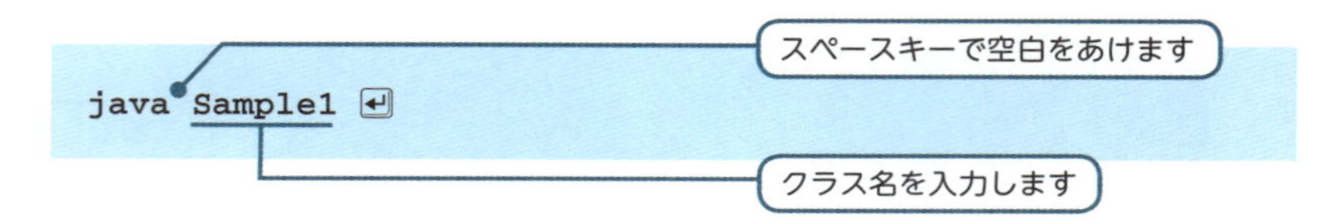

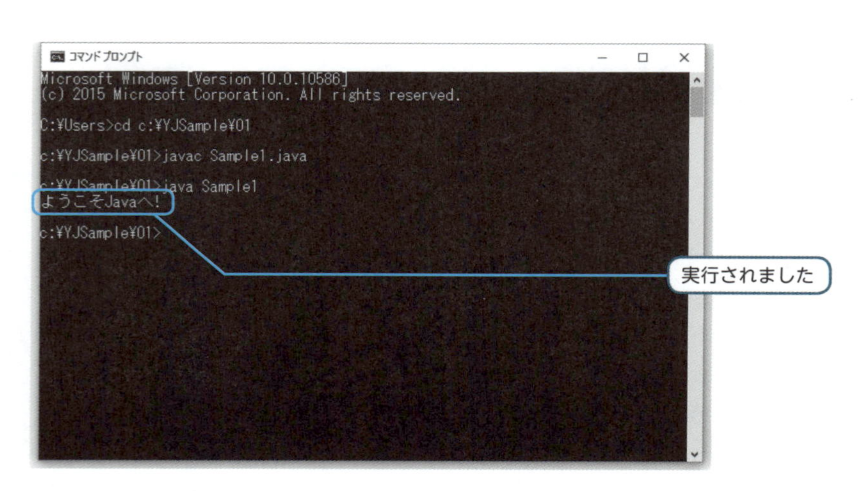

Contents

Lesson 1 はじめの一歩 …… 1

1.1 Javaのプログラム …… 2
プログラムのしくみ …… 2
プログラミング言語Java …… 3
1.2 コードの入力 …… 4
JDKをインストールする …… 4
コードのしくみを知る …… 4
テキストエディタにコードを入力する …… 6
1.3 プログラムの作成 …… 8
コンパイルのしくみを知る …… 8
コンパイラを実行する …… 8
1.4 プログラムの実行 …… 11
プログラムを実行する …… 11
Javaプログラムをほかの環境で使う …… 13
1.5 レッスンのまとめ …… 15
練習 …… 16

Lesson 2 Javaの基本 …… 17

2.1 画面への出力 …… 18
新しいコードを入力する …… 18
画面に出力する …… 19
いろいろな出力方法を知る …… 20
2.2 コードの内容 …… 22
コードの流れをおってみる …… 22
main()メソッド …… 22
1文ずつ処理する …… 23
コードを読みやすくする …… 24
コメントを記述する …… 26
もうひとつの方法でコメントを記述する …… 26
クラスをみわたす …… 27
2.3 文字と数値 …… 29

リテラルとは …… 29
文字リテラル …… 31
エスケープシーケンス …… 32
文字コード …… 33
文字列リテラル …… 35
数値リテラル …… 35
2.4 レッスンのまとめ …… 40
練習 …… 41

Lesson 3 変数 …… 43

3.1 変数 …… 44
変数のしくみを知る …… 44
3.2 識別子 …… 45
変数の「名前」となる識別子 …… 45
3.3 型 …… 47
型のしくみを知る …… 47
3.4 変数の宣言 …… 50
変数を宣言する …… 50
3.5 変数の利用 …… 52
変数に値を代入する …… 52
変数の値を出力する …… 54
変数を初期化する …… 55
変数の値を変更する …… 56
ほかの変数の値を代入する …… 58
値の代入についての注意 …… 59
変数の宣言位置についての注意 …… 60
3.6 キーボードからの入力 …… 61
キーボードから入力する …… 61
数値を入力する …… 64
2つ以上の数値を入力する …… 66
3.7 レッスンのまとめ …… 68
練習 …… 69

Lesson 4 式と演算子 …… 71

4.1 式と演算子 …… 72
式のしくみを知る …… 72

式の値を出力する …… 73
いろいろな演算をする …… 73
キーボードから入力した値をたし算する …… 75
4.2 演算子の種類 …… 78
いろいろな演算子 …… 78
文字列連結演算子 …… 80
インクリメント・デクリメント演算子 …… 81
インクリメント・デクリメントの前置と後置 …… 82
代入演算子 …… 85
シフト演算子 …… 88
4.3 演算子の優先順位 …… 91
演算子の優先順位とは …… 91
同じ優先順位の演算子を使う …… 93
演算子の優先順位を調べる …… 94
4.4 型変換 …… 96
大きなサイズの型に代入する …… 96
小さなサイズの型に代入する …… 97
異なる型どうしで演算する …… 100
同じ型どうしで演算する …… 102
4.5 レッスンのまとめ …… 105
練習 …… 106

Lesson 5 場合に応じた処理 …… 109

5.1 関係演算子と条件 …… 110
条件のしくみを知る …… 110
条件を記述する …… 111
関係演算子を使う …… 112
5.2 if文 …… 114
if文のしくみを知る …… 114
if文で複数の文を処理する …… 116
ブロックにしないと？ …… 119
5.3 if～else文 …… 121
if～else文のしくみを知る …… 121
5.4 複数の条件を判断する …… 125
if～else if ～elseのしくみを知る …… 125
5.5 switch文 …… 129
switch文のしくみを知る …… 129

break文が抜けていると？ …… 132
入力文字によって場合わけする …… 133
5.6 論理演算子 …… 135
論理演算子のしくみを知る …… 135
複雑な条件判断をする …… 137
条件演算子のしくみを知る …… 139
5.7 レッスンのまとめ …… 143
練習 …… 144

Lesson 6 何度も繰り返す …… 147

6.1 for文 …… 148
for文のしくみを知る …… 148
変数をループ内で使う …… 151
for文を応用する …… 152
6.2 while文 …… 156
while文のしくみを知る …… 156
6.3 do～while文 …… 159
do～while文のしくみを知る …… 159
6.4 文のネスト …… 162
for文をネストする …… 162
if文などと組みあわせる …… 164
6.5 処理の流れの変更 …… 166
break文のしくみを知る …… 166
switch文の中でbreak文を使う …… 168
continue文のしくみを知る …… 170
6.6 レッスンのまとめ …… 172
練習 …… 173

Lesson 7 配列 …… 175

7.1 配列 …… 176
配列のしくみを知る …… 176
7.2 配列の準備 …… 178
配列を準備する …… 178
配列に値を代入する …… 181
7.3 配列の利用 …… 183

繰り返し文を配列に用いる …… 183
配列の添字についての注意 …… 184
キーボードから要素数を入力する …… 185

7.4 配列の記述のしかた …… 188
もうひとつの配列の準備方法を知る …… 188
配列を初期化する …… 190

7.5 配列変数 …… 192
配列変数に代入する …… 192
配列変数に代入するということ …… 194

7.6 配列の応用 …… 198
配列の長さを知る …… 198
配列の内容をソートする …… 201

7.7 多次元配列 …… 205
多次元配列のしくみを知る …… 205
多次元配列の書きかた …… 207

7.8 レッスンのまとめ …… 210
練習 …… 211

Lesson 8 クラスの基本 …… 213

8.1 クラスの宣言 …… 214
クラスとは …… 214
Javaにはクラスが欠かせない …… 214
クラスのしくみを知る …… 215
クラスを宣言する …… 217

8.2 オブジェクトの作成 …… 219
クラスを利用するということは …… 219
オブジェクトを作成する …… 220
メンバにアクセスする …… 223

8.3 クラスの利用 …… 225
クラスを利用するプログラム …… 225
2つ以上のオブジェクトを作成する …… 227
2つのクラスファイルが作成される …… 228
クラスを利用する手順のまとめ …… 229

8.4 メソッドの基本 …… 231
メソッドを定義する …… 231
メソッドを呼び出す …… 233
フィールドにアクセスする方法 …… 236
メソッドにアクセスする方法 …… 238

8.5 メソッドの引数 …… 242
引数を使って情報を渡す …… 242
引数を渡してメソッドを呼び出す …… 243
異なる値を渡して呼び出す …… 245
変数の値を渡して呼び出す …… 246
複数の引数をもつメソッドを定義する …… 247
引数のないメソッドを使う …… 250
8.6 メソッドの戻り値 …… 251
戻り値のしくみを知る …… 251
戻り値のないメソッドを使う …… 254
8.7 レッスンのまとめ …… 256
練習 …… 257

Lesson 9 クラスの機能 …… 259
9.1 メンバへのアクセスの制限 …… 260
メンバへのアクセスを制限する …… 260
privateメンバをつくる …… 262
publicメンバをつくる …… 264
カプセル化のしくみを知る …… 266
9.2 メソッドのオーバーロード …… 268
オーバーロードのしくみを知る …… 268
オーバーロードについての注意 …… 272
9.3 コンストラクタの基本 …… 274
コンストラクタのしくみを知る …… 274
コンストラクタの役割を知る …… 275
9.4 コンストラクタのオーバーロード …… 278
コンストラクタをオーバーロードする …… 278
別のコンストラクタを呼び出す …… 281
コンストラクタを省略すると？ …… 283
コンストラクタに修飾子をつける …… 284
9.5 クラス変数、クラスメソッド …… 286
インスタンス変数のしくみを知る …… 286
クラス変数とクラスメソッド …… 289
クラスメソッドについての注意 …… 293
9.6 レッスンのまとめ …… 296
練習 …… 297

Lesson 10 クラスの利用 …… 301

10.1 クラスライブラリ …… 302
クラスライブラリのしくみを知る …… 302
これまで使ったクラスを知る …… 303

10.2 文字列を扱うクラス …… 305
文字列を扱うクラス …… 305
文字列の長さと文字をとり出す …… 306
文字列オブジェクトを作成するときの注意 …… 308
大文字と小文字の変換をする …… 308
文字を検索する …… 310
文字列を追加する …… 311

10.3 そのほかのクラス …… 314
Integerクラスを使う …… 314
Mathクラスを使う …… 315

10.4 クラス型の変数 …… 319
クラス型の変数に代入する …… 319
nullのしくみを知る …… 324
メソッドの引数として使う …… 326
値渡しと参照渡し …… 329

10.5 オブジェクトの配列 …… 331
オブジェクトを配列で扱う …… 331

10.6 レッスンのまとめ …… 336
練習 …… 337

Lesson 11 新しいクラス …… 339

11.1 継承 …… 340
継承のしくみを知る …… 340
クラスを拡張する …… 342
サブクラスのオブジェクトを作成する …… 344
スーパークラスのコンストラクタを呼び出す …… 346
スーパークラスのコンストラクタを指定する …… 347

11.2 メンバへのアクセス …… 351
サブクラス内からアクセスする …… 351

11.3 オーバーライド …… 356
メソッドをオーバーライドする …… 356
スーパークラスの変数でオブジェクトを扱う …… 359

オーバーライドの重要性を知る …… 362
スーパークラスと同じ名前のメンバを使う …… 364
finalをつける …… 366

11.4 Objectクラスの継承 …… 369

クラスの階層をつくる …… 369
Objectクラスのしくみを知る …… 370
toString()メソッドを定義する …… 372
equals()メソッドを使う …… 374
getClass()メソッドを使う …… 377

11.5 レッスンのまとめ …… 380

練習 …… 381

Lesson 12 インターフェイス …… 383

12.1 抽象クラス …… 384

抽象クラスのしくみを知る …… 384
抽象クラスを利用する …… 386
instanceof演算子 …… 391

12.2 インターフェイス …… 393

インターフェイスのしくみを知る …… 393
インターフェイスを実装する …… 394

12.3 クラスの階層 …… 399

多重継承のしくみを知る …… 399
2つ以上のインターフェイスを実装する …… 400
インターフェイスを拡張する …… 402
クラス階層を設計する …… 404

12.4 レッスンのまとめ …… 406

練習 …… 407

Lesson 13 大規模なプログラムの開発 …… 409

13.1 ファイルの分割 …… 410

ファイルを分割する …… 410

13.2 パッケージの基本 …… 413

パッケージのしくみを知る …… 413
同じパッケージのクラスを利用する …… 416

13.3 パッケージの利用 …… 418

同じパッケージに含める …… 418

異なるパッケージにわける …… 420
異なるパッケージのクラスを利用する …… 422
パッケージ名でクラスを区別する …… 425
13.4 インポート …… 427
インポートのしくみを知る …… 427
サブパッケージをつくる …… 428
クラスライブラリのパッケージ …… 431
複数のクラスをインポートする …… 432
13.5 レッスンのまとめ …… 433
練習 …… 434

Lesson 14 例外と入出力処理 …… 437

14.1 例外の基本 …… 438
例外のしくみを知る …… 438
例外を処理する …… 440
finallyブロックをつける …… 443
14.2 例外とクラス …… 446
例外とクラスのしくみを知る …… 446
例外の情報を出力する …… 447
例外の種類を知る …… 448
14.3 例外の送出 …… 451
例外クラスを宣言する …… 451
例外を送出する …… 452
例外を受けとめなかった場合は？ …… 455
14.4 入出力の基本 …… 459
ストリームのしくみを知る …… 459
ストリームの例を知る …… 459
ファイルのしくみを知る …… 461
ファイルに出力する …… 462
ファイルから入力する …… 463
大量のデータを入力する …… 465
コマンドライン引数を使う …… 467
14.5 レッスンのまとめ …… 472
練習 …… 473

Lesson 15 スレッド ………… 475

15.1 スレッドの基本 ………… 476
スレッドのしくみを知る ………… 476
スレッドを起動する ………… 477
複数のスレッドを起動する ………… 480

15.2 スレッドの操作 ………… 483
スレッドを一時停止する ………… 483
スレッドの終了を待つ ………… 486

15.3 スレッドの作成方法 ………… 489
もうひとつのスレッドの作成方法を知る ………… 489

15.4 同期 ………… 493
同期のしくみを知る ………… 493

15.5 レッスンのまとめ ………… 498
練習 ………… 499

Lesson 16 グラフィカルなアプリケーション ………… 501

16.1 GUIアプリケーションの基本 ………… 502
GUIのしくみを知る ………… 502
ウィンドウをもつアプリケーションを作る ………… 503
コンポーネントのしくみを知る ………… 504
色・フォントを設定する ………… 507
イベントのしくみを知る ………… 508
高度なイベント処理をする ………… 511
イベント処理をかんたんに記述する ………… 513

16.2 アプリケーションの応用 ………… 515
画像を表示する ………… 515
マウスで描画する ………… 517
アニメーションをする ………… 519

16.3 Javaの応用と展開 ………… 522
スマートフォンアプリを開発する ………… 522
Webアプリケーションを開発する ………… 523
さらなる学習のために ………… 523

16.4 レッスンのまとめ ………… 525
練習 ………… 526

Appendix A 練習の解答 ………… 527

Appendix B FAQ ………… 555

コード作成時のFAQ ………… 556
コンパイル時のFAQ ………… 558
実行時のFAQ ………… 560

Index ………… 562

コラム

ワープロ機能は使わないこと …… 5
統合開発環境 …… 7
エラーが表示されてしまったら？ …… 10
開発の際の規則 …… 28
いろいろなトークン …… 30
2進数、8進数、16進数 …… 38
変数の名前 …… 46
ビットとバイト …… 48
変数の宣言 …… 51
標準入力と標準出力 …… 63
誤った入力 …… 66
いろいろな式がある …… 77
シフト演算の意味 …… 89
キャスト演算子の使用 …… 100
セミコロンの注意 …… 120
ビット単位の論理演算子 …… 141
いろいろな繰り返し …… 155
プログラムの構造 …… 161
配列の利用 …… 177
配列変数 …… 182
配列変数の特徴 …… 197
かんたんに配列要素を取り出す …… 201
ソートの方法 …… 204
参照型の変数 …… 223
オブジェクト指向 …… 230
this.によるアクセス …… 241
メソッドを設計する …… 250
privateとpublicを省略すると？ …… 267
フィールドの初期値 …… 277
コンストラクタを設計する …… 285
クラスに関連づけられるメンバ …… 293
ローカル変数 …… 295
クラスライブラリのクラス …… 318
finalize()メソッド …… 326
コレクション …… 335
クラスの機能 …… 346
this()とsuper() …… 350
protectedのアクセス …… 355
オーバーライドとオーバーロード …… 364
this.とsuper. …… 366
finalを使ったクラスの例 …… 368
複数のスーパークラスを継承する …… 370
StringクラスのEquals()メソッド …… 377
オブジェクト指向によるプログラミング… 398
さまざまなクラス階層 …… 405
packageを指定しないと？ …… 417
異なるパッケージ …… 421
クラスにつけるpublic …… 424
パッケージ名のつけかた …… 426
catchブロック …… 442
finallyブロック …… 445
いろいろな例外クラス …… 450
例外処理をしなくてもよいクラス …… 456
データベース …… 467
コマンドライン引数 …… 471
スレッドの応用 …… 488
同期の利用 …… 497
ウィンドウを閉じる …… 504
GUIアプリケーションに関するライブラリ …… 508

Lesson 1

はじめの一歩

この章では、Java言語を使ってプログラムを作成する手順について学びます。Java言語の勉強をはじめたばかりのころは、耳慣れないプログラムの言葉に苦労することもあるかもしれません。しかし、この章でとりあげるキーワードがわかるようになれば、Java言語の理解も楽になるはずです。ひとつずつしっかりと身につけていきましょう。

Check Point!

- プログラム
- Java言語
- JDK
- ソースファイル
- コンパイル
- クラスファイル
- プログラムの実行

1.1 Javaのプログラム

プログラムのしくみ

本書を読みはじめているみなさんは、これからJavaで「プログラム」を作成しようと考えていることでしょう。私たちは毎日、コンピュータにインストールされたワープロ、表計算ソフトなど、さまざまな「プログラム」を使っています。ワープロのような「プログラム」を使うということは、

文字を表示し、書式を整え、印刷する

といった特定の「仕事」をコンピュータに指示し、処理させていると考えることもできます。

コンピュータは、さまざまな「仕事」を正確に、速く処理できる機械です。「プログラム」は、コンピュータに対してなんらかの「仕事」を指示するためのものです。

私たちはこれから、Java言語を使って、コンピュータに処理を行わせるためのプログラムを作成していくことにします。

図1-1 プログラム
私たちはコンピュータに仕事を指示するために「プログラム」を作成します。

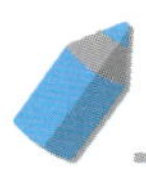

プログラミング言語Java

コンピュータになんらかの「仕事」を処理させるためには、お使いのコンピュータが、その仕事の「内容」を理解できなければなりません。このためには本来、**機械語**（machine code）と呼ばれる言語でプログラムを作成することが必要になります。

しかし困ったことに、この機械語という言語は、「0」と「1」という数字の羅列からできています。コンピュータなら、この数字の羅列（＝機械語）を理解することができるのですが、人間にはとうてい理解できる内容ではありません。

そこで、機械語よりも「人間の言葉に近い水準のプログラミング言語」というものが、これまでにいくつも考案されてきました。本書で学ぶJava言語も、このようなプログラミング言語のうちのひとつです。

Java言語は、**コンパイラ**（compiler）、**インタプリタ**（interpreter）という２つのソフトウェアを使って、機械語に翻訳されることになっています。この機械語のプログラムによって、コンピュータが実際の処理を行うことができるのです。

それではさっそく、Java言語を学んでいくことにしましょう。

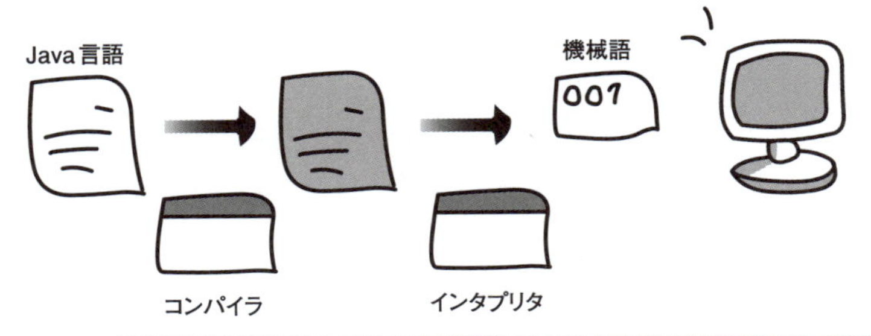

図1-2 プログラムの作成・実行
Java言語のプログラムは、コンパイラとインタプリタを使って作成・実行します。

1.2 コードの入力

JDKをインストールする

Java言語でプログラムを作成するためには、どんな作業が必要となるのでしょうか？　ここでは、最も基本的なプログラムの作成方法をみていくことにしましょう。

まず、私たちが最初にしなければいけないのは、

Javaプログラムを作成するためのツールをインストールする

という作業です。広く使われているのは、Oracle社のJDK（Java Development Kit）というツールです。JDKは、インターネットから無料でダウンロードして入手することができます。JDKの入手方法とインストール方法については、本書冒頭の説明を参考にしてください。

また、JDKを利用しやすくするためのさまざまなJava開発ツールが利用されています。これらの使用方法については、各ツールのマニュアルを参考にするとよいでしょう。自分にあったツールを利用することがたいせつです。

コードのしくみを知る

JDKなどのツールが準備できたら、いよいよプログラムを作成します。次に私たちがしなければならないことは、

テキストエディタに、Java言語の文法にしたがってプログラムを入力していく

という作業です。Javaのプログラムは、

- Windowsの「メモ帳」
- UNIXの「vi」

といった「テキストエディタ」を使って作成することができます。図1-3は、Javaのプログラムをテキストエディタに入力している画面です。本書では、これからこんなふうにテキストエディタにプログラムを入力していくのです。

このテキスト形式のプログラムは、**ソースコード**（source code）と呼ばれています。本書では、このプログラムのことを、単純に**コード**と呼ぶことにします。

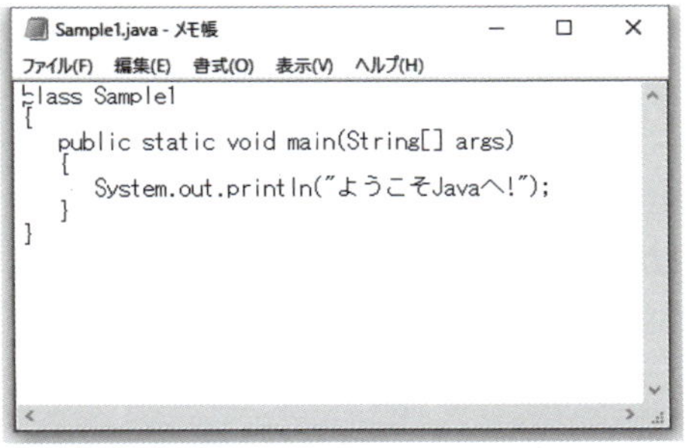

Sample1.java - メモ帳

ファイル(F) 編集(E) 書式(O) 表示(V) ヘルプ(H)

```
class Sample1
{
   public static void main(String[] args)
   {
      System.out.println("ようこそJavaへ!");
   }
}
```

図1-3 Javaで記述したコード

Javaのプログラムを作成するには、テキストエディタでコードを入力することからはじめます。

ワープロ機能は使わないこと

テキストエディタと似た機能に、文字の大きさや太さを設定できる「ワープロ」があります。しかし、文字の大きさなどの書式情報が保存されるワープロは、Javaのコードを保存するには適切でありません。ワープロ機能はプログラムを作成する際には使わないようにしましょう。

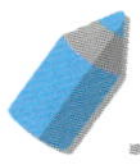

テキストエディタにコードを入力する

それでは、テキストエディタにJavaの「コード」を入力してみましょう。次の点に注意しながら入力してみてください。

- 英数字・記号は全角ではなく、半角で入力してください。
- 英字の大文字と小文字は異なる文字として区別されています。大文字・小文字は、まちがえないように入力してください。たとえば、「main」の文字を「MAIN」としてはいけません。
- 空白の部分は、英数字モードでスペースキーまたはTabキーを押してください。
- 行の最後や、何も書かれていない行では、Enterキーを押して改行してください。このキーは実行キー、↵キーなどと呼ばれている場合もあります。
- セミコロン（;）とコロン（:）の違いに気をつけて入力してください。
- { }、[ ]、( )の違いに気をつけて入力してください。
- 0（ゼロ）とo（英字のオー）、1（数字）とl（英字のエル）もまちがえないで入力してください。

Sample1.java ▶ はじめてのコード

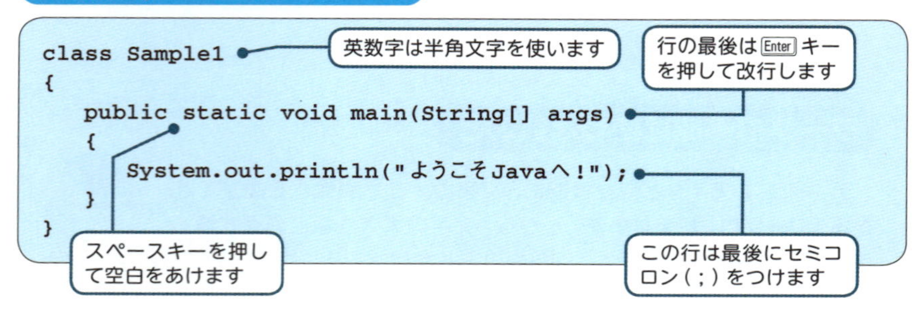
```
class Sample1
{
    public static void main(String[] args)
    {
        System.out.println("ようこそJavaへ！");
    }
}
```


入力が終わったら、ファイルに名前をつけて保存しましょう。ここでは、コードのファイル名として、コード中に入力した「Sample1」をつけることにします。また、Javaではファイル名の最後に「.java」をつけます。これを**拡張子**といいます。

そこで、このファイルを、

Sample1.java

という名前で保存してください。

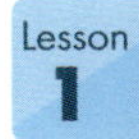

こうしてできあがった「Sample1.java」が、はじめて作成したJavaの「コード」です。このコードを保存したファイルは、ソースファイル（source file）と呼ばれています。

統合開発環境

なお、ソースコードを作成するには、JDKを利用しやすくしたJava統合開発環境を使うこともできます。統合開発環境には通常、独自のテキストエディタが組み込まれています。下図は、統合開発環境として普及しているEclipseの画面です。Eclipseは以下のサイトからインストーラ(Installer) がダウンロードできます。

https://www.eclipse.org/downloads/

使用方法についてはインターネットの情報や、関連書籍などを参考にしてください。

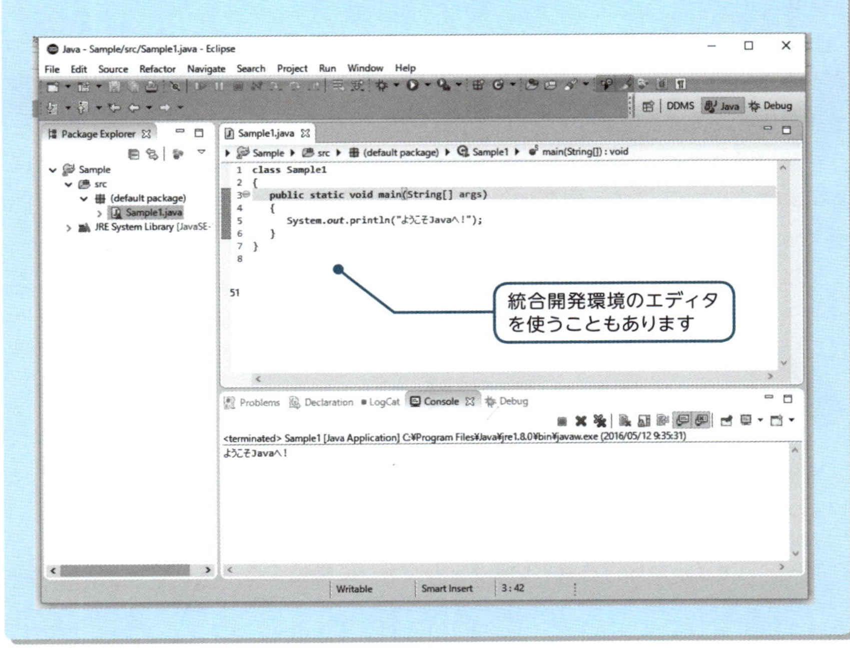

1.3 プログラムの作成

コンパイルのしくみを知る

1.2節で入力したSample1は、

コンピュータの画面に「ようこそJavaへ！」という文字を表示する

という処理をするプログラムです。

せっかく入力したコードです。「早く動かしてみたい！」と思われていることでしょう。

しかし、あせりは禁物です。ソースファイルを作成しただけでは、すぐにプログラムを実行して文字を表示することはできません。Javaで記述されたソースファイルには、まず、コンパイル（compile）という作業を行う必要があるのです。

コンパイルとは、Javaのコードをバイトコード（byte code）と呼ばれる特殊な形式のコードに変換する作業のことをいいます。この作業を行うには、コンパイラ（compiler）と呼ばれるソフトウェアを使います。

ではまず最初に、コンパイルの方法をみていくことにしましょう。

コンパイラを実行する

Windowsの場合、コマンドプロンプトを起動します（ivページ）。さらに、cdというコマンドを使って、

ソースファイルが保存されているディレクトリに移動する

という作業を行います。「ディレクトリ」とは、Windowsのフォルダのことです。ディレクトリの移動方法については本書冒頭で説明していますので、くわしくはそちらを参照してください。

たとえば、ソースファイルを「CドライブのYJSampleディレクトリ内の01ディレクトリ」の中に保存した場合は、次のようにして移動します。

次にコンパイラを起動し、1.2節で作成したSample1.javaをコンパイルします。JDKのコンパイラを起動するには、javacというコマンドを入力します。

Sample1.javaのコンパイル方法

「javac」のあとに空白を1つあけ、ソースファイル名を入力して Enter キーを押します。このとき、「.java」という拡張子まで忘れずに入力する必要があるので注意してください。

特に何も表示されずに、「C:¥YJSample¥01>」ともう一度表示されたら、コンパイルの完了です。ソースファイルが保存されているディレクトリに、「Sample1.class」というファイルが新しく作成されます。このファイルを、**クラスファイル**（class file）と呼びます。

クラスファイルは、コードをバイトコード形式に変換したものです。クラスファイルが正しく作成されているかどうか、フォルダを開いてたしかめてみてください。

コンパイルをするには、「javac <ソースファイル名>」と入力してコンパイラを起動する。

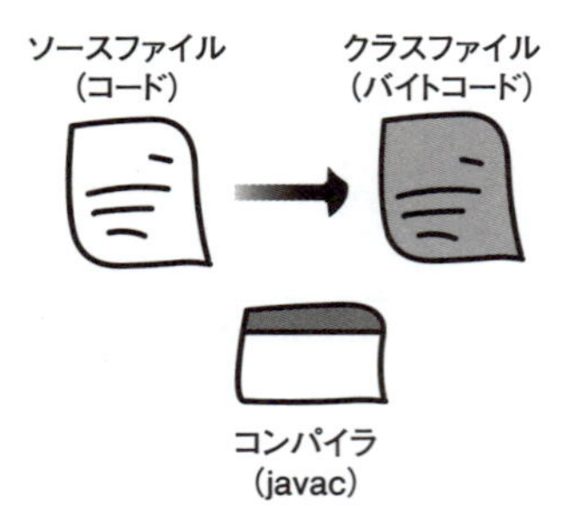

図1-4 ソースファイルのコンパイル

Javaのソースファイル（コード）をコンパイルすると、クラスファイル（バイトコード）が作成されます。

エラーが表示されてしまったら？

コンパイルをしようとしたところ、画面にエラーが表示されてクラスファイルが作成できない場合があります。こんなときには入力したコードをみなおして、まちがいを確認してから、もう一度コンパイルしてみましょう。もっともよくあるエラーには以下のようなものがあります。

- **半角で入力すべき文字を全角で入力した**
- **大文字と小文字の区別がつけられていない**
- **カッコが対応していない**

コンパイルするときに入力したソースファイル名がまちがっていないかどうかも、確認してみてください。今度は正しくコンパイルできたでしょうか？

Java言語は、英語や日本語と同じように、「文法」規則をもっています。私たちが、もしJavaの文法にしたがわないコードを入力した場合は、コンパイラはそのコードを正しく理解することができません。つまり、コンパイラはコードを正しくバイトコードに翻訳できないのです。このとき、コンパイラはエラーを表示して、文法などの誤りを訂正するように指示を与えてくれるようになっています。

1.4 プログラムの実行

プログラムを実行する

クラスファイルができたら、プログラムを実行することができます。さっそく実行してみることにしましょう。

JDKでプログラムを実行するには、インタプリタ（interpreter）というソフトウェアを使います。インタプリタを起動するには、javaというコマンドを入力してください。

さきほど作成したプログラムの場合は、「java」に続けて1つ空白をあけて「Sample1」と入力し、Enterキーを押します。「Sample1」は、クラス名とも呼ばれています。このとき、クラス名の大文字と小文字をまちがえないでください。

すると、プログラムが実行され、画面上に文字が表示されます。

Sample1の実行画面

```
ようこそJavaへ！
```

```
コマンドプロンプト
Microsoft Windows [Version 10.0.10586]
(c) 2015 Microsoft Corporation. All rights reserved.

C:¥Users¥winmac>cd c:¥YJSample¥01

c:¥YJSample¥01>javac Sample1.java

c:¥YJSample¥01>java Sample1
ようこそJavaへ!

c:¥YJSample¥01>
```

図1-5 プログラムの実行

プログラムを実行すると、「ようこそJavaへ!」という文字が画面に表示されます。

うまく実行できたでしょうか？ インタプリタは、バイトコードを解釈して、コンピュータに命令を実行させる役割をもっています。Javaのインタプリタは、**Java仮想マシン**（Java Virtual Machine）という名前で呼ばれることもあります。

プログラムを実行するには、「java <クラス名>」と入力してインタプリタを起動する。

では、この章で学んだプログラムの作成・実行手順をまとめておきましょう。本書の第2章以降のサンプルコードも、このような手順にしたがって入力し、実行していくことになります。手順をしっかりと身につけておいてください。

❶テキストエディタにJavaのコードを入力する
➡ ソースファイルを作成する

❷コンパイラを起動してソースファイルをコンパイルする
➡ クラスファイルが作成される

❸クラス名を指定してインタプリタを起動する
➡ プログラムが実行される

なお、統合開発環境では一般的にプログラムの作成・実行を一括して行うことができます。ただし、いずれの場合も上の流れで作成・実行が行われますので、流れをおぼえておくことがたいせつです。

Javaプログラムをほかの環境で使う

この章では、Javaプログラムの作成・実行方法を学びました。ところで、こうして作成したJavaのバイトコード（クラスファイル）は、WindowsでもUNIXでも、原則として同じように実行することができます。異なる環境のコンピュータであっても、クラスファイルさえあれば、だれでも同じようにプログラムを実行することができるわけです。

通常、ほかのプログラミング言語では、このようにはいきません。Windows、UNIXといったコンピュータの環境ごとに、実行形式のプログラムを作成しなおす必要があります。このことは、さまざまな環境のコンピュータがネットワークを介して利用されている中で、Javaの強みとなっています。

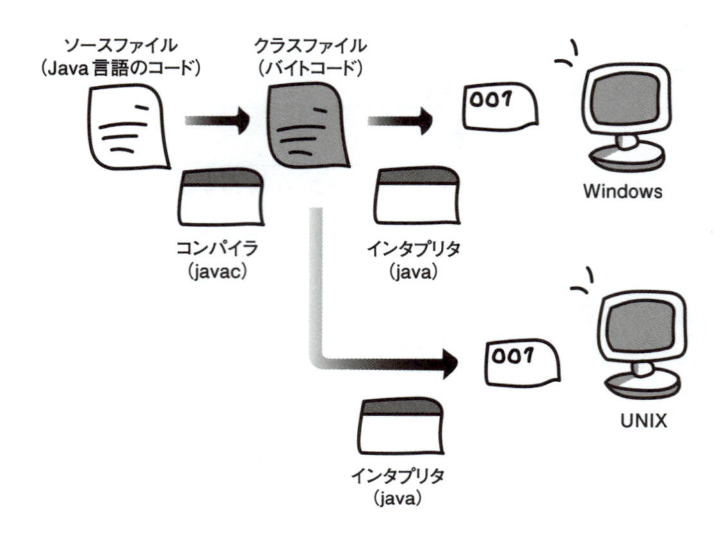

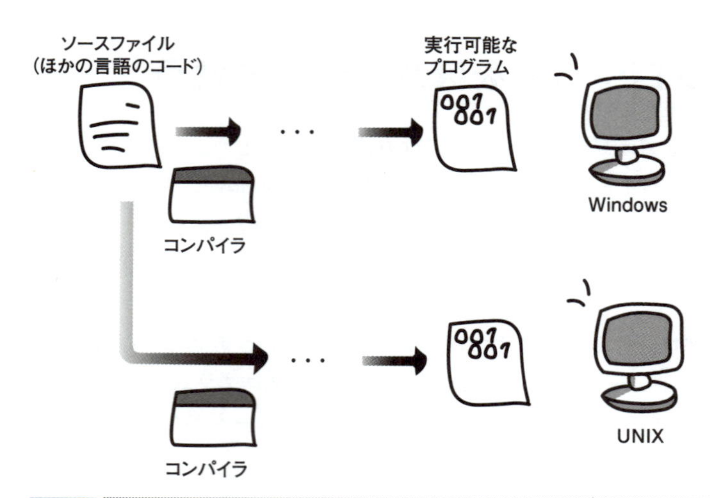

図1-6 Javaのクラスファイル

Javaでは、作成したクラスファイルをさまざまな環境で実行することができます（上）。ほかの言語では、通常、環境ごとにプログラムを作成しなければなりません（下）。

1.5 レッスンのまとめ

レッスンのしめくくりとして、この章で学んだことをまとめておきましょう。この章では、次のようなことを学びました。

- プログラムは、コンピュータに特定の「仕事」を与えます。
- Javaのコードは、テキストエディタなどに入力します。
- Javaのコードは、大文字と小文字を区別して入力する必要があります。
- Javaのファイル名は、大文字と小文字を区別して入力する必要があります。
- ソースファイルをコンパイルすると、クラスファイルが作成されます。
- インタプリタを起動して、プログラムを実行することができます。
- プログラムを実行すると、指示した「仕事」が行われます。

この章では、Javaのコードを入力し、プログラムを作成する手順を学び、最後に実行してみました。しかし、この章では、入力したJavaのコードが意味する処理の内容についてはふれませんでした。次の章からさっそく、Javaのコードの内容について学んでいくことにしましょう。

練習

1. 次の項目について、○か×で答えてください。

① Javaのソースコードは、そのままの形式で実行することができる。
② Javaでは、英字の大文字と小文字を区別して入力する。
③ Javaでは、半角英字と全角英字を区別しないで入力することができる。
④ コード中の空白は、必ずスペースキーを押して空白とする。
⑤ Javaのコードは、文法規則が誤っていた場合でも、常にコンパイルすることができる。

2. 本文中で作成したSample1中のクラス名をSample2に変更したあと、Sample2.javaというファイル名で保存してください。このファイルをコンパイル・実行してください。

Javaの基本

第1章では、Javaのコードを入力し、コンパイラとインタプリタを使ってプログラムを実行する方法を学びました。それでは、これから私たちはどのようなコードを入力していったらよいのでしょうか？ コードを記述し、プログラムを作成するためには、Javaの文法規則を知らなければなりません。この章では、Javaの文法の基本を学ぶことにしましょう。

Check Point!

- 画面への出力
- main()メソッド
- ブロック
- コメント
- クラス
- リテラル
- エスケープシーケンス

2.1 画面への出力

新しいコードを入力する

第1章では、画面に1行を表示するプログラムを作成しました。コンピュータに「仕事」を行わせることができたでしょうか？ この章では、さらに多くの行を表示するプログラムを作成してみましょう。

下のコードをエディタに入力し、保存してください。

Sample1.java ▶ 画面に文字列を出力する

```
//画面に文字を出力するコード
class Sample1
{
    public static void main(String[] args)
    {
        System.out.println("ようこそJavaへ！");
        System.out.println("Javaをはじめましょう！");
    }
}
```

;（セミコロン）や { }（中カッコ）の位置は正しく入力されているでしょうか？入力が終わったら、第1章で説明した手順にしたがってコンパイルし、実行してください。画面には、次のように2行表示されるはずです。

Sample1の実行画面

```
ようこそJavaへ！
Javaをはじめましょう！
```

Sample1.javaは、第1章と同じように、画面に文字の列を表示させるJavaのコードです。画面に文字などを表示することを、プログラミングの世界では、

画面に出力する

と呼んでいます。

そこで本書では、まず最初に、文字列を画面に「出力する」ためのコードをおぼえることにしましょう。次のコードをみてください。

画面への出力

```
class クラス名
{
    public static void main(String[] args)
    {
        System.out.println(出力したい文字列);
        ...
    }
}
```

()内に出力したい文字列を入力します

このコードが、画面に文字列を出力するためのコードの基本形です。引き出し線をつけた行が、コンピュータに対して、画面に出力する処理を指示している部分にあたります。つまり、下線がついた部分に文字列を記述すれば、それが画面に出力されるのです。

「ややこしいコードだなあ・・・」と思う人もいるかもしれません。しかし、いまの段階では、まずJavaのコードに慣れることがたいせつです。ここでは、

画面出力のコードはこのように記述するもの

とおぼえてしまってください。このコードは、これから作成するサンプルコードで使っていきます。文字列や文字、数値などのくわしい書きかたについては、2.3節で学ぶことにします。ここではおおまかなイメージだけをつかんでおきましょう。

いろいろな出力方法を知る

ちょっとわき道にそれてしまうのですが、画面に文字列を出力するスタイルのコードにもう少し慣れておきましょう。

さきほどのコードの中で、出力したい文字列の前に記述した「System.out.println・・・」という言葉に注目してください。この「System.out」とは、

標準出力（standard output）

と呼ばれる、コンピュータの装置と結びつけられている言葉です。

なんだか耳慣れない言葉です。しかし、むずかしいことはありません。「標準出力」とは、「いま使っているコンピュータの画面装置」のことを意味しています。そして「println」は、その画面に文字列をプリント（表示）することを意味しています。つまり、System.out.println・・・の行は、コンピュータに対して、

文字列を「画面」に出力する処理をしなさい

と指示しているのです。

printlnのかわりにprintという言葉を使うこともできます。どちらも画面に出力するための指示ですが、printとprintlnの違いは、行末にあらわれます。

ためしに、次のコードを入力してみてください。

Sample2.java ▶ printを使う

```
class Sample2
{
   public static void main(String[] args)
   {
      System.out.print("ようこそJavaへ!");
      System.out.print("Javaをはじめましょう!");
   }
}
```

printを使います

Sample2の実行画面

```
ようこそJavaへ！Javaをはじめましょう！
```

続けて出力されます

Sample2は、Sample1の中のprintlnをprintに変更したものです。Sample1とは違って、文字列が続けて出力されました。printlnでは1つごとに改行されますが、printでは続けて出力されることになっているのです。使いわけると便利でしょう。

2.2 コードの内容

コードの流れをおってみる

それでは、この章の最初で入力したSample1.javaの内容をくわしくみていくことにしましょう。Sample1.javaのコードをじっくりながめてみてください。このコードは、どのような処理をコンピュータに指示しているのでしょうか？

Sample1.javaの内容

```
//画面に文字を出力するコード
class Sample1
{
   public static void main(String[] args)
   {
      System.out.println("ようこそJavaへ！");
      System.out.println("Javaをはじめましょう！");
   }
}
```

コメント文です
main()メソッドの開始部分です
最初に実行されます
次に実行されます
main()メソッドの終了部分です

main()メソッド

私たちはまず、このコードの指示が、どこからはじまり、どこで終わっているのかを知っておく必要があります。最初に

```
public static void main(String[] args)
```

と書かれている行をみてください。Javaのプログラムは、原則としてこのmain()と記述されている部分から処理が行われることになっています。

次に、Sample1の下から2行目にある

```
}
```

をみてください。原則としてこの部分まで処理が行われると、プログラムは終了します。

中カッコ（{ }）でかこまれた部分は、ブロック（block）と呼ばれています。「main」がついたブロックには、特別にmain()メソッド（main method）という名前がついています。「メソッド」という言葉の意味については、第8章でくわしく説明しますので、心にだけとめておきましょう。

```
public static void main(String[] args)
{
    ...
}
```

main()メソッドです

重要

main()メソッドからプログラムの処理がはじまる。

1文ずつ処理する

それでは、main()メソッドの中をのぞいてみましょう。Javaでは、1つの小さな処理（「仕事」）の単位を文（statement）と呼び、最後に ;（セミコロン）という記号をつけます。すると、この「文」が、

原則として先頭から順番に、1文ずつ処理される

ということになっています。

つまり、プログラムが実行されると、main()メソッドの中の2つの「文」が、次の順序で処理されるのです。

```
System.out.println("ようこそJavaへ！")       ← 最初に実行されます
        ↓
System.out.println("Javaをはじめましょう！"); ← 次に実行されます
```

System.out.println・・・という文は、「画面に文字を出力する」ためのコードでしたね。そこで、この文が実行されると、画面に2行の文字の列が出力されるのです。

文にはセミコロンをつける。
文は原則として先頭から順番に処理される。

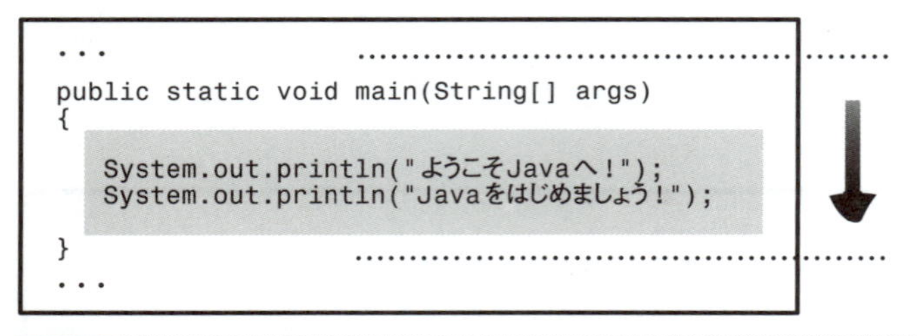

図2-1 処理の流れ
プログラムを実行すると、原則としてmain()メソッドの先頭から1文ずつ順番に処理されます。

コードを読みやすくする

ところで、Sample1のmain()メソッドは、数行にわたって書かれています。これはJavaのコードでは、

文の途中やブロックの中で改行してもよい

ということになっているからです。このため、Sample1のコードでは、main()メソッドを数行にわけて読みやすくしているのです。

また、Javaでは、意味のつながった言葉の間などでなければ、自由に空白や改

行を入れることができます。つまり、

```
pub   lic sta  tic void m ain (String[] args){
```

などといった表記はまちがいですが、

```
public  static  void  main (String[] args){
```

というように、空白を入れたり改行してもよいことになっています。

Sample1では、ブロック部分がわかりやすくなるように、「{」の部分で改行し、内部の行頭を少し下げているのです。なお、出力する文字列の中で改行することはできません。

コード中で字下げを行うことを、**インデント**（indent）と呼びます。インデントをするには、行頭でスペースキーまたはTabキーを押してください。

私たちは、これからしだいに複雑なコードを記述していくことになります。インデントをうまく使って、読みやすいコードを書くことを心がけましょう。

コードを読みやすくするためにインデントや改行を使う。

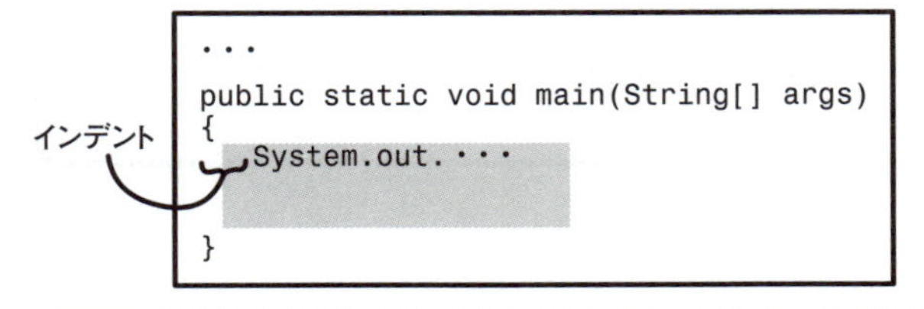

図2-2 インデント
ブロック内を字下げして、コードを読みやすくします。

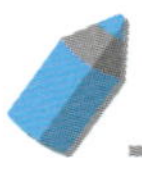

コメントを記述する

main()メソッドについて理解できたでしょうか？　次に、コードのそれ以外の部分をみてみましょう。まず、一番はじめに入力されている、//記号のある行をみてください。

実は、Javaのコンパイラは、

//という記号からその行の終わりまでを無視して処理する

ことになっています。そのため、//記号のあとには、プログラムの処理とは直接関係のない自分の言葉を、メモとして入力しておくことができます。これを**コメント**（comment）といいます。通常は、そのコードの内容をわかりやすく書いておくと便利でしょう。

Sample1では、次のように、コードの先頭でコメントを記述しています。

Javaだけでなく、多くのプログラミング言語は、人間にとっては決して読みやすい言語ではありません。このようなコメントを書いておくことによって、読みやすいコードを作成していくことができるのです。

コメントを使って、コードの内容をわかりやすくする。

もうひとつの方法でコメントを記述する

なお、コメントを記述するには、//という記号のほかに、/*　*/という記号を使うスタイルもあります。

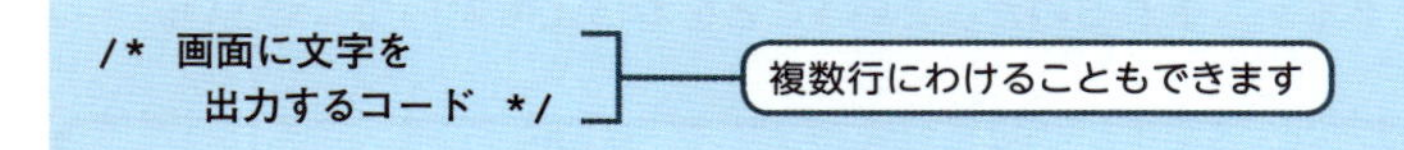

/* */記号の場合は、

/* */でかこまれた部分がすべてコメントになる

ということになっています。このため、/* */記号を使った場合は、複数行にわたってコメントを書くこともできます。

Sample1のように //を使うスタイルでは、コメント記号から行の終わりまでを無視するだけなので、複数行にわたってコメントを入力することはできません。Javaでは、どちらの形式を利用してもかまいません。

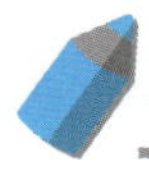

クラスをみわたす

コードの内容はだいたい理解できたでしょうか？ それでは最後に、Sample1.javaのコード全体をみわたしてください。このコードをよくみると、次のようなブロックにかこまれています。

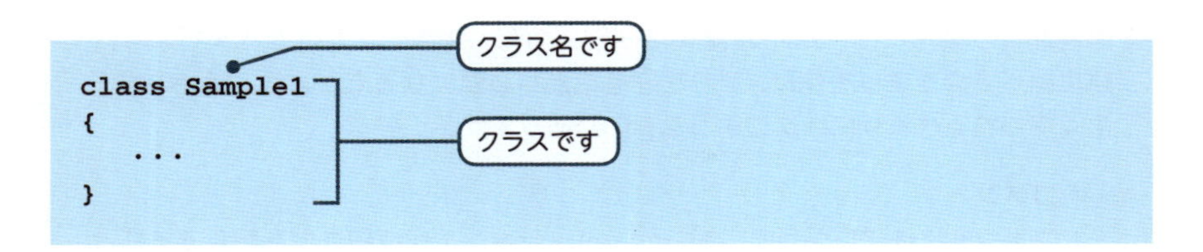

Java言語のコードは、「class」という言葉が先頭についたブロックからなりたっています。このブロックを**クラス**（class）といいます。「class」の次に書かれる言葉（ここではSample1）を、**クラス名**といいます。

Javaのプログラムには、クラスが最低1つ以上なければなりません。たとえばSample1.javaには、「Sample1」というクラス名をもつ1つのクラスがあります。クラスの名前は自由につけることができますが、本書ではしばらくの間、Sample×というクラス名をつけていくことにしましょう。

クラスについては、第8章からくわしく説明していきます。ここでは、コードがこのようなブロックでかこまれるのだ、ということをおぼえておいてください。

Javaのコードは１つ以上のクラスからなりたつ。

```
class Sample1
{
   public static void main(String[] args)
   {
     ...
   }
}
```

クラス

図2-3 **クラス**
Javaのコードには1つ以上のクラスが存在します。

開発の際の規則

Javaによるプログラミングでは、大勢の人たちと力をあわせて行う大規模なシステム開発が想定されています。仕事でこうした開発を行う場合には、Java言語文法規則以外に、開発チーム内でさまざまな記述に関してのきまりを作り、それを守ることが必要になるでしょう。開発の際によく使われるきまりには次のようなものがあります。

- **コメント**
  コメントにはプログラムの開発元・バージョン・作成日などを記入することが多くなっています。
- **クラスの名前**
  クラス名の先頭の文字は大文字にすることが一般的です。

さまざまなきまりにしたがってプログラミングを進めていくことがたいせつです。

2.3 文字と数値

リテラルとは

2.2節では、画面に文字の列を出力するかんたんなコードを学びました。そこでこの節では、これまでのコードを応用して、Javaの文字・数値・文字列の書きかたを学ぶことにしましょう。

まず、次のコードを作成してみてください。

Sample3.java ▶ いろいろな値を出力する

```
class Sample3
{
   public static void main(String[] args)
   {
      System.out.println('A');            // 文字を出力します
      System.out.println("ようこそJavaへ!"); // 文字列を出力します
      System.out.println(123);            // 数値を出力します
   }
}
```

Sample3の実行画面

```
A
ようこそJavaへ!
123
```

Sample3では、さまざまな文字や数値が出力されています。このコードの中の'A' や "ようこそJavaへ !"、123といった特定の文字や数値の表記を、Javaではリテラル（literal）と呼んでいます。リテラルとは、

一定の「値」をあらわすために用いられる、Javaの単語のようなもの

と考えてみてください。

主なリテラルには次のようなものがあります。

- 文字リテラル
- 文字列リテラル
- 数値（整数・浮動小数点数）のリテラル

これから、リテラルをひとつずつみていくことにします。

いろいろなトークン

「日本語」や「英語」といった人間の言語が、単語の組みあわせからなりたっているように、Javaも、単語のような言葉の組みあわせからなりたっています。リテラルは、Javaで使われているこの単語のうちのひとつです。

「単語」、つまり「ある特定の意味をもった文字（またはその組みあわせ）」は、Javaでは**トークン**（token）と呼ばれています。

トークンは、そのはたらきによって、次のような種類に分類することができます。

- リテラル
- キーワード
- 識別子
- 演算子
- 区切り子（カンマなど）

このうち、リテラルについてはこの章で学びます。キーワードと識別子は第3章、演算子は第4章で学ぶことにします。

文字リテラル

Javaでは、

- 1つの文字
- 文字の並び（文字列）

の2種類のリテラルを区別して扱っています。まず、1つの文字をあらわす方法をおぼえましょう。

1つの文字は、文字リテラル（character literal）と呼ばれています。これは、

```
'A'
'a'
'あ'
```

のように、' ' でくくってコード中に記述します。Sample3の中では、'A' が「文字」にあたるわけです。なお、Sample3の実行結果をみればわかるように、画面には ' ' がつかずに出力されることに注意してください。

1つの文字は ' ' でくくって表記する。

'H' ← 文字

図2-4 文字

文字をあらわすときには ' ' でくくります。

エスケープシーケンス

ところで、文字の中には、キーボードから入力できない特殊な文字もあります。このような文字については、¥を最初につけた2つの文字の組みあわせで「1文字分」をあらわすことができます。これをエスケープシーケンス（escape sequence）といいます。エスケープシーケンスには表2-1のようなものがあります。

表2-1　エスケープシーケンス

エスケープシーケンス	意味している文字
¥b	バックスペース
¥t	水平タブ
¥n	改行
¥f	改ページ
¥r	復帰
¥'	'
¥"	"
¥¥	¥
¥ooo	8進数oooの文字コードをもつ文字 (oは0～7の数字)
¥uhhhh	16進数hhhhの文字コードをもつ文字 (hは0～9の数字、A～Fの英字)

なお、お使いの環境によっては、¥が \（バックスラッシュ）として表示される場合もあるので注意してください。

ためしに、エスケープシーケンスを使って、画面に出力するコードを記述してみましょう。次のコードを入力してください。

Sample4.java ▶ エスケープシーケンスを使う

```
class Sample4
{
   public static void main(String[] args)
   {
      System.out.println("円記号を表示します。:¥¥");
      System.out.println("アポストロフィを表示します。:¥'");
   }
```

エスケープシーケンスを使います

```
}
```

Sample4の実行画面

```
円記号を表示します。：¥
アポストロフィを表示します。：'
```

「¥¥」や「¥'」と記述した部分が、「¥」や「'」として出力されているのがわかります。

エスケープシーケンスを使うと、特殊な文字をあらわすことができる。

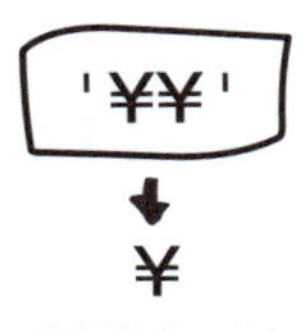

図2-5 エスケープシーケンス
特殊な文字をあらわすには、エスケープシーケンスを使います。

文字コード

文字についてもう少しくわしく学んでおきましょう。実はコンピュータの内部では、文字も数値として扱われています。このような各文字のかたちに対応する数値を、文字コード（character code）といいます。Javaでは、Unicode（ユニコード）と呼ばれる文字コードが使われています。

エスケープシーケンスである「¥ooo」や「¥uhhhh」（表2-1）を出力すると、指定した文字コードに対応する文字が出力されます。次のコードを実行してみましょう。

Sample5.java ▶ 文字コードを使う

```
class Sample5
{
   public static void main(String[] args)
   {
      System.out.println("8進数101の文字は¥101です。");
      System.out.println("16進数0061の文字は¥u0061です。");
   }
}
```

文字コードを指定します

Sample5の実行画面

```
8進数101の文字はAです。
16進数0061の文字はaです。
```

Unicodeでは8進数の「101」がA、16進数の「61」がaに対応しています。そのため、上のように「A」や「a」が出力されるのです。

なお、8進数や16進数については、この節の最後のコラムで説明していますので、参考にしてみてください。

文字コードを指定して、文字を出力することができる。

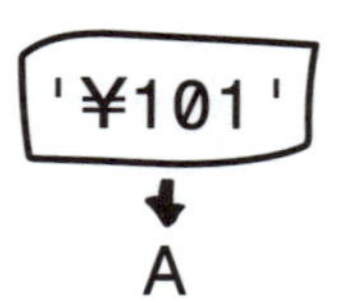

図2-6 **文字コード**
文字をあらわすには、文字コードを指定する方法もあります。

文字列リテラル

文字1文字に対して、複数の文字の並びを文字列リテラル（string literal）といいます。Javaでは、文字列は文字と異なり、' 'ではなく" "でくくって記述します。たとえば、下のような表記が文字列です。

```
"Hello"
"Goodbye"
"こんにちは"
```

Sample1の "ようこそJavaへ!" なども文字列です。画面に出力された文字列には、" "がつかないことに注意してください。

文字列については、第10章でさらにくわしく学ぶことにします。

文字列は" "でくくって表記する。
文字と文字列の扱いは異なる。

"Hello" ←── 文字列

図2-7 **文字列**
文字列をあらわすときには、" "でくくります。

数値リテラル

Javaのコードには、数値を記述することもできます。数値には、次のような種類があります。

- 整数リテラル（integer literal）…… 1、3、100など
- 浮動小数点数リテラル（floating-point literal）…… 2.1、3.14、5.0など

数値のリテラルは、' 'や" "でくくらないで記述することに注意してください。

整数リテラルには、一般的な表記法以外にも、いろいろな書きかたがあります。たとえば、8進数、16進数で数値を表記することもできます。

- 8進数 ……… 数値の先頭に0をつける
- 16進数 …… 数値の先頭に0xをつける

つまり、Javaでは、次のような方法で数値を表記できるのです。

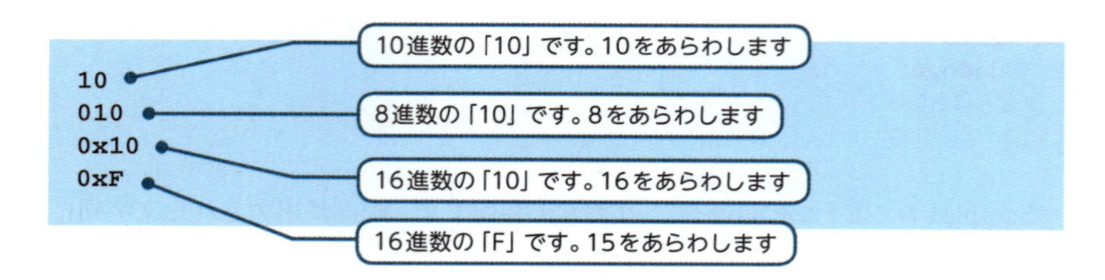

では、いろいろな表記方法を使って、数値を出力してみましょう。

Sample6.java ▶ 10進数以外で表記する

```
class Sample6
{
   public static void main(String[] args)
   {
      System.out.println("10進数の10は" + 10 + "です。");
      System.out.println("8進数の10は" + 010 + "です。");
      System.out.println("16進数の10は" + 0x10 + "です。");
      System.out.println("16進数のFは" + 0xF + "です。");
   }
}
```

10進数以外の表記を使っています

+記号でつなぎます

Sample6の実行画面

```
10進数の10は10です。
8進数の10は8です。
16進数の10は16です。
16進数のFは15です。
```

10進数、8進数、16進数などで表記した「10」を出力してみました。10進数であらわすと、8進数の「10」は8、16進数の「10」は16です。

数値は、" " の中に入れていません。数値と文字列を組みあわせて出力するには、+という記号でつないでください。+記号については第4章で説明することにします。いろいろな数値の表記法を使っても、画面には10進数で出力されていますね。

数値は ' ' や " " でくくらない。
整数をあらわすときには、8進数や16進数を使うこともできる。

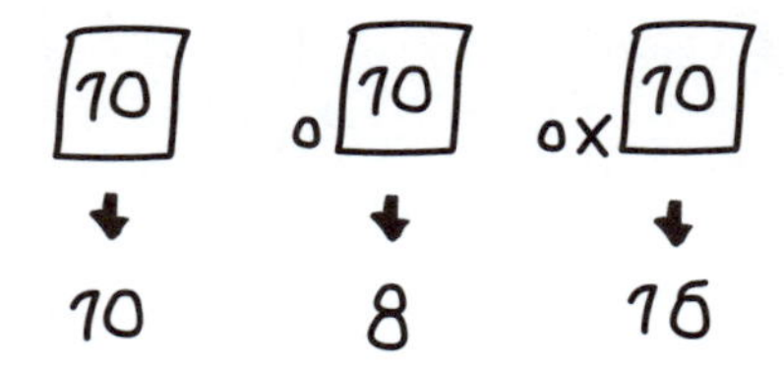

図2-8 **10進数以外の表記**
8進数や16進数で整数をあらわすこともできます。

2進数、8進数、16進数

私たちは日ごろ、0から9までの数字で数をあらわしています。この数の表記方法を10進数といいます。一方、コンピュータの内部では、0と1とだけを使った2進数という表記方法で数をあらわしています。

10進数では、

0, 1, 2, 3・・・

というように数値をあらわしていきます。しかし、2進数では同じ数値を、

0, 1, 10, 11・・・

とあらわすことになっています。10進数では、0から9までの数を使うので、9の次でケタが繰りあがりますが、2進数では、0と1しか使わないので、1の次でケタが繰りあがることになります。

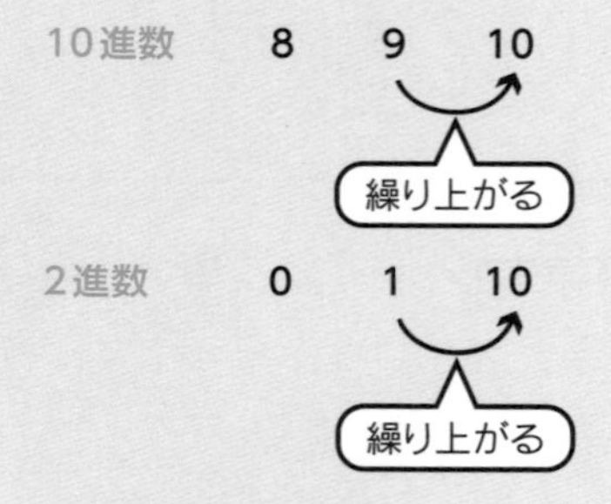

このため、2進数で表記した数値は、大きなケタになりがちです。たとえば、10進数での20を2進数であらわすと、

10100

という大きなケタになってしまいます。

そこで、Javaでは2進数との変換に都合のよい8進数や16進数が、10進数とあわせてよく用いられています。8進数は0から7までの数字、16進数は0から9までとAからFまでの文字を使って表記します。

次の表は、10進数の数をそれぞれ2進数、8進数、16進数で表記した場合の対照表です。それぞれ、どの部分でケタが繰りあがるのかに注意してください。

10進数	2進数	8進数	16進数
0	0	0	0
1	1	1	1
2	10	2	2
3	11	3	3
4	100	4	4
5	101	5	5
6	110	6	6
7	111	7	7
8	1000	10	8
9	1001	11	9
10	1010	12	A
11	1011	13	B
12	1100	14	C
13	1101	15	D
14	1110	16	E
15	1111	17	F
16	10000	20	10
17	10001	21	11
18	10010	22	12
19	10011	23	13
20	10100	24	14

2.4 レッスンのまとめ

この章では、次のようなことを学びました。

- main()メソッドの先頭から、プログラムの実行がはじまります。
- 文は、処理の小さな単位となります。
- ブロックは、いくつかの文からなります。
- Javaのコードは1つ以上のクラスからなります。
- コメントとして、コード中にメモを書いておくことができます。
- リテラルには、文字・文字列・数値などがあります。
- 文字リテラルは ' ' でくくります。
- 特殊な文字は、エスケープシーケンスであらわします。
- 文字列リテラルは " " でくくります。
- 整数リテラルは、8進数や16進数であらわすこともできます。

ここまでに学んだことを使うと、一定の文字や数値を画面に表示するコードを書くことができます。しかし、これだけの知識では、まだまだ変化にとんだプログラムを作成することはできません。次の章では「変数」という機能を使って、より柔軟なプログラムを作成する方法を学びます。

練習

1. 次のコードはどこかまちがっていますか？　誤りがあれば、訂正してください。

```
//画面に文字を出力するコード
class SampleP1{public static
 void main (String[] args)
{System.out.println("ようこそJavaへ!");
System.out.println("Javaをはじめましょう!"); }    }
```

2. 次のコードの適切な位置に「文字と数値を出力する」というコメントを入れてください。

```
class SampleP2
{
   public static void main(String[] args)
   {
      System.out.println('A');
      System.out.println("ようこそJavaへ!");
      System.out.println(123);
   }
}
```

3. 文字や数値などを使って、次のように画面に出力するコードを記述してください。

```
123
¥100もらった
またあした
```

4. 「タブ」記号をあらわすエスケープシーケンス(¥t)を使って、次のように画面に出力するコードを記述してください。

```
1	2	3
```

5. 次のように画面に出力するコードを記述してください。8進数・16進数を使って、2とおりのコードを記述してください。

```
6
20
13
```

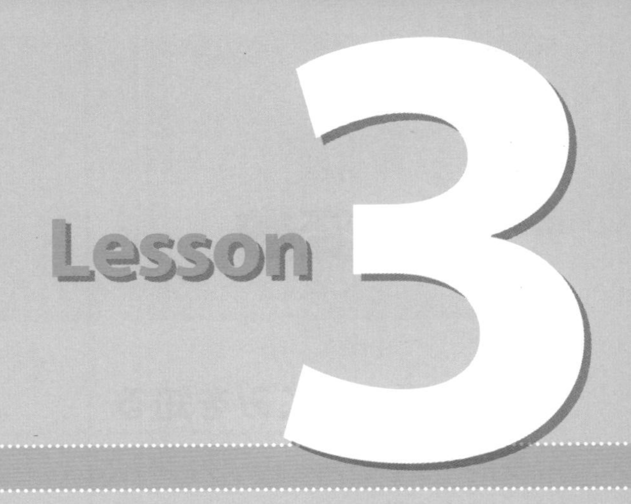

変数

第2章では、文字や数値を画面に出力する方法を学びました。文字や数値は、プログラムをはじめたばかりの方にとっても、それほど違和感なくなじめるものだったと思います。この章では、いよいよJavaのプログラム言語らしい機能を学んでいきます。まず、最も基本的な「変数」について、みていくことにしましょう。

Check Point!

- 変数
- 識別子
- 型
- 変数の宣言
- 代入
- 初期化
- キーボード入力

3.1 変数

変数のしくみを知る

プログラムを実行するとき、プログラムはコンピュータにいろいろな値を記憶させながら処理をしていきます。たとえば、

ユーザーが入力した数値を画面に出力する

というかんたんなプログラムについて考えてみてください。私たち人間であれば、本屋などのお店で商品の値段（＝数値）をおぼえ、あとからその値段を紙に書き出すといったことができます。

これと同じように、コンピュータも、数値をどこかに「記憶」しておき、画面に出力することができます。この値を記憶させておく機能は**変数**（variable）と呼ばれています。

コンピュータには、いろいろな値を記憶しておくために、内部に**メモリ**（memory）という装置をもっています。「変数」は、メモリを利用して値を記憶するしくみなのです。

変数のイメージをつかむために、下の図をみてください。変数はハコのようなものと考えることができます。変数を使うと、あたかも

変数というハコの中に値を入れる

ように、特定の値をメモリに記憶させることができます。

それでは、変数についてくわしくみていくことにしましょう。

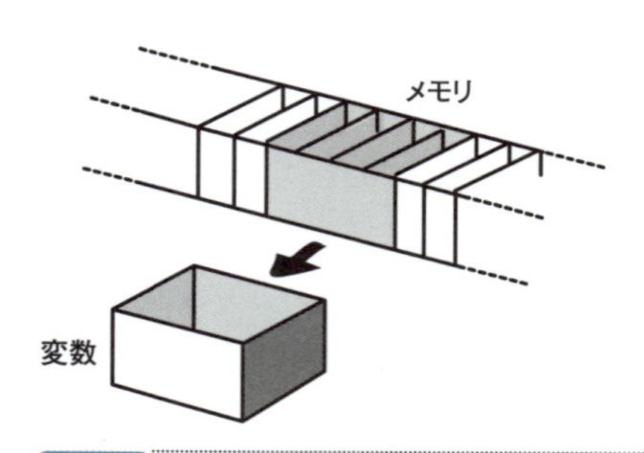

図3-1 **変数**

変数にはいろいろな値を記憶させることができます。

3.2 識別子

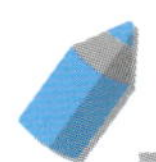

変数の「名前」となる識別子

コードの中で変数を扱うには、まず最初に次の2つのことを決めておかなければなりません。

❶ 変数に「名前」をつける
❷ 変数の「型」を指定する

最初に、❶について説明しましょう。

変数を使うには、変数のためにある特定の「名前」を考えておく必要があります。変数の名前は、私たちが適当に選んで決めることができます。

たとえば、「num」という名前を思いついたとします。このような文字の組みあわせは、変数の名前とすることができます。変数の名前として使える文字や数字の組みあわせ（トークン、第2章参照）を、識別子（identifier）と呼んでいます。numは識別子のひとつなのです。

ただし、識別子には、次のような規則があります。

- 通常、英字・数字・アンダースコア（_）・$などを用います。
- 長さには制限がありません。
- あらかじめJavaが予約しているトークンである「キーワード」を使用することはできません。主なキーワードとして、returnやclassがあります。
- 数字ではじめることはできません。
- 大文字と小文字は異なるものとして区別されます。

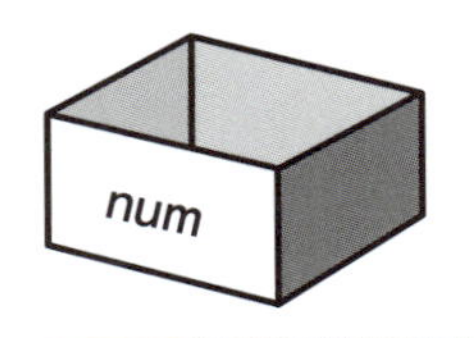

図3-2 変数の名前
変数の名前には識別子を使います。

上の規則にあてはまる識別子の例を、いくつかあげておきましょう。次のような名前を変数の名前とすることができます。

```
a
abc
ab_c
F1
```

一方、次のものは識別子として正しくありません。これらは変数の名前として使うことはできません。どこが誤っているのかを確認してみてください。

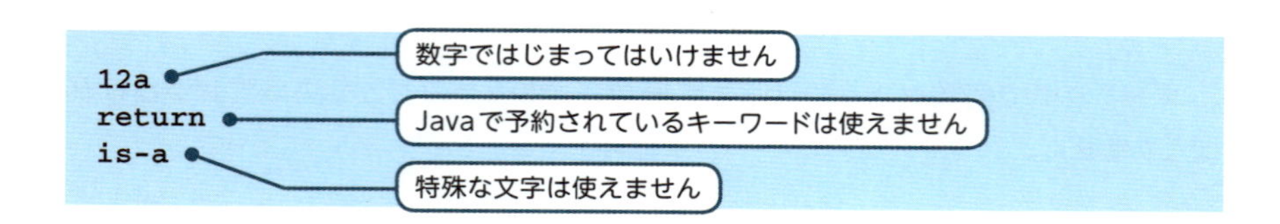

変数の名前は識別子の中から自由につけることができます。ただし、どのような値を記憶する変数なのか、はっきりわかる名前を選ぶようにしましょう。

変数名には識別子を使う。わかりやすい名前をつけること。

変数の名前

変数の名前にはわかりやすい名前を使うことができます。ただし、大勢の人間でプログラムを開発していく際には、慣習やルールにしたがって名前をつけることも必要です。変数の名前は英小文字を使うことが一般的になっています。

3.3 型

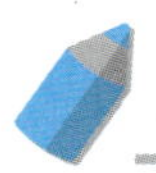

型のしくみを知る

次に、変数の「型」について学んでいきましょう。変数には値を記憶させることができます。この値には、いくつかの「種類」があります。値の種類は、データ型(data type)、または型と呼ばれています。次の表をみてください。Javaには、このような基本的な型(基本型)があります。

表3-1　Javaの基本的な型(基本型)

名前	記憶できる値の範囲
boolean	trueまたはfalse
char	2バイト文字(¥u0000～¥uffff)
byte	1バイト整数(-128～127)
short	2バイト整数(-32768～32767)
int	4バイト整数(-2147483648～2147483647)
long	8バイト整数(-9223372036854775808～9223372036854775807)
float	4バイト単精度浮動小数点数
double	8バイト倍精度浮動小数点数

変数を使うためには、どの型の値を記憶させるための変数なのかを、あらかじめ決めておく必要があります。

たとえば、次ページの図3-3をみてください。この図は

short型という種類の値を記憶できる変数

をあらわしています。このような変数を使うと、

-32768～32767までの範囲の整数のうちの、どれか1つの値

を記憶させることができるのです。

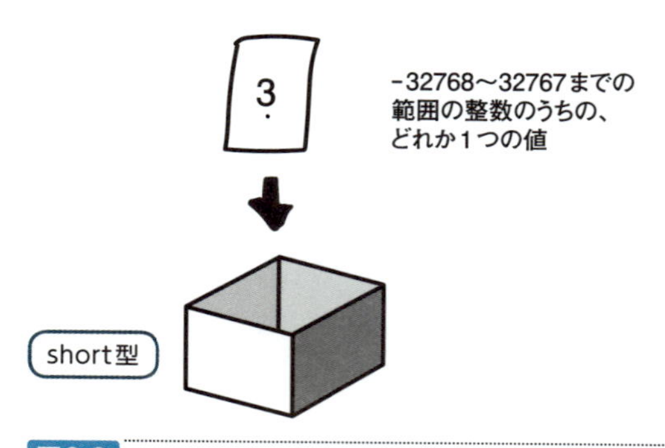

図3-3 型

変数を使うには、型を指定する必要があります。

short型の変数には、小数点以下のケタをもつ「3.14」などといった値を記憶することはできません。このような値を格納する場合には、小数点以下の数値をあらわせるdouble型などの変数を使わなければなりません。

また、表3-1にある「×バイト」という数をみてください。これは、「記憶する値がどのくらいのメモリを必要とするか」ということをあらわしています。これを**型のサイズ**といいます。一般的に、サイズが大きいほど、あらわすことができる値の範囲は広くなります。たとえば、double型の値は、int型の値より多くのメモリを必要としますが、あらわすことができる範囲は広くなっています。

ビットとバイト

型のサイズと値の範囲には深い関係があります。コンピュータは、0と1を使った2進数の数値で数を認識しているということを、第2章でも説明しましたね。2進数の値の「1ケタ分」は、**ビット** (bit) と呼ばれています。つまり、次のような数値の1ケタが1ビットにあたります。

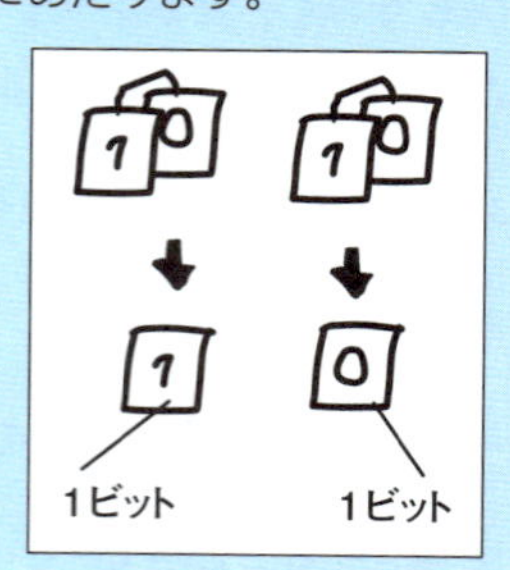

1ビットでは、2進数の1ケタ分である「0」か「1」のどちらかの値をあらわすことができます。

また、2進数の8ケタの数値は**バイト** (byte) と呼ばれています。つまり、1バイトは8ビットにあたります。1バイトでは、2^8=256とおりの値をあらわすことができます。

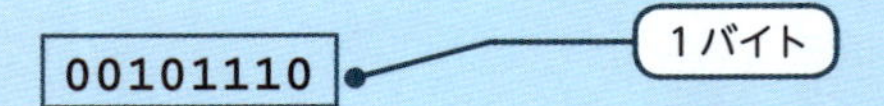

表3-1をみてください。「2バイトのshort型の値」とは、コンピュータの内部では、次のような2進数16ケタの数値になります。

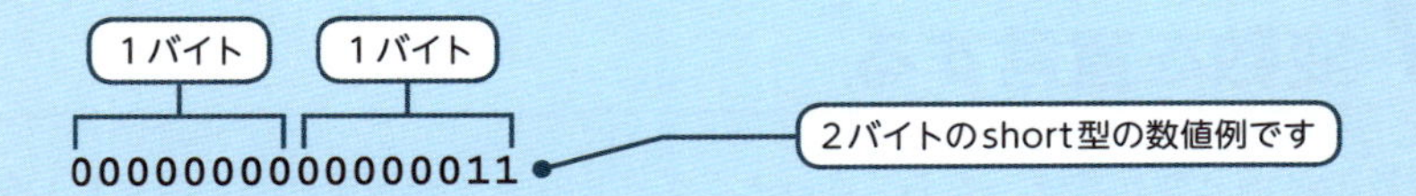

これを数えてみると、この2進数16ケタでは、2^{16}=65536とおりの値をあらわすことができることがわかります。

short型では、この65536種類の値で、私たちが普段使う10進数の-32768から32767までの範囲の値に対応させ、次のようにあらわすことにしています。

表　short型の値

コンピュータの内部(2進数)	あらわしている数値(10進数)	
0000000000000000	0	
0000000000000001	1	
0000000000000010	2	正の数に対応しています
:	:	
0111111111111111	32767	
1000000000000000	-32768	
1000000000000001	-32767	負の数に対応しています
:	:	
1111111111111111	-1	

先頭の1ビット分が、数値の正負に対応していることに注意してください。正の数では先頭が0、負の数では1となっています。

3.4 変数の宣言

変数を宣言する

変数の名前と型が決まったら、さっそくコードの中で変数を使ってみましょう。まずはじめに、「変数を用意する」という作業が必要です。この作業は、

変数を宣言する（declaration）

と呼ばれています。変数は次のように宣言します。

変数の宣言

```
型名 識別子;
```

ここで、3.2節と3.3節で説明した「型」と「識別子（ここでは変数名）」を指定するわけです。変数の宣言は1つの文で行うので、最後にセミコロン（;）をつけるようにしてください。実際のコードは、次のようになります。

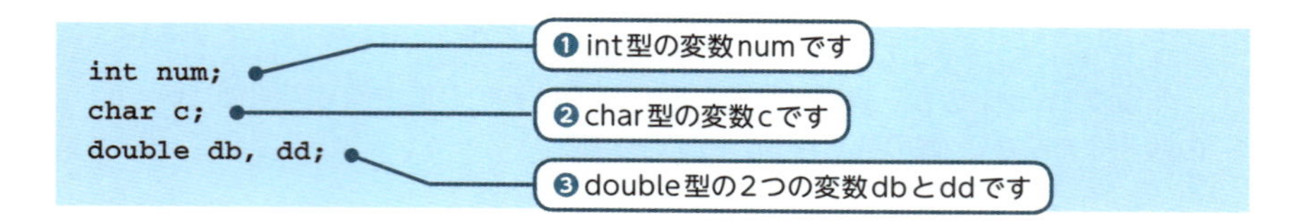

```
int num;
char c;
double db, dd;
```


❶はint型の変数numを宣言した文です。❷はchar型の変数cを宣言した文です。❸はdouble型の変数dbとddを2つまとめて宣言したものです。このように、変数はカンマ（,）で区切り、1つの文の中にまとめて宣言することができます。

変数を宣言すると、その名前の変数をコードの中で使っていくことができるようになります。

変数は型と名前を指定して宣言する。

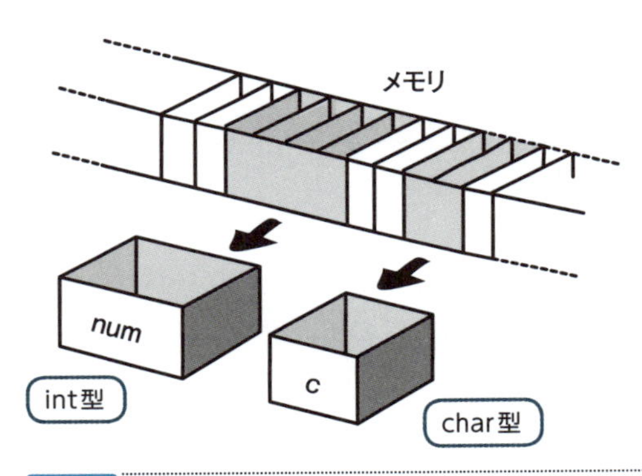

図3-4 **変数の宣言**
変数を宣言すると、変数が用意されます。

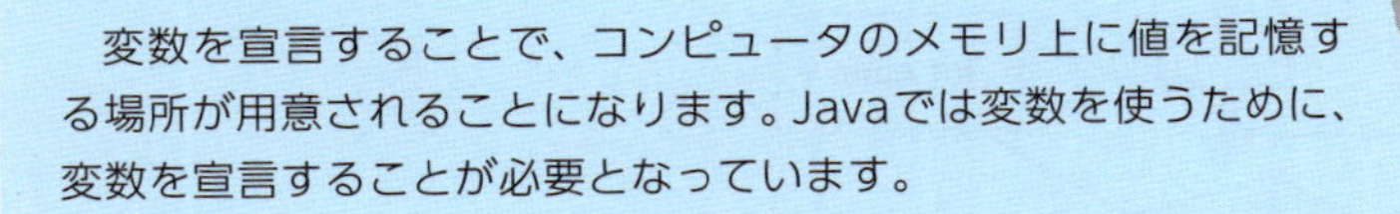

変数の宣言

変数を宣言することで、コンピュータのメモリ上に値を記憶する場所が用意されることになります。Javaでは変数を使うために、変数を宣言することが必要となっています。

3.5 変数の利用

変数に値を代入する

変数を宣言すると、変数に特定の値を記憶させることができます。このことを、

値を代入する (assignment)

といいます。図3-5をみてください。「値の代入」は、用意した変数のハコに、特定の値を入れる（格納する、記憶する）というイメージです。

代入をするには、次のように=という記号を使って記述します。

```
num = 3;
```

ちょっとかわった書きかたですね。しかし、これで変数numに値3を記憶させることができます。この=記号は、値を記憶させる機能をもっているのです。

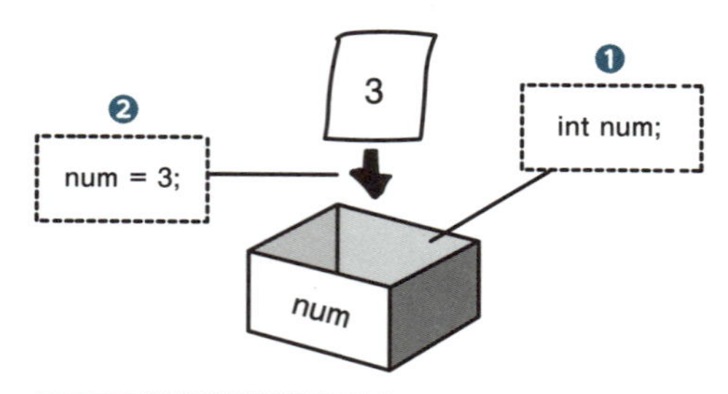

図3-5 変数への代入

❶変数numを宣言します。

❷変数numに3という値を代入します。

変数に値を代入するコードのスタイルを示しておくと、次のようになります。

変数への代入

```
変数名 = 式;
```


「式」については、次の章でくわしく解説します。ここでは、3や5といった一定の「値」と考えておいてください。

それでは、実際にプログラムを作成して、変数を使ってみることにしましょう。

Sample1.java ▶ 変数を使う

```
class Sample1
{
    public static void main(String[] args)
    {
        int num;                                      ❶変数numを宣言します

        num = 3;                                      ❷変数numに3を代入します

        System.out.println("変数numの値は" + num + "です。");
    }                                                 ❸変数numの値を出力します
}
```

Sample1の実行画面

```
変数numの値は3です。        変数numの値が出力されます
```

このコードでは、まず、❶のところでint型の変数numを宣言しています。そして、❷のところで変数numに3という値を代入しています。

このように、「=」という記号は、数学の式で使われるような「●と○が等しい」という意味ではありません。「値を代入する」という機能をあらわすものなのです。注意しておきましょう。

変数には、=を使って値を代入する。

変数の値を出力する

最後に、❸の部分をみてください。ここで、変数numの値を出力しています。変数の値を出力するためには、' 'や" "といった引用符をつけないで変数名を記述してください。第2章で数値を出力したときのように" "でくくらずに、+記号を使って文字列とつなげます。そうすると、プログラムを実行したときに実際に出力されるのは、

```
num
```

という変数名でなく、変数numの中に格納されている

```
3
```

という値になります。

これで、変数の値を画面に出力するコードが記述できました。

図3-6 変数の出力

変数を出力すると、変数に記憶されている値が表示されます。

変数を初期化する

ところで、Sample1では、

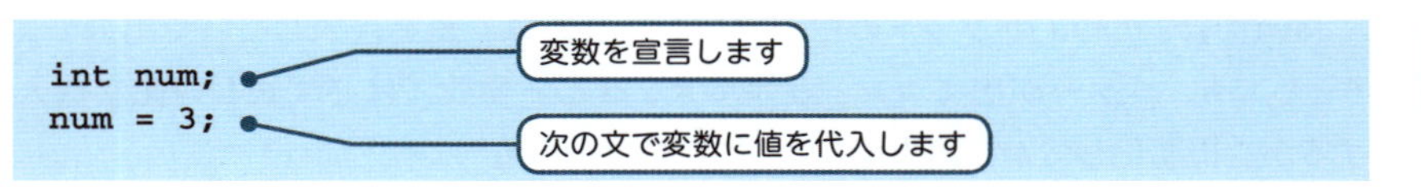

というように、変数を宣言してからもうひとつ文を記述して、変数の中に値を代入しました。しかしJavaでは、

変数を宣言したとき、同時に、変数に値を格納する

という書きかたもできます。このような処理を、

変数を初期化する(initialization)

といいます。変数を初期化するコードは、次のように書きます。

この文は、Sample1で2文にわたってあらわした処理を、1文でまとめて行うものなのです。変数の初期化方法をおぼえておきましょう。

変数の初期化

```
型名 識別子 = 式;
```

実際にコードを書くときには、できるだけこのように変数を初期化するコードを使ったほうが便利でしょう。変数の宣言・代入を2文にわけてしまうと、値を代入する文を書き忘れてしまうことがよくあるからです。

```
int num;
System.out.println("変数numの値は" + num + "です。");
```

変数にまだ値を格納していません

Javaでは、main()メソッドの中で宣言した変数に、値を代入しないで出力しようとしても、エラーが出てコンパイルできません。変数には必ず正しい値を代入するか、初期化してから出力するようにしてください。

変数を初期化すると、宣言と値の格納が同時に行える。

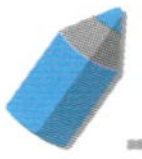

変数の値を変更する

第2章でみてきたように、コード中では、文が1つずつ順番に処理されるのでした。この性質を使って、いったん代入した変数の値を新しい値に変更することができます。次のコードをみてください。

Sample2.java ▶ 変数の値を変更する

```
class Sample2
{
    public static void main(String[] args)
    {
        int num;

        num = 3;

        System.out.println("変数numの値は" + num + "です。");

        num = 5;

        System.out.println("変数numの値を変更しました。");
        System.out.println("変数numの新しい値は" + num + "です。");
    }
}
```

❶変数の値を出力します

❷新しい変数の値を代入します

❸変数の新しい値を出力します

Sample2の実行画面

```
変数numの値は3です。
変数numの値を変更しました。
変数numの新しい値は5です。
```

変数の新しい値が出力されます

Sample2では、はじめに変数numに3を代入し、❶のところで出力しています。そして、次に❷のところで変数に新しい値として5を代入しています。このように、変数にもう一度値を代入すると、

値を上書きし、変数の値を変更する

という処理ができるのです。

❷で変数の値が変更されたので、❸で変数numを出力するときには、新しい値である「5」が出力されています。❶と❸は同じ処理であるにもかかわらず、変数の値が違うために、画面に出力される値が異なっていることに注意してください。

このように、変数には、いろいろな値を記憶させることができます。"変" 数と呼ばれる理由がわかったでしょうか。

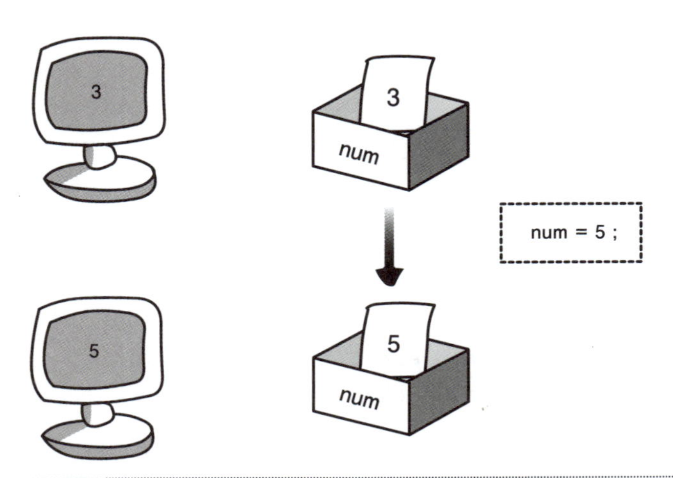

図3-7 変数の値を変更
変数numにもう一度値を代入すると、変数の値が変更されます。

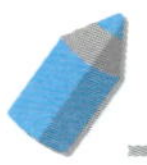

ほかの変数の値を代入する

値を代入するときに=の右辺に記述できるのは、3や5といった一定の数値だけではありません。次のコードを入力してみてください。

Sample3.java ▶ ほかの変数の値を代入する

```
class Sample3
{
    public static void main(String[] args)
    {
        int num1, num2;

        num1 = 3;

        System.out.println("変数num1の値は" + num1 + "です。");

        num2 = num1;    ← 変数num1の値を変数num2に代入します

        System.out.println("変数num1の値を変数num2に代入しました。");
        System.out.println("変数num2の値は" + num2 + "です。");
    }
}
```

Sample3の実行画面

```
変数num1の値は3です。
変数num1の値を変数num2に代入しました。
変数num2の値は3です。
```

（変数num2の値は変数num1の値と同じになりました）

ここでは、=記号の右側に数値ではなく、変数のnum1を記述しています。すると変数num2には、「変数num1の値」が代入されることになります。画面をみると、たしかに変数num2に変数num1の値である3が格納されていることがわかりますね。このように、

変数の値をほかの変数に代入する

ということもできるのです。

3
num1
num2 = num1;
num2

図3-8 ほかの変数の値の代入
変数num1の値を変数num2に代入することができます。

値の代入についての注意

変数に値を代入するときには、注意しなければならないことがあります。次のコードをみてください。

```
class Sample
{
   public static void main(String[] args)
   {
      int num;

      num = 3.14;

      System.out.println("変数numの値は" + num + "です。");
   }
}
```

int型の変数には代入できません

このコードでは、変数numに3.14という値を代入しようとしています。しかし、このコードはこのままではコンパイルできません。int型の変数であるnumには、1.41や3.14といった、小数点のついた数値をそのまま格納することができないからです。変数の型と代入する値については、注意するようにしてください。

型については、第4章でもう一度くわしく説明することにしましょう。

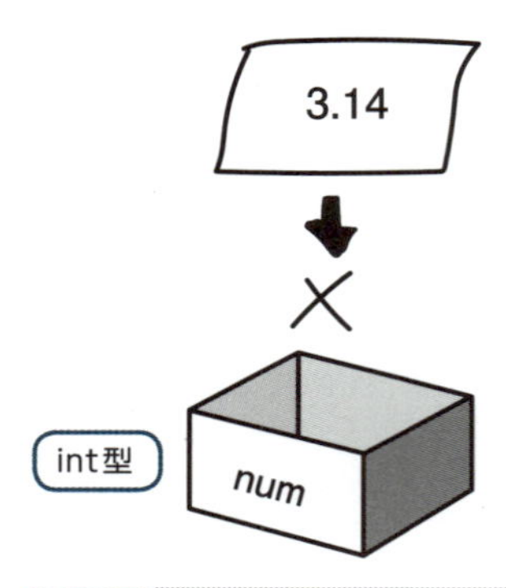

図3-9 **値の代入に注意**
整数型の変数は、小数値をそのまま記憶することができません。

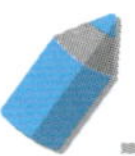

変数の宣言位置についての注意

しばらくの間、本書では変数の宣言を

main()メソッドのブロック内

に記述していくことにします。

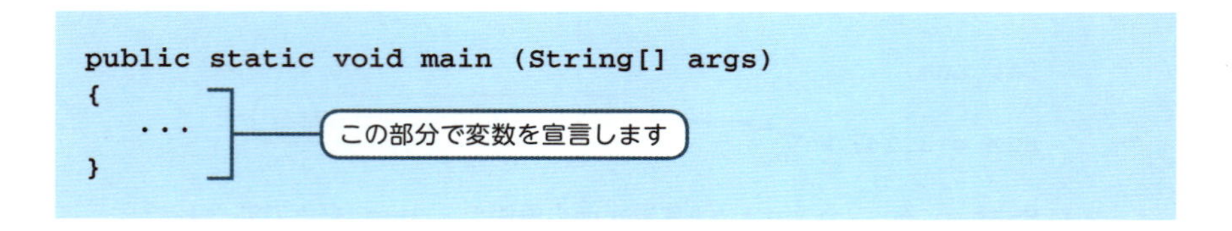

```
public static void main (String[] args)
{
    ...
}
```


実は、main()メソッドのブロックの外に変数を宣言する場合もあるのですが、この方法については、第8章で学ぶことにします。なお、ブロックの中では名前が重複する変数をいくつも宣言することはできないので注意してください。

3.6 キーボードからの入力

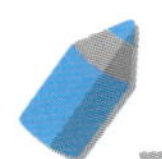

キーボードから入力する

この章の応用として、ユーザーにキーボードからいろいろな文字を入力させ、その値を出力するコードを記述してみましょう。キーボードからの入力を受けつける方法を学ぶと、さらに柔軟なプログラムが記述できるようになります。

入力を受けつけるコードは、次のようなスタイルで記述します。

構文 **キーボードからの入力**

```
import java.io.*;   ← このように記述します

class クラス名
{
 public static void main(String[] args) throws IOException   ← このように記述します
 {
  ...
  BufferedReader br =
   new BufferedReader(new InputStreamReader(System.in));   ← このように記述します

  String str = br.readLine();   ← キーボードから入力した文字列をstrに読み込みます
  //入力された文字列をあらわすstrを利用する
  ...
 }
}
```

長いコードなので少しうんざりしてしまいますが、コードの内容については、あとの章でくわしく説明することにします。ここでは、このようなかたちのコードを使ってキーボードから入力させるのだ、ということだけを心にとめておいてください。

このコードでは、

```
String str = br.readLine();
```

という部分が重要です。この文が処理されたとき、実行画面が**ユーザーからの入力を待つ状態**で止まります。そこで、ユーザーは文字列などをキーボードから入力し、Enterキーを押します。すると、「str」という部分に、入力した1行の文字列に関する情報が読み込まれます。

このため、この文以降では、**「str」という言葉がキーボードから入力した文字列を意味する**ことになります。strはこの章で説明した識別子なので、「str」という言葉でなく、自分で選んだ言葉を使ってもかまいません。

では実際に、プログラムを作成してみることにしましょう。

Sample4.java ▶ キーボードから入力する

```
import java.io.*;

class Sample4
{
   public static void main(String[] args) throws IOException
   {
      System.out.println("文字列を入力してください。");

      BufferedReader br =
       new BufferedReader(new InputStreamReader(System.in));

      String str = br.readLine();

      System.out.println(str + "が入力されました。");
   }
}
```

キーボードからの入力を促すメッセージを出力します

キーボードから入力した文字列をstrに読み込みます

入力した文字列を出力します

Sample4の実行画面

```
文字列を入力してください。
こんにちは ↵
こんにちはが入力されました。
```

キーボードから入力した文字列が出力されます

このプログラムを実行すると、「文字列を入力してください。」というメッセージが画面に出力されます。そして、コンピュータはユーザーからの入力を待つ状態になります。

「こんにちは」と入力し、Enterキーを押してみましょう。すると、画面に「こんにちは が入力されました。」と出力されるはずです。

このコードでは最後に、


```
System.out.println(str + "が入力されました。");
```

と記述しています。入力した文字列を意味する「str」と、「"が入力されました。"」という文字列を+記号でつなぐと、この2つが連結されて出力されるのです。

何度もプログラムを実行し、いろいろな文字列を入力してみてください。このコードを使うと、さまざまな文字列を出力することができるはずです。

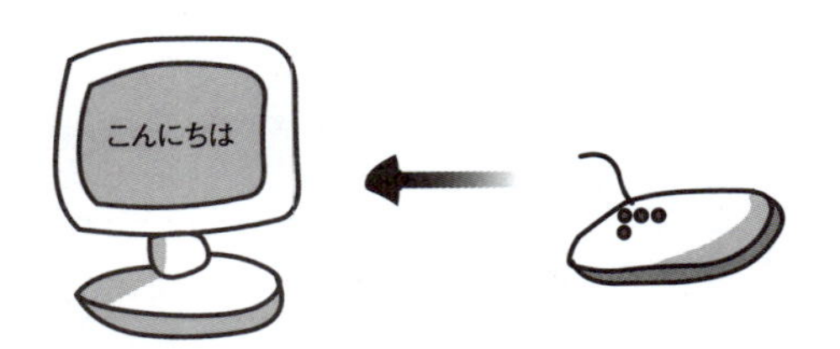

図3-10 キーボードからの入力を読み込む
キーボードから入力を受けつけて、文字列を出力します。

標準入力と標準出力

キーボードからの入力を受けつけるコード中の「System.in」という言葉は、標準入力 (standard input) という装置と結びつけられています。「標準出力」がコンピュータの「画面」を意味していたことを思い出してください。「標準入力」とは、通常はコンピュータの「キーボード」のことを意味します。つまり、Sample4は標準入力であるキーボードから入力を受けつけるためのコードなのです。

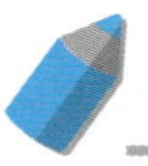

数値を入力する

Sample4では、文字列を読み込むコードを記述しました。今度は、ユーザーに数値を入力させるプログラムをつくってみましょう。

ただし、数値を扱うには、「キーボードから入力された文字列を数値に変換する」という作業が必要になります。次のコードを入力してみてください。

Sample5.java ▶ 数値を入力する

```
import java.io.*;

class Sample5
{
    public static void main(String[] args) throws IOException
    {
        System.out.println("整数を入力してください。");

        BufferedReader br =
         new BufferedReader(new InputStreamReader(System.in));

        String str = br.readLine();

        int num = Integer.parseInt(str);

        System.out.println(num + "が入力されました。");
    }
}
```

文字列を変換してint型の変数に読み込みます

Sample5の実行画面

```
整数を入力してください。
5 ↵
5が入力されました。
```

このコードでは、

```
int num = Integer.parseInt(str);
```

という文に注目してください。この文は、

入力した文字列をあらわす「str」を整数に変換して、
int型の変数numに読み込む

という処理をあらわしています。入力した「5」をint型の変数numに読み込むには、この変換をする文が必要です。キーボードからの入力は、数値を入力したとしても数値とはみなされず、まずは文字列として扱われます。このため、変換を行わないと、キーボードから入力した「5」は数をあらわす数値の「5」とはみなされず、int型の（数値型の）変数には格納できないのです。

なお、入力した文字列をdouble型の数値に変換したい場合であれば、上のコードのかわりに、

```
double num = Double.parseDouble(str);
```

文字列を変換してdouble型の変数に読み込みます

と記述してください。文字列を数値に変換する方法については、第10章でくわしく説明しますので、ここでは手順だけをおぼえれば十分です。

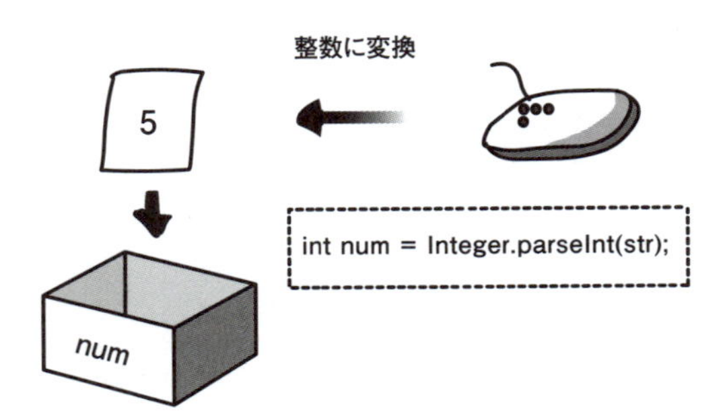

図3-11 整数値への変換
キーボードからの入力をint型の変数に読み込むためには、整数値に変換する必要があります。

誤った入力

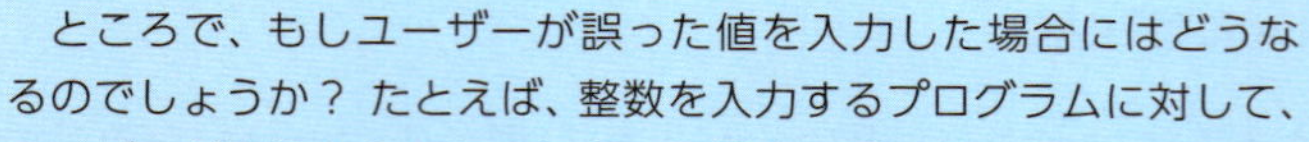
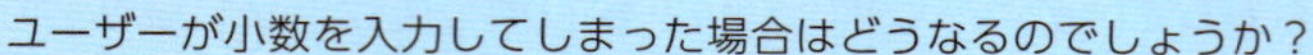

ところで、もしユーザーが誤った値を入力した場合にはどうなるのでしょうか？ たとえば、整数を入力するプログラムに対して、ユーザーが小数を入力してしまった場合はどうなるのでしょうか？

ユーザーが誤った入力をした場合には、正しい表示が行われなかったり、予想外のエラーがおきたりします。

Javaでは、このような入力ミスなどによるエラーがおこったときに、特別な処理をすることができます。本書では第14章でこの説明をしますので、それまではエラーに対する処理にくわしくはふれないことにします。しかし、実際のプログラムの作成にあたっては、ユーザーの入力ミスを考えてコードを記述しなければならないことを忘れないでください。

2つ以上の数値を入力する

ここまでは、キーボードから入力された文字列や数値を読み込むコードを記述してきました。最後に応用として、2つ以上の数値を続けて入力するコードを記述してみましょう。

Sample6.java ▶ 2つ以上の数値を続けて入力する

```
import java.io.*;

class Sample6
{
   public static void main(String[] args) throws IOException
   {
      System.out.println("整数を2つ入力してください。");

      BufferedReader br =
       new BufferedReader(new InputStreamReader(System.in));

      String str1 = br.readLine();
      String str2 = br.readLine();
```

2回続けて入力させます

```
        int num1 = Integer.parseInt(str1);
        int num2 = Integer.parseInt(str2);

        System.out.println("最初に" + num1 + "が入力されました。");
        System.out.println("次に" + num2 + "が入力されました。");
    }
}
```

数値に変換してnum1とnum2に格納します

Sample6の実行画面

```
整数を2つ入力してください。
5 ↵
10 ↵
最初に5が入力されました。
次に10が入力されました。
```

2回続けて入力します

このコードには、2つのreadLine()・・・の文があります。そこで、このプログラムを実行すると、キーボードから「5」や「10」という2つの数を続けて入力することができます。

最初に入力した「5」は変数num1、あとから入力した「10」は変数num2に、それぞれ数値に変換されて読み込まれます。最後にnum1とnum2を出力するコードを記述しているので、入力した2つの数が出力されています。

キーボードから入力するコードは少しややこしく感じる場合もありますが、少しずつ手順に慣れていくとよいでしょう。

3.7 レッスンのまとめ

この章では、次のようなことを学びました。

- 変数には、値を格納することができます。
- 変数は、型と名前を指定して宣言します。
- 変数の名前には、識別子を使います。
- 変数に値を代入するには、=記号を使います。
- 変数を初期化すると、宣言と同時に値の格納ができます。
- 変数に新しい値を代入すると、格納されている値が変更されます。
- キーボードから文字列を入力することができます。
- 文字列を数値に変換することができます。

変数は、Javaの最も基本的な機能です。といっても、この章に登場したサンプルだけでは、変数のありがたみを感じることはむずかしいかもしれません。しかし、たくさんのコードを入力し、本書を読み終えるころには、変数がJavaにはなくてはならない機能だということがわかるはずです。さまざまな変数に慣れたあと、この章に戻ってもう一度復習してみてください。

練習

1. 次の項目について、○か×で答えてください。

① int型の変数には、小数点のついた値を格納することができる。
② float型の変数には、小数点のついた値ならどのような値でも格納することができる。
③ char型のサイズは2バイトである。

2. 次のコードはどこかまちがっていますか？　誤りがあれば、指摘してください。

```
class SampleP2
{
   public static void main(String[] args)
   {
      char ch;

      ch = 3.14;

      System.out.println("変数chの値は" + ch + "です。");
   }
}
```

3. 次のように画面に出力するコードを記述してください。

```
あなたは何歳ですか？
23 ↵
あなたは23歳です。
```

4. 次のように画面に出力するコードを記述してください。

```
円周率の値はいくつですか？
3.14 ↵
円周率の値は3.14です。
```

5. 次のように画面に出力するコードを記述してください。

```
身長と体重を入力してください。
165.2 ↵
52.5 ↵
身長は165.2センチです。
体重は52.5キロです。
```

Lesson 4

式と演算子

コンピュータはさまざまな処理を行うことができます。このとき必要になるのが「演算」です。Javaのプログラムを作成するときも、演算に関する機能は欠かせません。Javaでは、演算をシンプルに行うために「演算子」という機能を用意しています。この章では、いろいろな演算子の使いかたについて学びましょう。

Check Point!

- 式
- 演算子
- インクリメント演算子
- デクリメント演算子
- 代入演算子
- シフト演算子
- 演算子の優先順位
- 型変換
- キャスト演算子

4.1 式と演算子

式のしくみを知る

コンピュータはいろいろな処理を、「計算」することによって行います。そこで、この章では最初に、**式** (expression) というものについて学ぶことにしましょう。「式」を理解するためには、

1+2

といった「数式」を思いうかべればわかりやすいかもしれません。Javaでは、このような式をコードの中で使っていきます。

Javaの「式」の多くは、

演算子 (演算するもの：operator)
オペランド (演算の対象：operand)

を組みあわせてつくられています。たとえば、「1+2」の場合は、「+」が演算子、「1」と「2」がオペランドにあたります。

さらに、式の「評価」というのも重要な概念です。「評価」を知るためには、まず式の「計算」をイメージしてみてください。この計算が式の評価にあたります。

たとえば、1+2が評価されると3になります。評価されたあとの3を、「式の値」と呼びます。

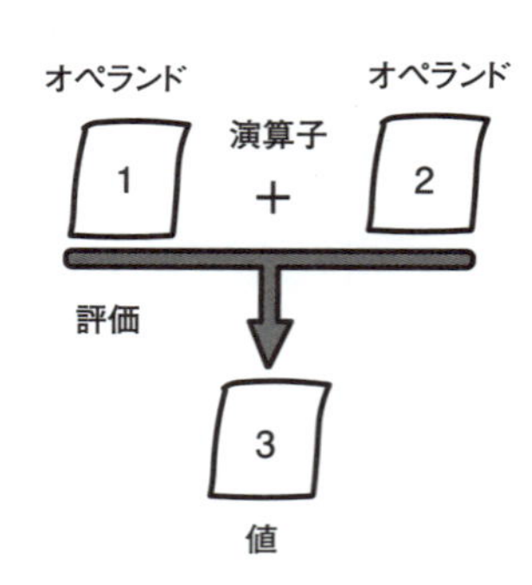

図4-1 式
1+2という式は評価されて3という値をもちます。

式の値を出力する

いままで学んできた画面に出力するコードを利用すると、式の値を出力することができます。次のようなコードを入力してみましょう。

Sample1.java ▶ 式の値を出力する

```
class Sample1
{
   public static void main(String[] args)
   {
      System.out.println("1+2は" + (1+2) + "です。");
      System.out.println("3*4は" + (3*4) + "です。");
   }
}
```

1+2という式を記述します

Sample1の実行画面

```
1+2は3です。
3*4は12です。
```

式が評価されて3が出力されます

ここでは、「1+2」という式を記述しました。計算式は( )でくくっておいてください。実行画面をみると「3」が出力されていますね。

次の文も同じように、「3*4」という式を記述しています。これは「3×4」という計算を意味します。Javaではかけ算をするために、*という記号を使うことになっているのです。

このように、画面に出力される値は、**式が評価されたあとの値**となっていることがわかります。

いろいろな演算をする

式の中で、演算の対象（オペランド）となるものは、1や2といった一定の数ばかりではありません。次のコードを入力してためしてみましょう。

Lesson 4

Sample2.java ▶ 変数の値を使う

```
class Sample2
{
    public static void main(String[] args)
    {
        int num1 = 2;
        int num2 = 3;
        int sum = num1+num2;            ❶num1 + num2の値をsumに代入します

        System.out.println("変数num1の値は" + num1 + "です。");
        System.out.println("変数num2の値は" + num2 + "です。");
        System.out.println("num1+num2の値は" + sum + "です。");

        num1 = num1+1;                  ❷num1+1の値をnum1に代入します

        System.out.println("変数num1の値に1をたすと" + num1 +
            "です。");
    }
}
```

Sample2の実行画面

```
変数num1の値は2です。
変数num2の値は3です。
num1+num2の値は5です。
変数num1の値に1をたすと3です。
```
たし算の結果が出力されます

このコードでは、❶と❷の部分で、変数をオペランドとして使った式を記述しています。このように、一定の値だけでなく、変数もオペランドとすることができるのです。ひとつずつみていきましょう。

まず、❶のsum = num1 + num2は、

変数num1と変数num2に記憶されている「値」どうしのたし算を行い、その値を変数sumに代入する

という演算を行う式です。

次に、❷のnum1 = num1 + 1は、

変数num1の値に1をたし、その値を再度num1に代入する

という式です。右辺と左辺がつりあっていない、かわった表記にもみえます。けれども、=の記号は「等しい」という意味ではなく、「値を代入する」という機能をもつものでしたね。そこで、このような記述が可能なのです。

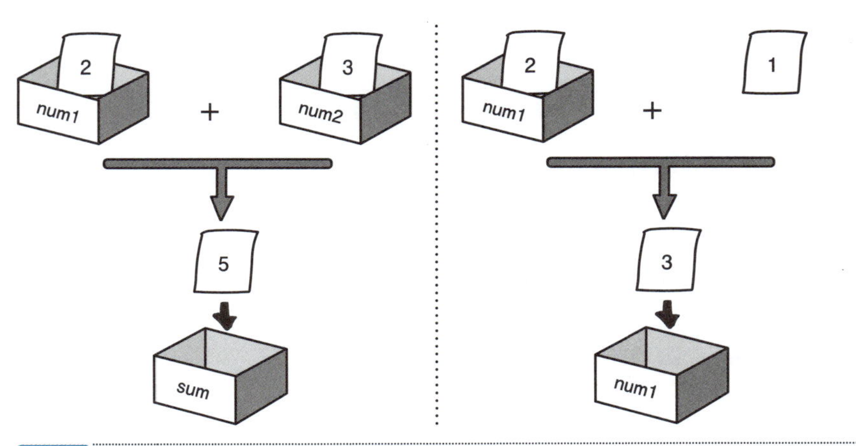

図4-2 sum=num1+num2（左）、num1=num1+1（右）
変数に記憶されている値をたし算することもできます。

キーボードから入力した値をたし算する

さて、「変数を使った式」について、ちょっと考えてみてください。第3章でみたように、変数にはいろいろな値を格納できます。つまり、変数を使った場合の式の値は、

コードが処理されるときの変数の値によって異なってくる

ということがわかります。このことを利用すれば、さらにバリエーションにとんだプログラムをつくることができるようになります。次のようなコードを入力してみましょう。

Sample3.java ▶ たし算プログラム

```
import java.io.*;

class Sample3
{
    public static void main(String[] args) throws IOException
    {
        System.out.println("整数を2つ入力してください。");

        BufferedReader br =
         new BufferedReader(new InputStreamReader(System.in));

        String str1 = br.readLine();
        String str2 = br.readLine();

        int num1 = Integer.parseInt(str1);
        int num2 = Integer.parseInt(str2);

        System.out.println("たし算の結果は" + (num1+num2) +
            "です。");
    }
}
```

入力した数を変数num1とnum2に記憶させます

num1とnum2の値をたし算した結果を出力します

Sample3の実行画面

Sample3は、キーボードから入力した値を変数に読み込み、たし算をするコードです。第3章で学んだ、キーボードからの入力を受けつけるコードを使っています。プログラムを実行し、いろいろな整数を入力すると、入力された数がたし算されて出力されるはずです。

このように、変数と演算子を使ってコードを記述すれば、プログラムを実行したときの状況に応じたプログラムを作成することができます。これまでは、いつも同じ文字や数値しか出力することができませんでしたが、今度は入力した値によって、違う計算結果を出力することができるようになりました。バリエーションにとんだプログラムを作成することができたわけです。

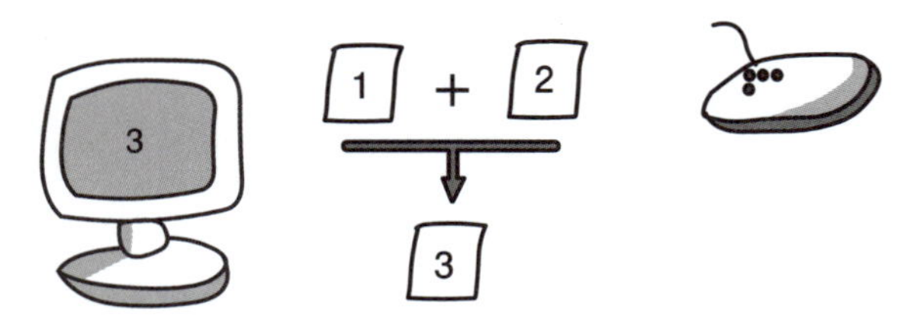

図4-3 **キーボードからの入力をたし算する**
いろいろな数値を入力して、たし算をすることができます。

いろいろな式がある

式は、

```
1+2
3*4
```

といった数式のようなものばかりでなく、

```
num1
5
```

なども、それだけで「式」であると考えられます。

つまり、「5」という式の値は5です。また、「num1」という式の値は、変数num1に5が格納されているときは5、10が格納されているときは10となります。

このような小さな式は、ほかの式と組みあわせて、大きな式をつくります。たとえば、「num1+5」という式の値は、式num1の値と式5の値を+で演算した結果となるわけです。

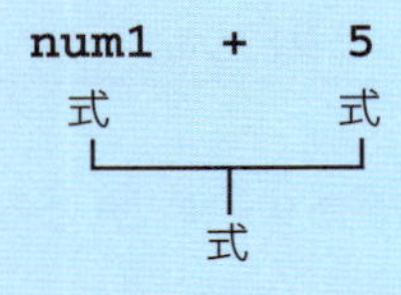

4.2 演算子の種類

いろいろな演算子

Javaには、+演算子以外にもたくさんの演算子があります。主な演算子の種類を次の表に示しておきましょう。

表4-1　演算子の種類

<table>
<tr><th>記号</th><th>名前</th><th>記号</th><th>名前</th></tr>
<tr><td>+</td><td>加算（文字列連結）</td><td>++</td><td>インクリメント</td></tr>
<tr><td>-</td><td>減算</td><td>--</td><td>デクリメント</td></tr>
<tr><td>*</td><td>乗算</td><td>></td><td>より大きい</td></tr>
<tr><td>/</td><td>除算</td><td>>=</td><td>以上</td></tr>
<tr><td>%</td><td>剰余</td><td><</td><td>未満</td></tr>
<tr><td>+</td><td>プラス（単項）</td><td><=</td><td>以下</td></tr>
<tr><td>-</td><td>マイナス（単項）</td><td>==</td><td>等価</td></tr>
<tr><td>~</td><td>補数（単項）</td><td>!=</td><td>非等価</td></tr>
<tr><td>&</td><td>ビット論理積</td><td>instanceof</td><td>型比較</td></tr>
<tr><td>|</td><td>ビット論理和</td><td>!</td><td>論理否定（単項）</td></tr>
<tr><td>^</td><td>ビット排他的論理和</td><td>&&</td><td>論理積</td></tr>
<tr><td><<</td><td>左シフト</td><td>||</td><td>論理和</td></tr>
<tr><td>>></td><td>右シフト</td><td>? :</td><td>条件</td></tr>
<tr><td>>>></td><td>符号なし右シフト</td><td>new</td><td>オブジェクト生成</td></tr>
</table>

演算子には、オペランドを1つとるもの、2つとるものなどがあります。たとえば、次のようにひき算を行う-演算子は、オペランドを2つとる演算子です。

```
10-2
```

一方、「負の数」をあらわすために使う-演算子は、オペランドを1つとる演算子です。

```
-10
```

オペランドが1つの演算子は、**単項演算子**（unary operator）と呼ばれることもあります。

それでは、表4-1中のいろいろな演算子を使ったコードを記述してみましょう。

Sample4.java ▶ いろいろな演算子を利用する

```
class Sample4
{
    public static void main(String[] args)
    {
        int num1 = 10;
        int num2 = 5;

        System.out.println("num1とnum2にいろいろな演算を行います。");
        System.out.println("num1+num2は" + (num1+num2) +
            "です。");
        System.out.println("num1-num2は" + (num1-num2) +
            "です。");
        System.out.println("num1*num2は" + (num1*num2) +
            "です。");
        System.out.println("num1/num2は" + (num1/num2) +
            "です。");
        System.out.println("num1%num2は" + (num1%num2) +
            "です。");
    }
}
```

いろいろな演算を行います

Sample4の実行画面

```
num1とnum2にいろいろな演算を行います。
num1+num2は15です。
num1-num2は5です。
num1*num2は50です。
num1/num2は2です。
num1%num2は0です。
```

Sample4では、たし算・ひき算・かけ算・わり算を行っています。それほどむずかしくはありませんね。ただ、最後の「%演算子」(**剰余演算子**)という演算子には、あまりなじみがないかもしれません。この演算子は、

num1÷num2=●...あまり▲

という計算における「▲」を式の値とする演算子です。つまり、%演算子は「あまりの数を求める」演算子というわけです。このコードでは「10÷5=2あまり0」ですから、0が出力されています。

剰余演算子%は、グループ分けなどをする場合によく用いられます。たとえば、ある整数を5で割ったあまりを求めれば、0～4のいずれかの値を求めることができます。これで、0～4の5つのグループに分けることができるからです。

num1やnum2の値を変更して、いろいろな演算を行ってみてください。ただし、/演算子・%演算子では、整数値を0でわり算することはできません。

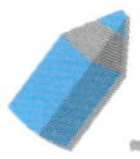

文字列連結演算子

なお、+演算子は、文字列を連結する**文字列連結演算子**の役割もあります。Sample4のコードで使われている次の部分をみてください。

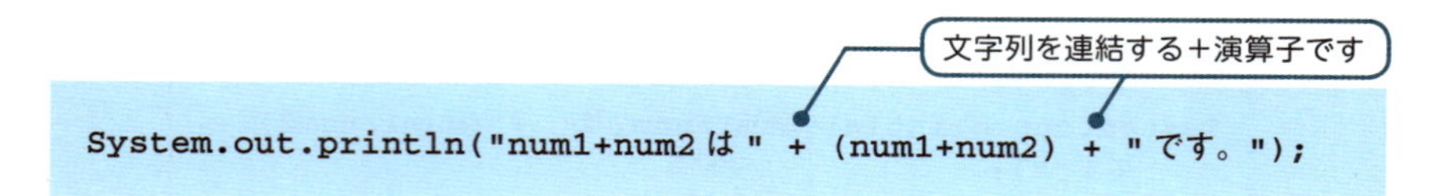


```
System.out.println("num1+num2は" + (num1+num2) + "です。");
```

" "でくくられた文字列をオペランドとした場合には、+演算子は文字列を連結するはたらきをもつのです。このとき、オペランドのどちらかが数値などであった場合には、その数値は文字列に変換されて連結されます。

文字列を連結するには、+演算子を使う。

インクリメント・デクリメント演算子

それでは、表4-1の演算子のうち、プログラムを作成するときによく使うものをみていきましょう。まず、表の中にある「++」という演算子をみてください。この演算子は次のように使います。

```
a++;
```
変数aの値を1増やします

++演算子は、**インクリメント演算子**（increment operator）と呼ばれています。「インクリメント」とは、（変数の）値を1増やす演算のことです。つまり、次のコードでは、変数aの値を1増やしていますから、さきほどのコードと同じ処理を行っていることになります。

```
a = a+1;
```
値を1増やす演算は、このようにも書けます

一方、-を2つ続けた「--」は、**デクリメント演算子**（decrement operator）と呼ばれています。「デクリメント」とは、変数の値を1減らす演算のことです。

```
b--;
```
変数bの値を1減らします

このデクリメント演算子は、次のコードと同じ意味になります。

```
b = b-1;
```
値を1減らす演算は、このようにも書けます

インクリメント（デクリメント）演算子は、変数の値を1加算（減算）する。

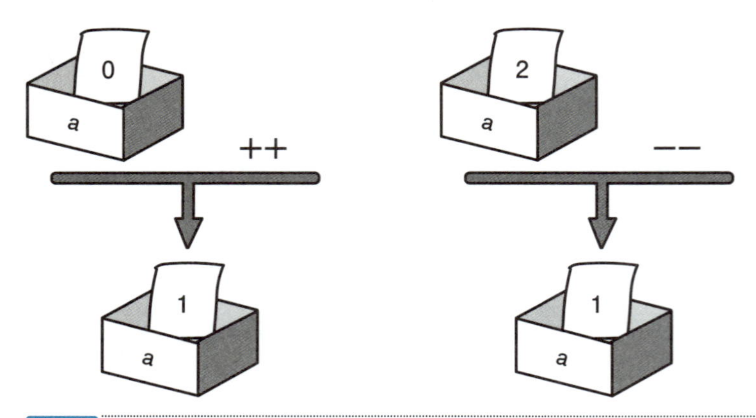

図4-4 インクリメント（左）とデクリメント（右）
変数の値に1を加算（減算）するには、インクリメント（デクリメント）演算子を使います。

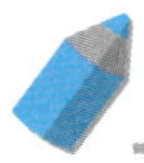

インクリメント・デクリメントの前置と後置

インクリメント・デクリメント演算子は、オペランドの前と後ろのどちらにでも記述することができます。つまり、変数aをインクリメントする場合は、

```
a++
++a
```

という2つの書きかたができるのです。上のようにオペランドの後ろに置く場合を「後置インクリメント演算子」、前に置く場合を「前置インクリメント演算子」と呼びます。変数を1増やすという目的だけなら、どちらの書きかたでも同じことになります。

しかし、この表記の違いによって、プログラムの実行結果が異なる場合もあります。次のコードを記述してみてください。

Sample5.java ▶ 前置・後置インクリメント演算子を使う

```
class Sample5
{
   public static void main(String[] args)
   {
      int a = 0;
      int b = 0;

      b = a++;

      System.out.println("代入後にインクリメントしたのでbの値は"
         + b + "です。");
   }
}
```

後置インクリメント演算子を使います

Sample5の実行画面

```
代入後にインクリメントしたのでbの値は0です。
```

ここでは、後置インクリメント演算子を使ってみました。ところが、これを前置インクリメント演算子にすると、異なる実行結果となります。コードの中のインクリメント演算子の部分を、次のように前置のものに変更し、もう一度プログラムを作成してみてください。

```
...
b = ++a;
System.out.println("代入前にインクリメントしたのでbの値は" + b
   + "です。");
...
```

前置インクリメント演算子を使います

プログラムを実行すると、今度の画面の出力は、

変更後のSample5の実行画面

```
代入前にインクリメントしたのでbの値は1です。
```

となります。

はじめに使った後置インクリメント演算子では、

変数bにaの値を代入してから ➡ aの値を1増やす

という処理を行うのですが、前置インクリメント演算子は、

aの値を1増やしてから ➡ 変数bにaの値を代入する

という逆の処理が行われます。このため、出力される変数bの値が異なるのです。ここではコードを省略しますが、デクリメント演算子も同じ性質をもっています。Sample5をみながら、前置・後置デクリメント演算子を使ったコードを作成し、ためしてみてください。

前置インクリメント演算子は、インクリメントしてから代入する。
後置インクリメント演算子は、代入してからインクリメントする。

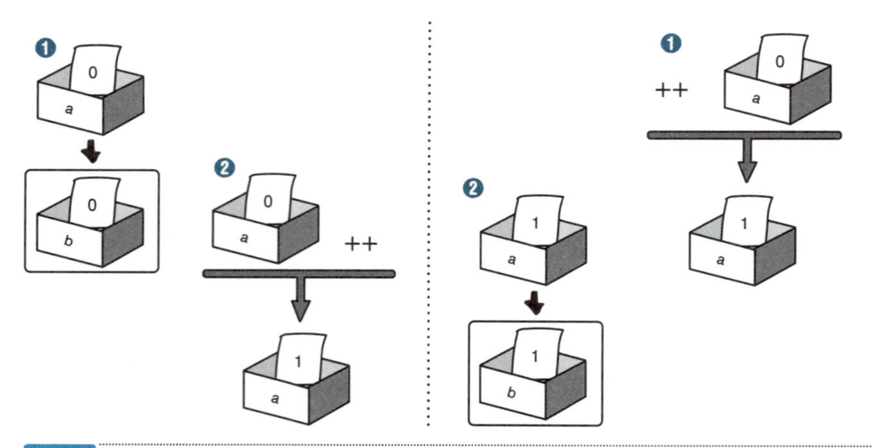

図4-5 インクリメントの前置と後置
後置にすると、代入してから変数の値が増やされます（左）。前置にすると、代入の前に変数の値が増やされます（右）。

代入演算子

次に、代入演算子（assignment operator）について学びましょう。代入演算子は、これまで、変数に値を代入する際に使ってきた「=」という記号のことです。この演算子は、通常の=の意味である「等しい」（イコール）という意味ではないことは、すでに説明しました。つまり、代入演算子は、

左辺の変数に右辺の値を代入する

という機能をもつ演算子なのです。代入演算子は=だけではなく、=とほかの演算を組みあわせたバリエーションもあります。次の表をみてください。

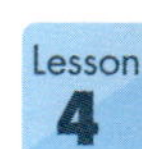

表4-2　代入演算子のバリエーション

記号	名前
+=	加算代入
-=	減算代入
*=	乗算代入
/=	除算代入
%=	剰余代入
&=	論理積代入
|=	論理和代入
^=	排他的論理和代入
<<=	左シフト代入
>>=	右シフト代入
>>>=	符号なし右シフト代入

これらの代入演算子は、ほかの演算と代入を同時に行うための複合的な演算子となっています。たとえば、+=演算子をみてみましょう。

```
a += b;
```

a+bの値をaに代入します

+=演算子は、

変数aの値に変数bの値をたし算し、その値を変数aに代入する

という演算を行います。+演算子と=演算子の機能をあわせたような機能をもっているのです。

　このように、四則演算などの演算子（●としておきます）と組みあわせた複合的な代入演算子を使った文である

```
a ●= b;
```

は、通常の代入演算子=を使って、

```
a = a ● b;
```

と書きあらわすことができます。

　つまり、次の2つの文はどちらも、「変数aの値と変数bの値をたして変数aに代入する」という処理をあらわしています。

```
a += b;
a = a+b;
```

どちらもa+bの値をaに代入する文です

　なお、複合的な演算子では、

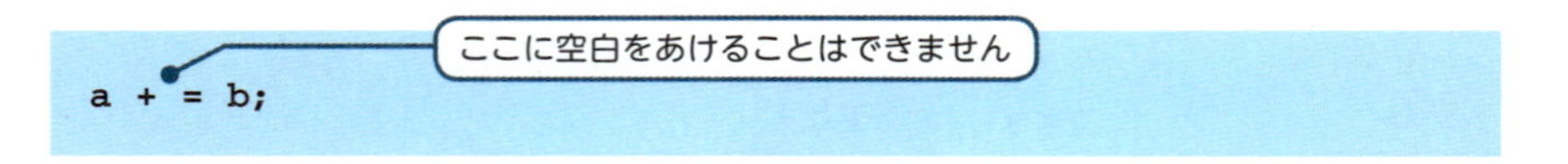

などと、+と=の間に空白をあけて記述してはいけません。

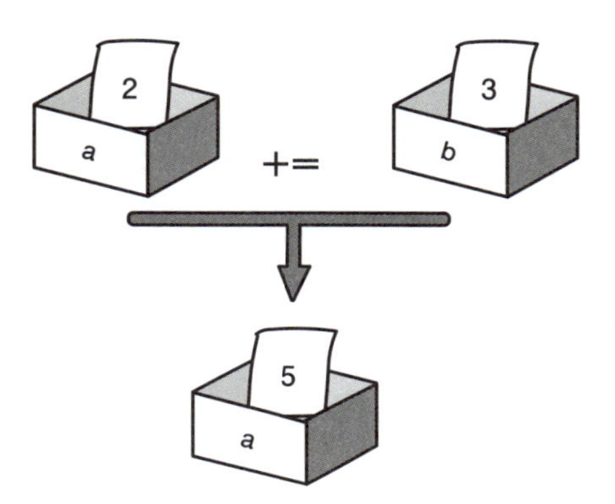

図4-6 複合的な代入演算子

複合的な代入演算子を使うと、四則演算と代入をシンプルに記述することができます。

ためしに、+=演算子を使ってコードを記述してみましょう。

Sample6.java ▶ 複合的な代入演算子を使う

```
import java.io.*;

class Sample6
{
   public static void main(String[] args) throws IOException
   {
      System.out.println("整数を3つ入力してください。");

      BufferedReader br =
       new BufferedReader(new InputStreamReader(System.in));

      String str1 = br.readLine();
      String str2 = br.readLine();
      String str3 = br.readLine();

      int sum = 0;
      sum += Integer.parseInt(str1);
      sum += Integer.parseInt(str2);
      sum += Integer.parseInt(str3);

      System.out.println("3つの数の合計は" + sum + "です。");
   }
}
```

複合的な代入演算子を使っています

Sample6の実行画面

```
整数を3つ入力してください。
1 ↵
3 ↵
4 ↵
3つの数の合計は8です。
```

このサンプルでは、入力した3つの数値のたし算の結果を、+=演算子を使って順番に変数sumに格納しています。+=演算子を使うことによって、シンプルにコードを書きあらわすことができていますね。同じコードを、+演算子と=演算子を使って書きかえる方法も考えてみてください。

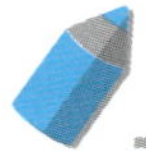

シフト演算子

最後に、もう少し複雑な演算子をとりあげておきましょう。それは、表4-1に「<<」「>>」「>>>」という記号で示した**シフト演算子**（shift operator）です。

「シフト演算」とは、

数値を2進数であらわした場合のケタを、
左または右に指定数だけずらす（シフトする）

という演算のことです。

たとえば、<<演算子は**左シフト演算子**と呼ばれ、

左辺を2進数で表記した値を、右辺で指定したケタ数分だけ左にずらし、
はみだしたケタ数だけ右端から0を入れる

という演算を行います。ちょっと長い言葉になってしまいましたが、実際に例をみてみましょう。

ここでは、short型（第3章）の値に対して「5 << 2」という左シフト演算を行う場合を考えてください。

5 << 2の演算は次のようになります。

```
    5     0000000000000101
<<  2
──────────────────────────
    20    0000000000010100
```

2ケタ左にずらし、右端のケタから0を入れます

つまり、5 << 2は20となります。

一方、>>演算子は、右シフト演算と呼ばれる演算を行います。こちらは、

右辺で指定したケタ数を右にずらし、はみだしたケタ数だけ
正の数ならば0、負の数ならば左端から1を入れる

という演算です。5 >> 2の例では次のようになります。

```
    5     0000000000000101
>>  2
──────────────────────────
    1     0000000000000001
```

2ケタ右にずらし、左端のケタから0を入れます

そのほか、Javaには、正負にかかわらず左端から0を入れる右シフト演算を行う>>>演算子があります。

シフト演算の意味

シフト演算は2進数のケタを左または右へずらす演算です。この演算は、どんな意味をもっているのでしょうか？

たとえば、普段使っている10進数について考えてみてください。「ケタを左へ1ケタずらす」ということは、数を「(10^1 =) 10倍する」ことを意味しています。また、2ケタずらす場合は、「(10^2 =) 100倍する」という意味です。

10進数の場合

5	
50	左へ1ケタずらす（10倍する）
500	左へ2ケタずらす（100倍する）

同じように、2進数であらわした数を左へ1ケタずらすということは、「(2^1 =) 2倍する」という意味をもっています。また、2ケタずらす場合は、「(2^2 =) 4倍する」という意味となっています。

2進数の場合

```
  101
 1010    左へ1ケタずらす(2倍する)
10100    左へ2ケタずらす(4倍する)
```

たとえば、10進数の5を左へ2シフトする演算について考えてみましょう。これは、2進数の101を左へ2ケタずらすことを意味します。さきほどみたように、5<<2の結果は20となるのでしたね。これはたしかに5を「4倍した」数値となっています。

また、右シフト演算は左シフト演算と反対にケタをずらす演算です。こちらは逆に1/2倍、1/4倍、1/8倍・・・することを意味します。ただし、すでに述べたように、右シフト演算の場合は左端に入れるビットの処理が異なることがあります。

コンピュータの内部は2進数で数値が扱われているため、通常の四則演算よりも、シフト演算の処理速度のほうが速くなっています。このため、シフト演算を使って処理を行うと便利なことがあるのです。

4.3 演算子の優先順位

Lesson 4

演算子の優先順位とは

次の式をみてください。

```
a+2*5
```

2*5が先に評価されます

この式では、+演算子と*演算子の2つが使われています。1つの式の中で複数の演算子を組みあわせて使うことができます。このとき、式はどのような順番で評価される（演算が行われる）のでしょうか？

通常の四則演算では、たし算より、かけ算のほうを先に計算しますね。これは、数式の規則では、たし算よりもかけ算の演算のほうが

優先順位が高い

からです。Javaの演算子の場合も同じです。上のコードでは、「2*5」が評価されてから「a+10」が評価されます。

演算子の優先順位は、変更することもできます。通常の数式と同じようにカッコを使って、カッコ内を優先的に評価させるのです。次の式では、「a+2」が先に評価されてから、その値が5倍されます。

```
(a+2)*5
```

カッコ内が先に評価されます

それでは、ほかの演算子ではどうなるのでしょうか。次の式をみてください。

```
a = b+2;
```

代入演算子のような演算子は、四則演算よりも優先順位が低いため、この式は次の式と同じ順序で演算されることになります。

```
a = (b+2);
```


Javaで使われる演算子の優先順位は、表4-3のようになっています。

表4-3　演算子の優先順位（先のものが優先順位が高く、実線で区切られた間は同じ優先順位）

記号	名前	結合規則
()	引数	左
[]	配列アクセス	左
.	メンバアクセス	左
++	後置インクリメント	左
--	後置デクリメント	左
!	論理否定	右
~	補数	右
+	プラス	右
-	マイナス	右
++	前置インクリメント	右
--	前置デクリメント	右
new	オブジェクト生成	右
()	キャスト	右
*	乗算	左
/	除算	左
%	剰余	左
+	加算（文字列連結）	左
-	減算	左
<<	左シフト	左
>>	右シフト	左
>>>	符号なし右シフト	左
>	より大きい	左
>=	以上	左
<	未満	左
<=	以下	左

記号	名前	結合規則
instanceof	型比較	左
==	等価	左
!=	非等価	左
&	ビット論理積	左
^	ビット排他的論理和	左
|	ビット論理和	左
&&	論理積	左
||	論理和	左
? :	条件	右
=	代入	右
表4-2の複合的な代入演算子		右

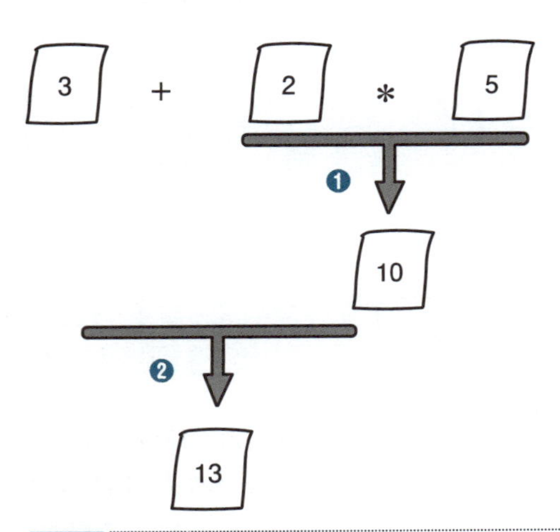

図4-7 **演算子の優先順位**
演算子には優先順位があります。優先順位を変更するには()を使います。

同じ優先順位の演算子を使う

ところで、同じレベルの優先順位の演算子が、同時に使われた場合はどうなるのでしょうか？ 四則演算では、優先順位が同じ場合、必ず「左から順に」計算する規則になっていますね。このような演算の順序を**左結合**（left associative）といいます。

Javaの＋演算子も左結合的な演算子です。つまり、

```
a+b+1
```

と記述したときには、

という順序で評価されるわけです。

逆に、右から評価される演算子もあり、これを**右結合**（right associative）といいます。たとえば、代入演算子は右結合的な演算子です。つまり、

```
a = b = 1
```

と記述したときには、

```
a = (b = 1)
```

右から評価されます

という順番で右から評価されるため、まず変数bに1が代入され、続いてaにも1という値が代入されます。一般的に、単項演算子と代入演算子は右結合的な演算子となっています。

演算子の優先順位を調べる

演算子の優先順位に注意しておかないと、おかしな結果になってしまう場合もあります。たとえば、この章の最初のコードでは、「1+2」といった数式の計算結果を出力するために()を使っていましたね。

```
System.out.println("1+2は" + (1+2) + "です。");
```

この()は、ここで学んだ演算子の優先順位を変更するための()を意味しています。では、この式にカッコをつけないとどうなるのでしょうか。次のコードを入力してみてください。

Sample7.java ▶ カッコをつけない

```
class Sample7
{
    public static void main(String[] args)
    {
        System.out.println("1+2は" + 1+2 + "です。");
        System.out.println("3*4は" + 3*4 + "です。");
    }
}
```

カッコをつけないと・・・

Sample7の実行画面

```
1+2は12です。
3*4は12です。
```

文字列として先に連結されてしまいます

たし算の部分の出力がおかしくなっています。これは、

「1」と「2」を文字列につなぐ

という+演算子の操作が左から先に行われ、「1+2」の計算よりも前に行われてしまうからです。「1」と「2」を連結する操作が先に行われるため、「3」ではなく、「12」という文字を連結した結果が出力されてしまうのです。そこで、「1+2」という数値の計算をするために、この部分を()でかこんで優先的に演算をする必要があったのです。

なお、次の「3*4」の演算は、*演算子の優先順位が高いので、()をつけなくても正しく計算結果が出力されているのがわかります。ただし、本書ではコードを読みやすくするために、数式の部分には()をつけることにします。

4.4 型変換

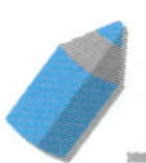

大きなサイズの型に代入する

実は、これまでみてきた演算子とそのオペランドの型には、密接な関係があります。この節ではまず最初に、代入演算子と型の関係についてみていくことにしましょう。次のように、変数に値を代入するコードをみてください。

Sample8.java ▶ 大きなサイズの型に代入する

```
class Sample8
{
   public static void main(String[] args)
   {
      int inum = 160;

      System.out.println("身長は" + inum + "センチです。");

      System.out.println("double型の変数に代入します。");
      double dnum = inum;   // 大きなサイズの型に代入します

      System.out.println("身長は" + dnum + "センチです。");
   }
}
```

Sample8の実行画面

```
身長は160センチです。
double型の変数に代入します。
身長は160.0センチです。
```

このコードでは、int型の変数の値をdouble型の変数に代入しています。すると、int型の値はdouble型に変換されて代入されることになります。

第3章で、型のサイズについて学んだことを思い出してください。一般にJavaでは、

大きなサイズの型の変数に小さなサイズの型の値を代入する

ことができます。このように、型が変換されることを**型変換**といいます。

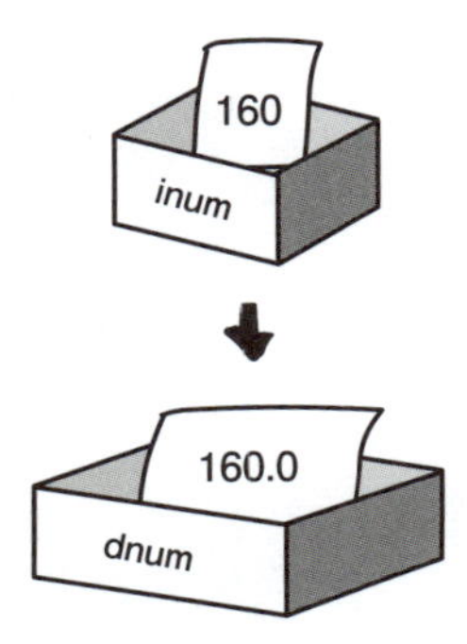

図4-8 **大きなサイズの型への代入**
大きなサイズの型の変数に、小さなサイズの型の数値を代入することができます。

小さなサイズの型に代入する

それでは逆に、小さなサイズの型の変数に大きなサイズの型の値を代入する場合はどうなるのでしょうか? 次のコードをみてください。

Sample9.java ▶ 小さなサイズの型に代入する

```
class Sample9
{
   public static void main(String[] args)
   {
      double dnum = 160.5;

      System.out.println("身長は" + dnum + "センチです。");

      System.out.println("int型の変数に代入します。");
      int inum = dnum;
   }
}
```

小さなサイズの型には代入できません

```
        System.out.println("身長は" + inum + "センチです。");
    }
}
```

さきほどとは逆に、double型の変数の値をint型の変数に代入しています。しかし、こちらのコードはコンパイルできません。今度はそのまま値を代入することができないのです。

小さなサイズの型の変数に大きなサイズの型の値を代入するには、

型を変換することをはっきりと明示的に書いておく

ということをしなければなりません。このために、次の**キャスト演算子**（cast operator）という演算子を使います。

キャスト演算子

```
(型名) 式
```

キャスト演算子は、指定した式の型を、

()内で指定した型に変換する

という演算を行うものです。

さっそく、Sample9をコンパイルできるように修正してみましょう。Sample9で代入をしている部分を、次のように書きかえてください。

```
...
int inum = (int)dnum;
...
```

変換する型を指定します

このように書きかえると、Sample9.javaをコンパイルできるようになります。実行結果は次のようになります。

Sample9の実行画面

```
身長は160.5センチです。
int型の変数に代入します。
身長は160センチです。
```

切り捨てられて整数となります

キャスト演算子を使えば、大きなサイズの型を小さなサイズの型に変換できます。こうして、代入ができるようになるのです。

ただし、小さなサイズの型に変換したとき、その型であらわせない部分は切り捨てられることになります。たとえば、「160.5」という値は、int型の変数にそのまま格納することはできません。小数点以下が切り捨てられて、「160」という整数が格納されることになりますので注意してください。

重要　キャスト演算子は型を変換する。

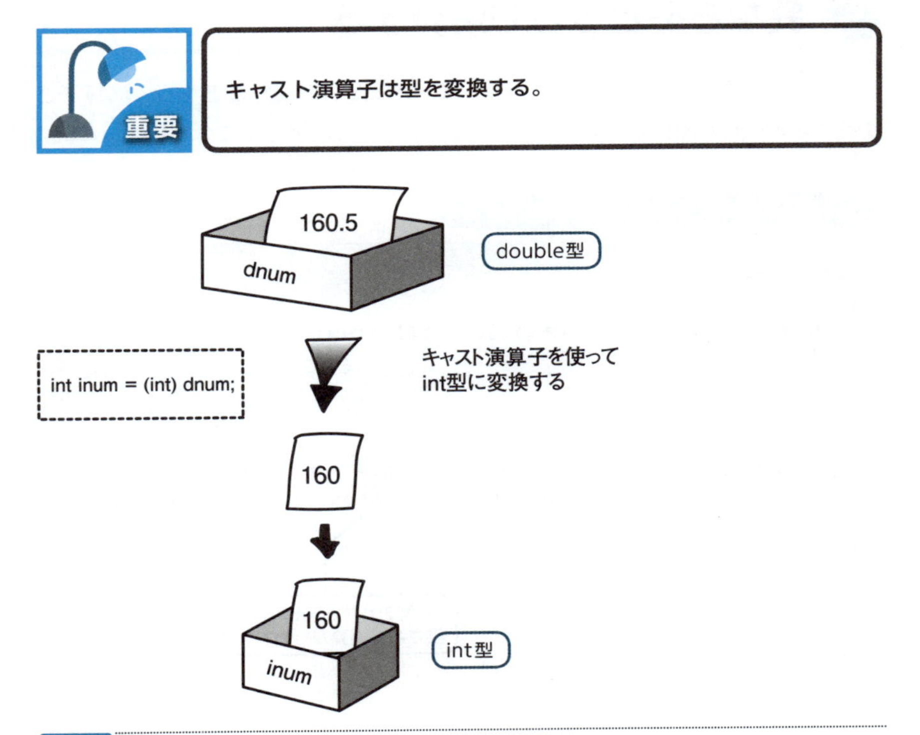

図4-9　小さなサイズの型への代入
小さなサイズの型の変数に、大きなサイズの型の値を代入する場合は、キャスト演算子を使う必要があります。

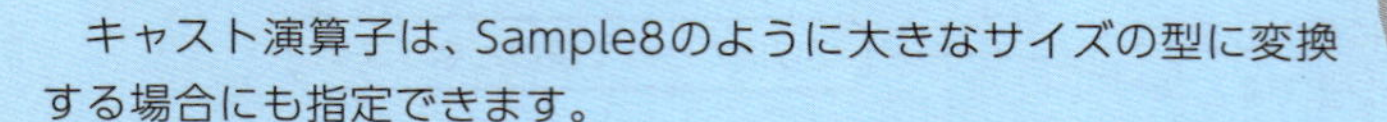

キャスト演算子の使用

キャスト演算子は、Sample8のように大きなサイズの型に変換する場合にも指定できます。

```
double dnum = (double)inum;
```

double型に変換します

ただし、Sample8をこのように書きかえても、実行結果は同じです。

異なる型どうしで演算する

次に、たし算・ひき算・かけ算・わり算といった四則演算などを行う演算子とオペランドの型の関係についてみていきましょう。次の例をみてください。

Sample10.java ▶ 異なる型の演算をする

```
class Sample10
{
    public static void main(String[] args)
    {
        int d = 2;
        double pi = 3.14;

        System.out.println("直径が" + d + "センチの円の");
        System.out.println("円周は" + (d*pi) + "センチです。");
    }
}
```

int型のdがdouble型に変換されて演算が行われます

Sample10の実行画面

```
直径が2センチの円の
円周は6.28センチです。
```

ここでは、int型のdの値とdouble型のpiの値のかけ算をしています。Javaでは一般的に、演算子に異なる2つのオペランドを記述した場合には、

一方のオペランドを大きなサイズの型に変換してから演算を行う

というきまりになっています。つまり、ここではint型のdの値の「2」がdouble型の数値（2.0）に変換されてから、かけ算が行われるのです。得られる式の値もdouble型の値となります。

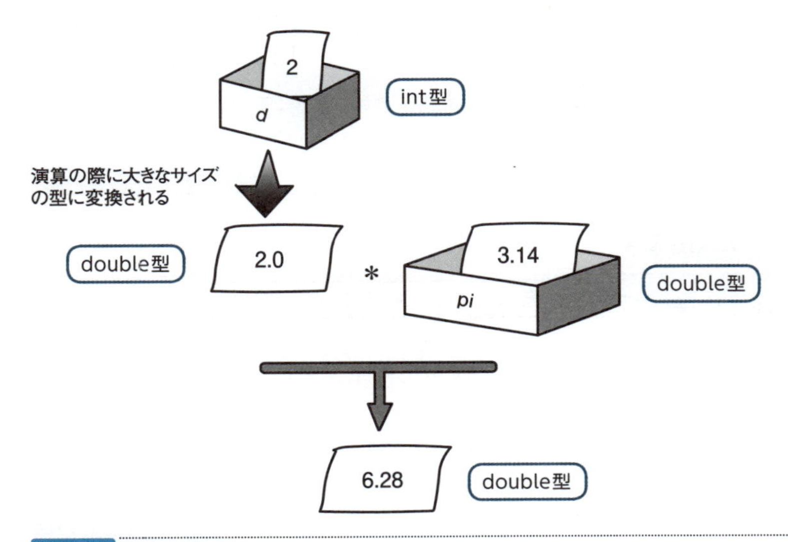

図4-10 **異なる型の演算**
オペランドの型が異なる場合、大きなサイズの型に変換されてから演算が行われます。得られる値も大きなサイズの型になります。

同じ型どうしで演算する

それでは、同じ型どうしで演算をする場合はどうなるのでしょうか？　この場合は同じ型どうしで演算が行われ、結果もその型の値となります。しかし、この演算が予想外の結果となってしまうコードもあります。次の例をみてください。

Sample11.java ▶ 同じ型の演算をする

```
class Sample11
{
   public static void main(String[] args)
   {
      int num1 = 5;
      int num2 = 4;

      double div = num1 / num2;

      System.out.println("5/4は" + div + "です。");
   }
}
```

5÷4を計算している
つもりなのですが・・・

Sample11の実行画面

```
5/4は1.0です。
```

思ったとおりの答えになっていません

このコードは、int型の変数num1とnum2を使って、5÷4の結果をdouble型の変数divに代入しようとしています。「1.25」というdouble型の値が出力されることを期待して、このように記述してみたのです。

しかし、このnum1とnum2はint型であるため、「5/4」が「1」というint型の値として計算されます。その結果、出力が「1.0」という値になってしまいました。

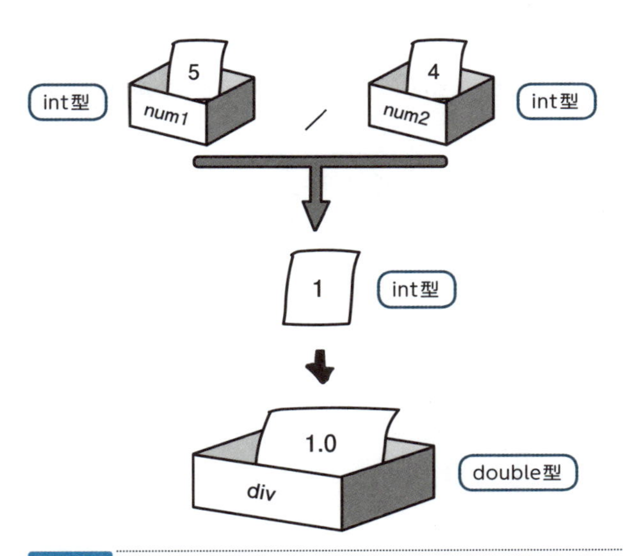

図4-11 **同じ型の演算**
2つのオペランドがともにint型の場合は、結果もint型となります。

このコードで「1.25」という出力を得るためには、変数num1かnum2の、少なくとも一方をdouble型に変換する必要があります。わり算の部分を、キャスト演算子を使って次のように書きかえます。

```
...
double div = (double)num1/(double)num2;
...
```

キャスト演算子を使います

コードを変更した場合の実行画面は次のようになります。

変更後のSample11の実行画面

```
5/4は1.25です。
```

今度は思ったとおりに出力されました

このように、コードを書きかえることによって、double型の演算が行われるようになるのです。結果もdouble型となり、1.25という答えを出力することができます。

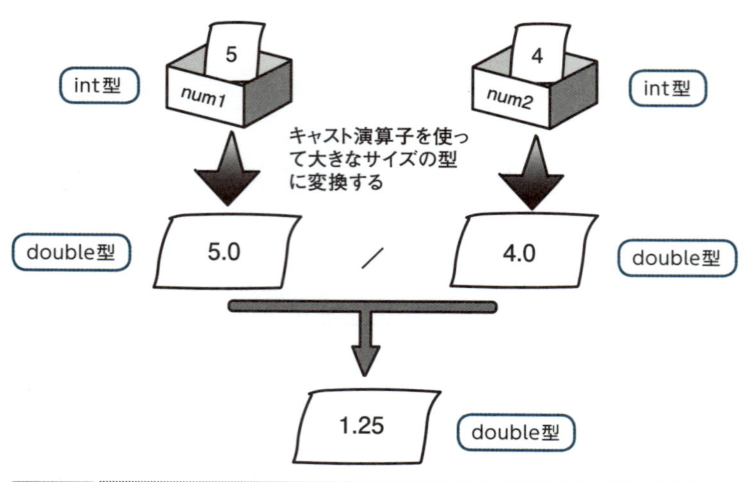

図4-12 **double型の演算**
Sample11でdouble型の結果を得たい場合は、少なくとも一方のオペランドをキャスト演算子で型変換します。

4.5 レッスンのまとめ

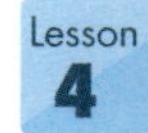

この章では、次のようなことを学びました。

- 演算子は、オペランドと組みあわせて式をつくります。
- インクリメント・デクリメント演算子を使うと、変数の値を1加算または1減算できます。
- 複合的な代入演算子を使うと、四則演算と代入演算を組みあわせた処理を行うことができます。
- 値が小さなサイズの型に変換された場合、値の一部が失われることがあります。
- キャスト演算子を使うと、型を変換できる場合があります。
- 代入の際に型が変換される場合があります。
- 四則演算などの際に型が変換される場合があります。

演算子を使うと、四則演算をはじめとするいろいろな処理をコンパクトに記述できるようになります。ここでは、すべての演算子の扱いかたをみることはできません。しかし、これからとりあげるコードでは、さまざまな演算子が登場してくることになります。わからない演算子があった場合は、この章に戻って復習するようにしてください。

練習

1. 次の項目に○か×で答えてください。

①小さなサイズの型の数値を大きなサイズの型に変換するには、明示的な型の変換が必要になる。
②大きなサイズの型の数値を小さなサイズの型に変換するには、明示的な型の変換が必要になる。
③異なる型どうしの演算は、小さなサイズの型に変換されてから行われる。

2. 次の計算結果を出力するコードを記述してください。

0−4
3.14×2
5÷3
30÷7のあまりの数
(7+32)÷5

3. キーボードから正方形の一辺の長さを整数で入力させ、次のように面積を出力するコードを記述してください。

```
正方形の辺の長さを入力してください。
3 ↵
正方形の面積は9です。
```

4. キーボードから三角形の高さと底辺を整数で入力させ、次のように面積を出力するコードを記述してください。
(ヒント：三角形の面積＝(高さ×底辺)÷2)

```
三角形の高さと底辺を入力してください。
3 ↵
5 ↵
三角形の面積は7.5です。
```

5. キーボードから5科目のテストの点数を入力させ、次のように合計点と平均点を出力するコードを記述してください。

```
科目1～5の点数を入力してください。
52 ↵
68 ↵
75 ↵
83 ↵
36 ↵
5科目の合計点は314点です。
5科目の平均点は62.8点です。
```

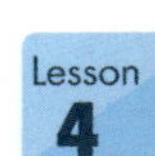

場合に応じた処理

ここまでのコードで記述した処理は、コード内の文が、1文ずつ順序よく処理されていました。しかし、さらに複雑な処理をしたい場合には、順番に文を処理するだけでは対応できないことがあります。Javaでは、複数の文をまとめて、処理をコントロールする方法があります。この章では、特定の状況に応じて処理をコントロールする文を学びましょう。

Check Point!

- 条件
- 関係演算子
- 条件判断文
- if文
- if～else文
- if～else if～else
- switch文
- 論理演算子

5.1 関係演算子と条件

条件のしくみを知る

私たちは、日常生活で次のような状況に出会う場合がありますね。

学校の成績がよかったら・・・
➡ 友達と旅行に行く
学校の成績が悪かったら・・・
➡ もう一度勉強する

Javaでも、このように「場合に応じた処理」を行うことができます。この章では、さまざまな状況に応じた複雑な処理を行う方法を学びましょう。

Javaでさまざまな状況をあらわすためには、条件（condition）という概念を用います。

たとえば、上の例では、

よい成績である

ことが「条件」にあたります。

もちろん、実際のJavaのコードでは、このように日本語で条件を記述するわけではありません。まず、第4章で学んだ式を思い出してください。第4章では、式が評価されて値をもつことを学びました。このような式のうち、

真（true）
偽（false）

という2つの値のどちらかであらわされるものを、Javaでは「条件」と呼びます。trueまたはfalseとは、その条件が「正しい」または「正しくない」ということをあらわす値です。

たとえば、「よい成績である」という条件を考えてみると、条件がtrueまたは

falseになる場合とは、次のようなことをいうわけです。

成績が80点以上だった場合 ➡ よい成績であるから条件はtrue
成績が80点未満だった場合 ➡ よい成績でないから条件はfalse

条件を記述する

条件というものがなんとなくわかったところで、条件をJavaの式であらわしてみましょう。私たちは、1より3が大きいことを、

3 > 1

という不等式であらわすことがあります。たしかに、3は1より大きい数値なので、この不等式は「正しい」といえます。一方、この不等式はどうでしょうか。

3 < 1

この式は「正しくない」ということができます。Javaでも、>のような記号を使うことができ、上の式はtrue、下の式はfalseであると評価されます。つまり、3>1や3<1という式は、Javaの条件ということができるのです。

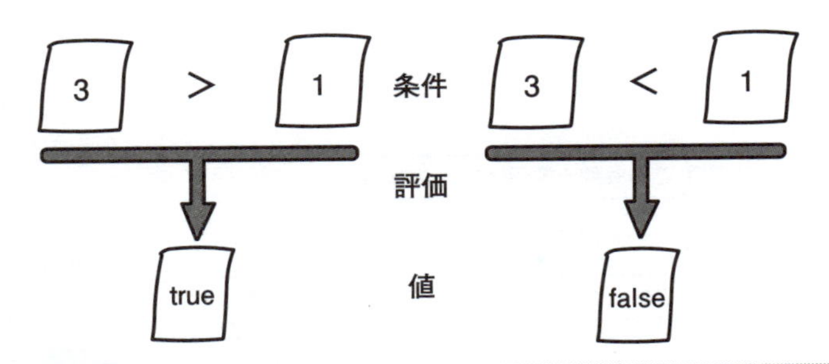

図5-1 条件
関係演算子を使って「条件」を記述することができます。条件は、trueまたはfalseという値をもちます。

条件をつくるために使う>記号などは、**関係演算子**（relational operator）と呼ばれています。表5-1に、いろいろな関係演算子と、条件がtrueとなる場合をまとめました。

表5-1をみるとわかるように、>の場合は「右辺より左辺が大きい場合にtrue」となるので、3>1はtrueとなります。これ以外の場合、たとえば1>3はfalseとなります。

表5-1　関係演算子

演算子	式がtrueとなる場合
==	右辺が左辺に等しい
!=	右辺が左辺に等しくない
>	右辺より左辺が大きい
>=	右辺より左辺が大きいか等しい
<	右辺より左辺が小さい
<=	右辺より左辺が小さいか等しい

関係演算子を使って条件を記述する。

関係演算子を使う

それでは、関係演算子を使って、いくつかの条件を記述してみましょう。

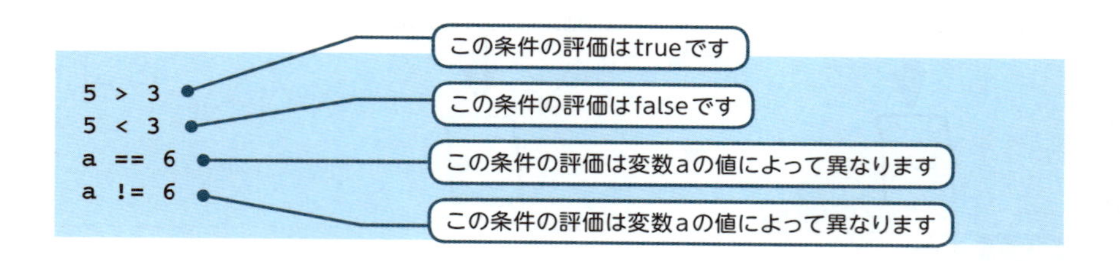

「5 > 3」という条件は、3よりも5が大きいので、式の値はtrueになることがわかりますね。

また、「5 < 3」という条件の式の値はfalseになります。

条件の中には変数を使うこともできます。たとえば、「a == 6」という条件は、変数aの値が6であった場合にtrueになります。一方、変数aの内容が3や10であった場合はfalseになります。このように、そのときの変数の値によって、条件があらわす値が異なるわけです。

同様に「a != 6」は、aが6でない値のときにtrueとなる条件となっています。

なお、!=や==は2文字で1つの演算子ですから、!と=の間に空白を入力したりしてはいけません。

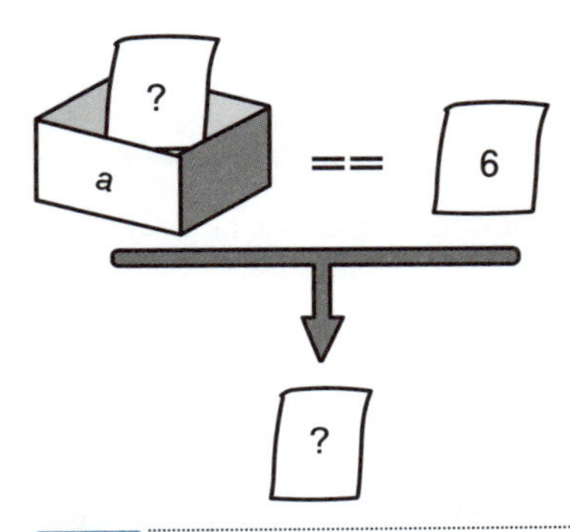

図5-2 **変数と条件**
変数を条件に使った場合は、変数の値によって評価が異なります。

ところで、=演算子が代入演算子と呼ばれていたことを思い出してください（第4章）。かたちは似ていますが、==は異なる種類の演算子（関係演算子）です。この2つの演算子は、実際にコードを書く際にたいへんまちがえやすい演算子です。よく注意して入力するようにしてください。

=（代入演算子）と==（関係演算子）をまちがえないこと。

5.2 if文

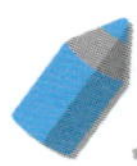

if文のしくみを知る

それでは、この章の目的である、さまざまな状況に応じた処理を行ってみましょう。

Javaでは、状況に応じた処理を行う場合、

「条件」の値（trueまたはfalse）に応じて処理を行う

というスタイルの文を記述します。このような文を**条件判断文**（conditional statement）といいます。まずはじめに、条件判断文のひとつとして、**if文**（if statement）という構文を学びましょう。if文は、条件がtrueの場合に、指定した文を処理するという構文です。

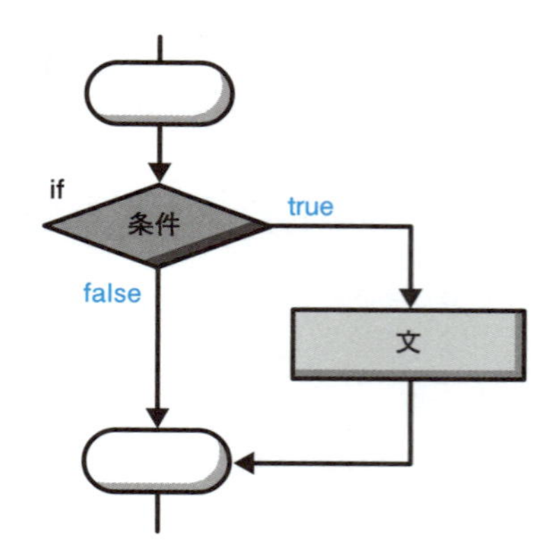

図5-3 if文

if文は、条件がtrueだった場合に、指定した文を処理します。falseの場合には、指定した文を処理しないで次の処理にうつります。

たとえば、最初にあげた例をif文にあてはめてみると、次のような感じのコードになります。

```
if(よい成績をとった)
    旅行に行く
```

if文を記述することによって、条件（「よい成績をとった」）がtrueであった場合に、「旅行に行く」という処理を行うのです。悪い成績だった場合には、「旅行に行く」という処理は行われません。

それでは、実際にコードを入力して、if文を実行してみることにしましょう。

Sample1.java ▶ if文を使う

```
import java.io.*;

class Sample1
{
   public static void main(String[] args) throws IOException
   {
      System.out.println("整数を入力してください。");

      BufferedReader br =
       new BufferedReader(new InputStreamReader(System.in));

      String str = br.readLine();
      int res = Integer.parseInt(str);

      if(res == 1)
         System.out.println("1が入力されました。");

      System.out.println("処理を終了します。");
   }
}
```

❶変数resにキーボードからの入力を格納します

❷1が入力された場合、この条件がtrueとなり・・・

❸この文が処理されます

Sample1の実行画面その1

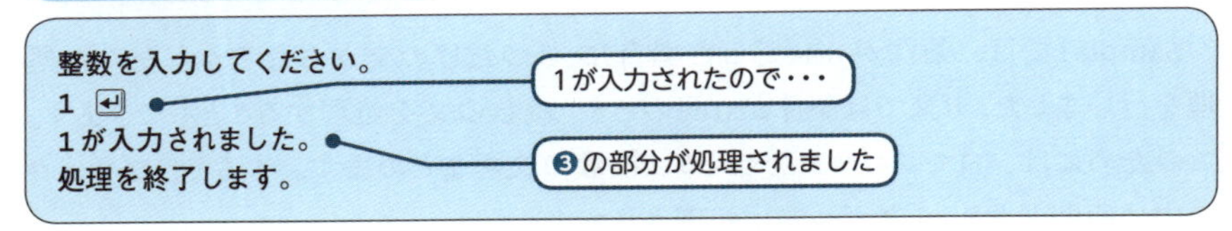

Sample1では、条件res==1がtrueであれば、❸の部分が処理されます。falseの場合は、❸の部分は処理されません。

したがって、ユーザーがプログラムを実行して1を入力した場合は、条件res == 1がtrueとなるので、❸の部分が処理されます。そのため、実行画面のように出力されるのです。

それでは、ユーザーが1以外の文字を入力したらどうなるでしょうか。

Sample1の実行画面その2

今度は、res==1という条件がfalseになるため、❸の部分は処理されません。したがって、実行したときの画面は上のようになります。このように、if文を使うと、条件がtrueのときにだけ処理を行うことができます。

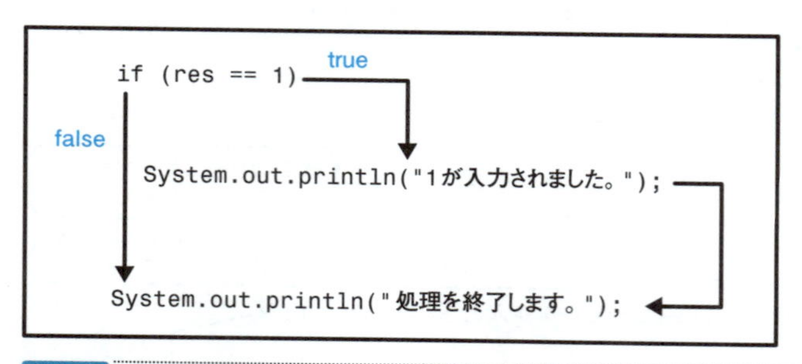

図5-4 if文の流れ

if文で複数の文を処理する

Sample1では、条件がtrueだった場合に、1つだけの文からなるかんたんな処理を行いました。if文では条件がtrueのとき、複数の文を処理することもできます。このためには、{}でブロックをつくり、複数の文をまとめます。すると、ブロックの中は原則どおり、1文ずつ順に処理されます。

複数の文を処理するif文

```
if(条件){
    文1;
    文2;
    ...
}
```

条件がtrueのとき順番に処理されます

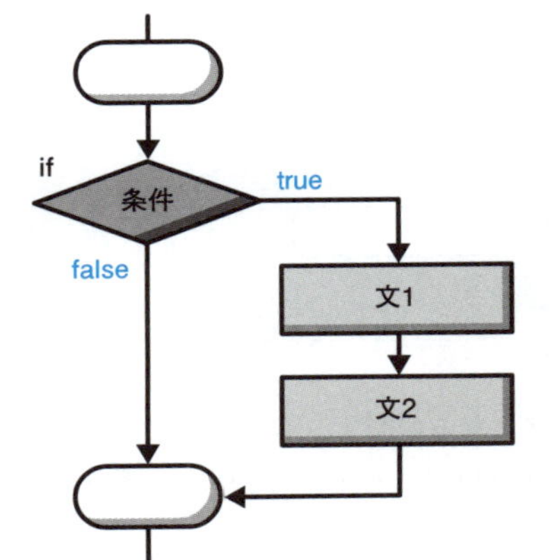

図5-5 複数の文をif文中で処理する
if文では、{ }ブロック内の複数の文を処理することができます。

具体的に例をみてみましょう。

Sample2.java ▶ 複数の文を処理するif文を使う

```
import java.io.*;

class Sample2
{
   public static void main(String[] args) throws IOException
   {
      System.out.println("整数を入力してください。");

      BufferedReader br =
       new BufferedReader(new InputStreamReader(System.in));

      String str = br.readLine();
      int res = Integer.parseInt(str);
```

```
        if(res == 1){
            System.out.println("1が入力されました。");
            System.out.println("1が選択されました。");
        }

        System.out.println("処理を終了します。");
    }
}
```

1が入力された場合(条件がtrueの場合)・・・

ブロック内が順に実行されます

Sample2の実行画面その1

```
整数を入力してください。
1 ↵
1が入力されました。
1が選択されました。
処理を終了します。
```

ブロック内が順に実行されています

ユーザーが1を入力した場合は、条件がtrueとなるので、ブロック内の処理が順に行われ、2行の文字列が出力されます。もし1以外の数値を入力した場合は、ブロック内の処理は実行されず、次のようになります。

Sample2の実行画面その2

```
整数を入力してください。
10 ↵
処理を終了します。
```

ブロック内の処理は行われません

さきほどの結果とくらべると、行われていない処理があるのがわかりますね。

```
if (res == 1){
    System.out.println("1が入力されました。");
    System.out.println("1が選択されました。");
}
System.out.println("処理を終了します。");
```


図5-6 複数の文を処理するif文の流れ

ブロックにしないと？

次のコードはSample2に似ていますが、実行するとどうなるでしょうか？

```
import java.io.*;

class Sample
{
  public static void main(String[] args) throws IOException
  {
    System.out.println("整数を入力してください。");

    BufferedReader br =
     new BufferedReader(new InputStreamReader(System.in));

    String str = br.readLine();
    int res = Integer.parseInt(str);

    if(res == 1)
      System.out.println("1が入力されました。");
      System.out.println("1が選択されました。");

    System.out.println("処理を終了します。");
  }
}
```

```
整数を入力してください。
2 ↵
1が選択されました。
処理を終了します。
```

おかしな出力になっています

画面をみると、意図しない処理が行われているのがわかりますね。これは、複数の文を処理させようとして記述したにもかかわらず、{ }でかこむことを忘れてしまったからです。ブロックがないため、コンパイラは、if文の内容は❶だけであると解釈してしまったのです。

このようなことを防ぐためには、どこがif文の構文であるのか、わかりやすいように字下げ（インデント）を行ったり、1文であってもブロックでかこむなどして、読みやすいコードを心がけるべきです。ブロックの内容には注意をするようにしてください。

ブロック内は、字下げ（インデント）を使って読みやすくする。

セミコロンの注意

if文では、セミコロンの位置に注意してください。通常、if文の1行目に条件を記述して改行しますが、この行にはセミコロンは必要ありません。

```
if(res == 1)
   System.out.println("1が入力されました。");
```

この行にはセミコロンをつけません

この行にはセミコロンをつけます

なお、まちがって1行目にセミコロンをつけてしまっても、コンパイラはエラーを表示しません。実行したときにうまく動作しなくなってしまうので、注意しておくようにしましょう。

5.3 if～else文

if～else文のしくみを知る

さて、5.2節のif文では、条件がtrueの場合にだけ、特定の処理をしていましたね。さらにif文のバリエーションとして、条件がfalseの場合に、指示した文を処理する構文もあります。これが **if～else文**です。

if～else文

```
if(条件)
    文1;
else
    文2;
```

この構文では、条件がtrueの場合に文1を処理し、falseの場合に文2を処理します。

この章の最初の例にたとえてみると、

```
if(よい成績をとった)
    旅行に行く
else
    もう一度勉強する
```

といった具合になります。今度は「よい成績をとった」という条件がfalseの場合にも、特定の処理（「もう一度勉強する」）を行うことができます。

また、if～else文でも{}でかこんで複数の文を処理させることができます。この構文は次のようになります。

構文 **複数の文を処理するif～else文**

```
if(条件){
    文1;
    文2;
    ・・・
}
else{
    文3;
    文4;
    ・・・
}
```

（文1;～・・・）条件がtrueのとき、順番に処理されます

（文3;～・・・）条件がfalseのとき、順番に処理されます

この構文では、条件がtrueの場合に文1、文2・・・と順に処理し、falseの場合に文3、文4・・・と順に処理します。

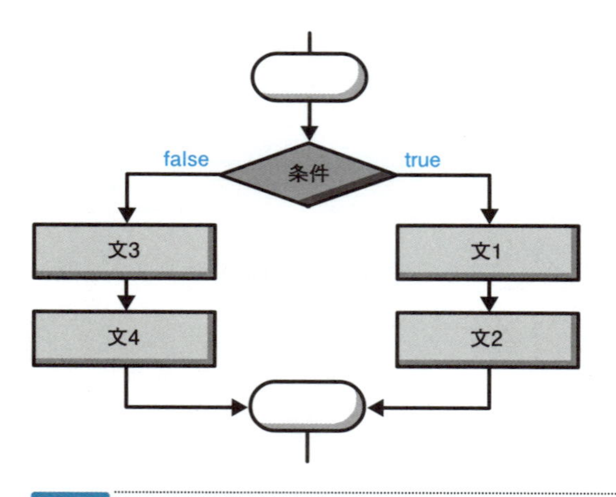

図5-7 **if～else文**

if～else文では、条件がtrueの場合とfalseの場合に、異なる処理を行うことができます。ブロック内の複数の文も処理できます。

それでは、if～else文をためしてみるために、次のコードを入力してみましょう。

Sample3.java ▶ if～else文を使う

```
import java.io.*;

class Sample3
{
    public static void main(String[] args) throws IOException
    {
        System.out.println("整数を入力してください。");

        BufferedReader br =
         new BufferedReader(new InputStreamReader(System.in));

        String str = br.readLine();
        int res = Integer.parseInt(str);

        if(res == 1){
            System.out.println("1が入力されました。");
        }
        else{
            System.out.println("1以外が入力されました。");
        }
    }
}
```

❶1が入力された場合（条件がtrueの場合）に処理されます

❷1以外が入力された場合（条件がfalseの場合）に処理されます

Sample3の実行画面その1

```
整数を入力してください。
1 ↵
1が入力されました。
```

Sample3の実行画面その2

```
整数を入力してください。
10 ↵
1以外が入力されました。
```

ユーザーが1を入力した場合と10を入力した場合の、2とおりの画面を示しました。1を入力した場合は、いままでと同様に❶が処理されますが、それ以外の場合は、❷が処理されます。if～else文では、場合に応じた処理を行うことができるのです。

if～else文を使うと、2とおりの状況に応じた処理を行うことができる。

```
if(res == 1){
    System.out.println("1が入力されました。");
}
else{
    System.out.println("1以外が入力されました。");
}
```


図5-8 if～else文の流れ

5.4 複数の条件を判断する

if～else if ～elseのしくみを知る

if文では、2つ以上の条件を判断させて処理するバリエーションをつくることもできます。これが if～else if～elseです。この構文を使えば、2つ以上の条件を判断することが可能になります。

構文 **if～else if～else**

```
if(条件1){
    文1;
    文2;
    ...
}
else if(条件2){
    文3;
    文4;
    ...
}
else if(条件3){
    ...
}
else{
    ...
}
```


この構文では、条件1を判断し、trueだった場合は文1、文2・・・の処理を行います。もしfalseだった場合は条件2を判断して、文3、文4・・・の処理を行います。どの条件もfalseだった場合は、最後のelse以下の文が処理されます。

たとえば、

```
if(成績は「優」だった)
    海外旅行に行く
else if(成績は「可」だった)
    国内旅行に行く
else
    もう一度勉強する
```

といった具合です。かなり複雑な処理ができることがわかりますね。

else ifの条件はいくつでも設定でき、最後のelseは省略することも可能です。最後のelseを省略し、かつどの条件にもあてはまらなかった場合、このコードの中で実行される処理は存在しないことになります。

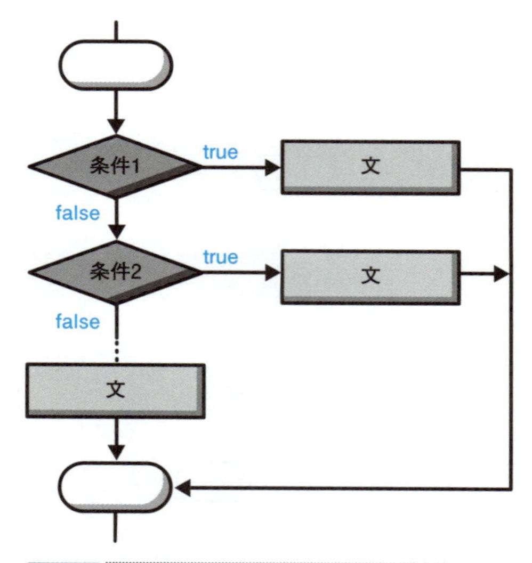

図5-9 if～else if ～else
if～else if ～elseでは複数の条件に応じた処理ができます。

このしくみを使うと、複数の条件に応じた処理をすることができます。
それでは、コードを記述してみることにしましょう。

Sample4.java ▶ if～else if～elseを使う

```
import java.io.*;

class Sample4
{
   public static void main(String[] args) throws IOException
   {
      System.out.println("整数を入力してください。");

      BufferedReader br =
       new BufferedReader(new InputStreamReader(System.in));

      String str = br.readLine();
      int res = Integer.parseInt(str);

      if(res == 1){
         System.out.println("1が入力されました。");
      }
      else if(res == 2){
         System.out.println("2が入力されました。");
      }
      else{
         System.out.println("1か2を入力してください。");
      }
   }
}
```

❶ 1が入力された場合に処理されます

❷ 2が入力された場合に処理されます

❸ 1または2以外が入力された場合に処理されます

Sample4の実行画面その1

```
整数を入力してください。
1 ↵
1が入力されました。
```

Sample4の実行画面その2

```
整数を入力してください。
2 ↵
2が入力されました。
```

Sample4の実行画面その3

```
整数を入力してください。
3 ↵
1か2を入力してください。
```

1を入力した場合、最初の条件はtrueになるので、❶が処理され、ほかの部分は処理されません。

2を入力した場合、最初の条件がfalseとなるため、次の条件を判断します。2つ目の条件はtrueとなるので、今度は❷が処理されます。

これ以外の場合（2つの条件がともにfalseの場合）、必ず❸が処理されます。このように、if〜else if〜elseのしくみを使って、いくつもの条件を判断していって、複雑な処理を行うことができるのです。

if〜else if 〜elseを使うと、複数の条件に応じた処理を行うことができる。

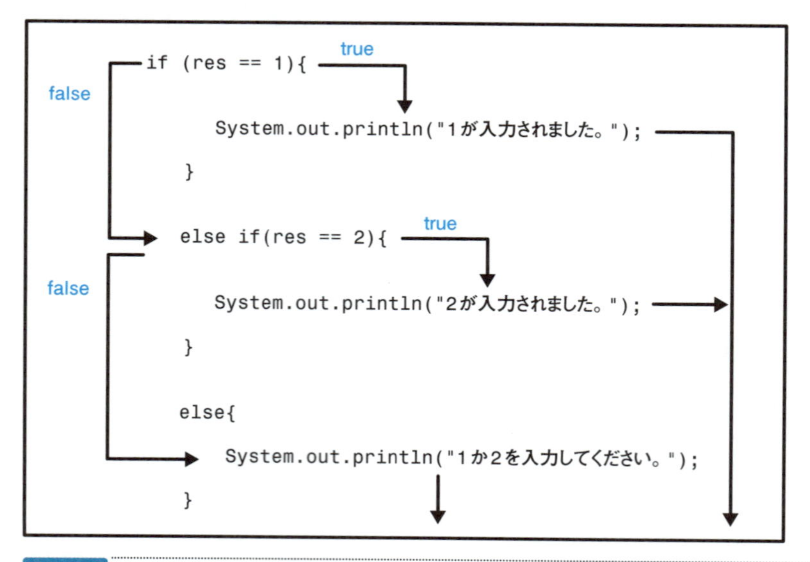

図5-10 if〜else if 〜elseの流れ

5.5 switch文

switch文のしくみを知る

Javaには、if文と同じように、条件によって処理をコントロールできる**switch文**（switch statement）という構文があります。switch文は次のようになっています。

構文 **switch文**

```
switch(式){
   case 値1:
      文1;      ← 式の評価が値1だった場合に処理されます
      ...
      break;
   case 値2:
      文2;      ← 式の評価が値2だった場合に処理されます
      ...
      break;
      ...
   default:
      文D;      ← 式の評価がいずれでもなかった場合に処理されます
      ...
      break;
}
```

switch文では、switch文内の式がcaseのあとの値と一致すれば、そのあとの文から「break」までの文を処理します。もしどれにもあてはまらなければ、「default:」以下の文を処理します。「default:」は、省略することも可能です。

switch文をたとえてみると、このような文になります。

```
switch(成績){
    case 優:
        海外旅行に行く
        break;
    case 可:
        国内旅行に行く
        break;
    default:
        もう一度勉強する
        break;
}
```

このswitch文では、成績によっていろいろな処理を行っています。if～else if～elseと同じ処理になっていることがわかるでしょう。switch文を使うと、if～else if～elseをかんたんに記述できる場合があります。

switch文を使うと、if～else if～elseをかんたんに記述できる場合がある。

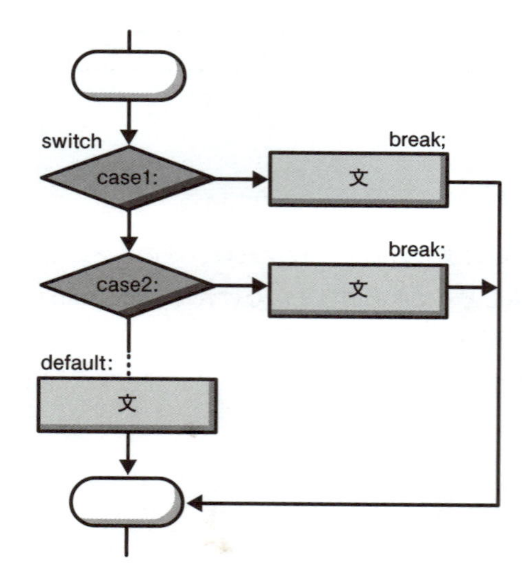

図5-11 switch文
switch文を使っても、複数の条件に応じた処理ができます。

switch文を使った例をみてみることにしましょう。

Sample5.java ▶ switch文を使う

```
import java.io.*;

class Sample5
{
    public static void main(String[] args) throws IOException
    {
        System.out.println("整数を入力してください。");

        BufferedReader br =
         new BufferedReader(new InputStreamReader(System.in));

        String str = br.readLine();
        int res = Integer.parseInt(str);

        switch(res){
           case 1:
              System.out.println("1が入力されました。");
              break;
           case 2:
              System.out.println("2が入力されました。");
              break;
           default:
              System.out.println("1か2を入力してください。");
              break;
        }
    }
}
```

1が入力された場合に処理されます

2が入力された場合に処理されます

1または2以外が入力された場合に処理されます

このコードは、変数resの値を判断し、Sample4のif～else if ～elseとまったく同じ処理をしています。実行結果も同じです。

switch文では、いくつも条件がある複雑なif～else if～elseを、シンプルに書きあらわすことができる場合があるのです。

Lesson 5

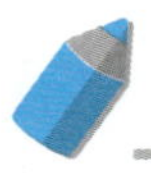

break文が抜けていると？

switch文を扱うにあたっては、いくつかの注意があります。Sample5のコードからbreak文をはぶいてみましょう。次のようにbreak文を変更してみてください。

```
switch(res){
    case 1:
        System.out.println("1が入力されました。");
    case 2:
        System.out.println("2が入力されました。");
    default:
        System.out.println("1か2を入力してください。");
}
```

break文が抜けているswitch文です

これを実行すると、画面は次のようになってしまいます。

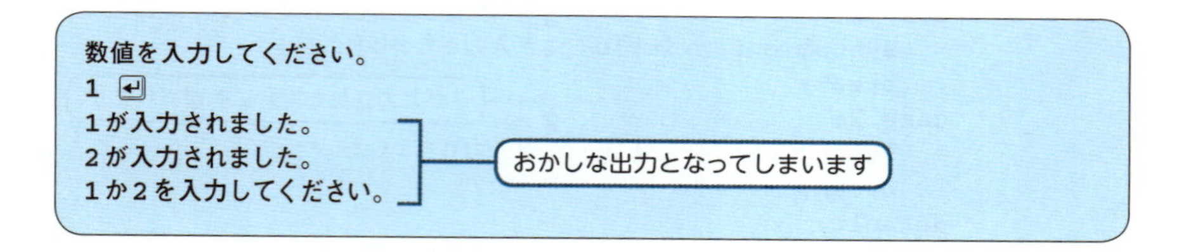

このコードでは、1を入力したときに、case 1:以降の文がすべて実行されてしまっていて、おかしなことになっています。

そもそもbreakという文は、

ブロック内の処理の流れを強制的に切る

という役割をもっています。switch文では、break文が出てくるか、ブロックが終了するまで、ブロックの中の文が順次処理されるため、正しい位置にbreak文を入れないとおかしな結果となってしまいます。

break文を書き忘れたり、位置をまちがえたりしてもコンパイラはエラーを表示しませんので注意してください。break文については、次の章でもう一度学ぶことにしましょう。

switch文の中のbreak文の位置に気をつける。

入力文字によって場合わけする

ここまで、入力した「数値」によって場合わけをするプログラムを作成してきました。今度は数値ではなく、入力した「文字」によって場合わけをする方法をみておきましょう。

次のコードをみてください。

Sample6.java ▶ switch文を文字で場合わけする

```
import java.io.*;

class Sample6
{
   public static void main(String[] args) throws IOException
   {
      System.out.println("aかbを入力してください。");

      BufferedReader br =
       new BufferedReader(new InputStreamReader(System.in));

      String str = br.readLine();
      char res = str.charAt(0);

      switch(res){
         case 'a':
            System.out.println("aが入力されました。");
            break;
         case 'b':
            System.out.println("bが入力されました。");
            break;
         default:
            System.out.println("aかbを入力してください。");
            break;
      }
   }
```

❶ 入力した文字列から文字をとり出します

❷ 文字によって場合わけをします

```
}
```

Sample6の実行画面

```
aかbを入力してください。
a ↵
aが入力されました。
```

❶のように・・・charAt(0)という行を記述すると、入力した文字列の1文字目が文字に変換されてchar型の変数resに代入されます。

```
char res = str.charAt(0);
```
入力した文字列から文字をとり出します

charAt()のはたらきについては、第10章でくわしく学びます。ここでは、このようにcharAt(0)を使うことによって、文字を変数に格納できるということをおぼえておいてください。

このswitch文は、変数resに格納される「文字」によって場合わけをするコードです。switch文の中の場合わけをする文字は、第2章で説明したように、'a'、'b'と' 'でくくって記述していることに注意してください。

5.6 論理演算子

論理演算子のしくみを知る

これまで、いろいろな条件を使った条件判断文を記述してきました。このような文の中で、もっと複雑な条件を書ければ便利な場合があります。たとえば、次のような場合を考えてみてください。

成績が「優」であり、かつ、お金があったら・・・
➡　海外旅行に行く

この場合の条件にあたる部分は、5.1節でとりあげた例よりも、もう少し複雑な場合をあらわしています。このような複雑な条件をJavaで記述したい場合には、論理演算子（logical operator）という演算子を使います。論理演算子は、

条件を組みあわせて、さらにtrueまたはfalseの値を得る

という役割をもっているものです。

たとえば、上の条件を論理演算子を使って記述すると、次のようになります。

（成績が「優」である）　&&　（お金がある）

&&演算子は、左辺と右辺がともにtrueの場合に、全体の値をtrueとする論理演算子です。この場合は、「成績が優であり」かつ「お金がある」ときに、条件がtrueとなります。どちらか一方でも成立しない場合は、全体の条件はfalseとなり、成立しないことになります。

論理演算子は、次の表のように評価されることになっています。

表5-2　論理演算子

演算子	trueになる場合	評価		
		左	右	全体
&&	左辺・右辺がともにtrueの場合	false	false	false
		false	true	false
		true	false	false
		true	true	true
		左	右	全体
||	左辺・右辺のどちらかがtrueの場合	false	false	false
		false	true	true
		true	false	true
		true	true	true
			右	全体
!	右辺がfalseの場合		false	true
			true	false

それでは、論理演算子を使ったコードを、具体的にみてみましょう。

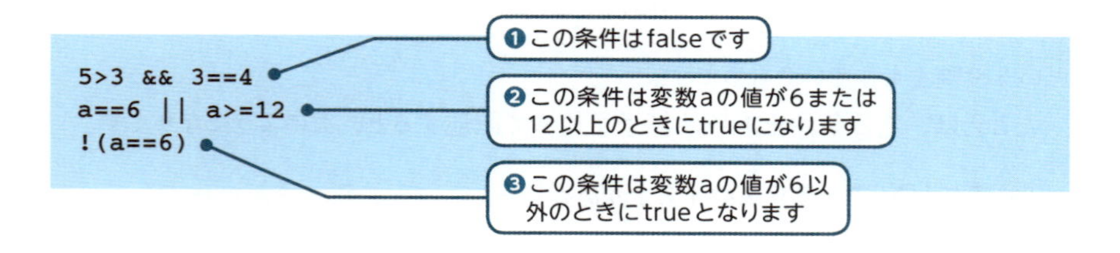

&&演算子を使った式は、左辺・右辺がともにtrueとなる場合にのみ、全体がtrueとなるのでした。したがって、条件❶の値はfalseです。

||演算子を使った式は、左辺・右辺のどちらかがtrueであれば、全体の式がtrueとなります。したがって、条件❷では、変数aに入っている値が6だった場合はtrueになります。また、aが5だった場合はfalseとなります。

!演算子は、オペランドを1つとる単項演算子で、オペランドがfalseのときにtrueとなります。条件❸では、変数aが6でない場合にtrueとなるわけです。

論理演算子を使うと、条件を組みあわせて複雑な条件をつくることができる。

なお、実際には、論理演算子&&を使うと、左辺の式がtrueだった場合にのみ、右辺の式の評価が行われます。左辺がfalseであれば、右辺がtrueでもfalseでも、全体の式は必ずfalseとなるからです。同じように、||は左辺の式がfalseだった場合にのみ、右辺の式の評価が行われます。

Javaでは、この&&と||のほか、常に右辺と左辺の評価を行う「&」と「|」という論理演算子を使って、同じ条件を記述することもできます。しかし、本書では、よりかんたんな&&と||を使うことにします。

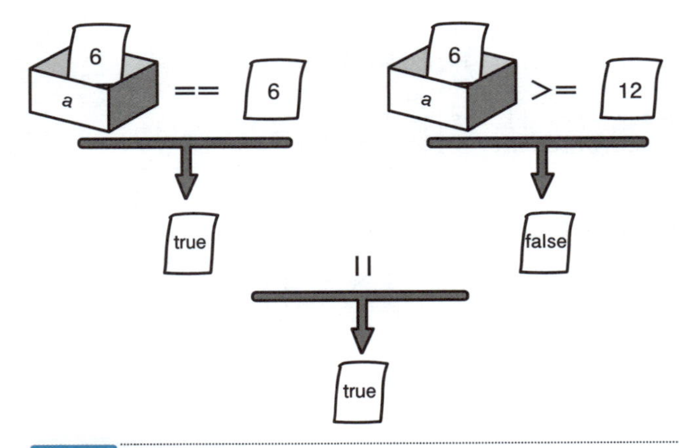

図5-12 論理演算子
論理演算子は、trueかfalseの値を演算します。

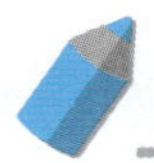

複雑な条件判断をする

さて、いままで学んだif文などの中で論理演算子を使えば、より複雑な条件を判断する処理ができるようになります。

さっそく、論理演算子を使ってみましょう。

Sample7.java ▶ 論理演算子で条件を記述する

```
import java.io.*;

class Sample7
{
   public static void main(String[] args) throws IOException
   {
      System.out.println("あなたは男性ですか？");
      System.out.println("YまたはNを入力してください。");

      BufferedReader br =
       new BufferedReader(new InputStreamReader(System.in));

      String str = br.readLine();
      char res = str.charAt(0);

      if(res == 'Y' || res == 'y'){
         System.out.println("あなたは男性ですね。");
      }
      else if(res == 'N' || res == 'n'){
         System.out.println("あなたは女性ですね。");
      }
      else{
         System.out.println("YまたはNを入力してください。");
      }
   }
}
```

Yまたはyが入力された場合に処理されます

Nまたはnが入力された場合に処理されます

Y、y、N、n以外が入力された場合に処理されます

Sample7の実行画面その1

```
あなたは男性ですか？
YまたはNを入力してください。
Y ↵
あなたは男性ですね。
```

Sample7の実行画面その2

```
あなたは男性ですか？
YまたはNを入力してください。
n ↵
あなたは女性ですね。
```

Sample7では、キーボードから入力した文字にしたがって処理を行っています。文字には、Yとyのように大文字と小文字がありますが、ここでは大文字・小文字の区別なく処理をしたいと考えました。そこでSample7では、if文の条件に論理演算子||を使ってみたのです。なお、文字は''でくくることを思い出してください。

||を使ってif文を記述すれば、Yまたはyを入力したときに、同じ処理を行うことができます。

条件演算子のしくみを知る

これまで、複雑な条件判断を行う方法をみてきました。一方、かんたんな条件判断の場合は、if文を使わなくても、条件演算子（conditional operator）の「?:」を使って書くこともできます。次のようなコードをみてください。

```
import java.io.*;

public class Sample
{
   public static void main (String[] args) throws IOException
   {
      System.out.println("何番目のコースにしますか？");
      System.out.println("整数を入力してください。");

      BufferedReader br =
       new BufferedReader(new InputStreamReader(System.in));

      String str = br.readLine();
      int res = Integer.parseInt(str);

      char ans;
      if(res == 1)
         ans = 'A';
      else
         ans = 'B';

      System.out.println(ans + "コースを選択しました。");
   }
}
```

if文を使った条件判断をしています

このコードは、res==1がtrueであるとき、変数ansに文字Aを代入し、それ以外の場合はBを代入する処理を、if文を使って記述したものです。このようなかんたんな条件判断は、条件演算子の?:を使って次のように書きかえることができます。

Sample8.java ▶ 条件演算子を使う

```
import java.io.*;

class Sample8
{
   public static void main(String[] args) throws IOException
   {
      System.out.println("何番目のコースにしますか?");
      System.out.println("整数を入力してください。");

      BufferedReader br =
       new BufferedReader(new InputStreamReader(System.in));

      String str = br.readLine();
      int res = Integer.parseInt(str);

      char ans = (res == 1) ? 'A' : 'B';

      System.out.println(ans + "コースを選択しました。");
   }
}
```

if文を条件演算子で書きかえました

Sample8の実行画面

```
何番目のコースにしますか?
整数を入力してください。
1 ↵
Aコースを選択しました。
```

if文の記述より、かんたんに記述できているのがわかりますね。

条件演算子?:の使いかたをまとめておきましょう。

構文 **条件演算子**

```
条件 ? trueのときの式1 : falseのときの式2
```

条件演算子は3つのオペランドをとる演算子です。全体の式の値は、条件がtrueのときに式1の値、falseの場合には式2の値となります。

Sample8の式の値は、res==1がtrueであるときにA、それ以外の場合はBとなります。つまり、どちらかの値が変数ansに代入されるというわけです。

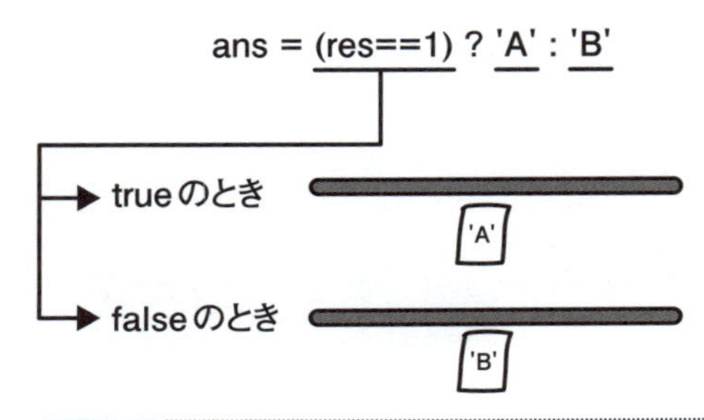

図5-13 条件演算子
条件演算子では、最初に記述した条件の値によって、式の値が決まります。

条件演算子を使うと、かんたんな条件に応じた処理を記述できる。

ビット単位の論理演算子

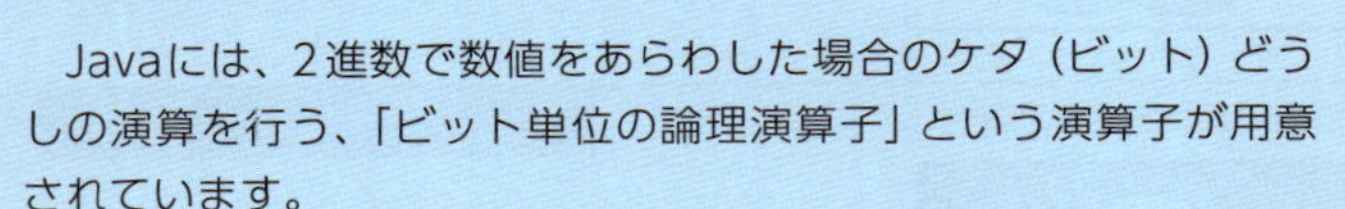

Javaには、2進数で数値をあらわした場合のケタ（ビット）どうしの演算を行う、「ビット単位の論理演算子」という演算子が用意されています。

ビット単位の論理演算子とは、

2進数であらわした1つまたは2つの数値のそれぞれのケタについて、0か1のどちらかを返す

という演算を行うものです。

たとえば、ビット論理積演算子の「&」は、2つの数値のケタがどちらも1だった場合は1、それ以外は0とする演算を行います。次の例をみてください。

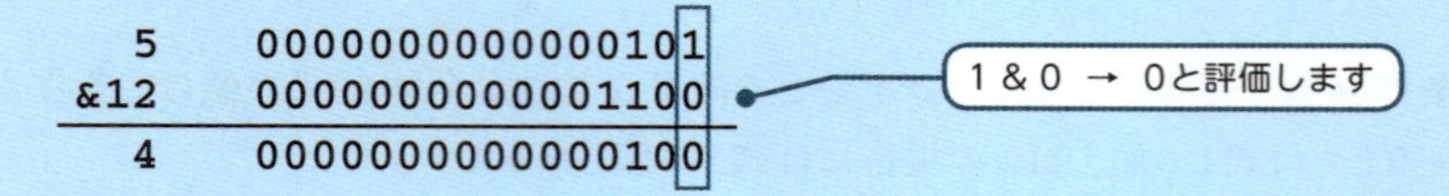

short型の数値を使って「5 & 12」という演算を行うと、上のようになります。計算結果の数値は4になります。

これらの種類の演算子の用法について、下の表にまとめておきます。ビット単位の論理演算子は、整数型の値を演算する演算子です。trueまたはfalseに対する演算を行う論理演算子とは異なるものなので、注意しておきましょう。

表　ビット単位の論理演算子

演算子	1になる場合	評価		
		左	右	全体
&	左辺・右辺のビットがともに1の場合	0	0	0
		0	1	0
		1	0	0
		1	1	1
|	左辺・右辺のビットのどちらかが1の場合	0	0	0
		0	1	1
		1	0	1
		1	1	1
^	左辺・右辺のビットが異なる場合	0	0	0
		0	1	1
		1	0	1
		1	1	0
~	右辺のビットが0の場合		右	全体
			0	1
			1	0

5.7 レッスンのまとめ

この章では、次のようなことを学びました。

- 関係演算子を使って、条件を作成できます。
- if文を使って、条件に応じた処理を行うことができます。
- if文のバリエーションを使って、いろいろな条件に応じた処理を行うことができます。
- switch文を使って、式の値に応じた処理を行うことができます。
- 論理演算子を使って、複雑な条件を作成できます。
- 条件演算子?:を使って、かんたんな条件に応じた処理を記述できます。

if文やswitch文を使うと、条件に応じた処理をして、柔軟なコードを記述することができます。さまざまな状況に応じたコードが書けるようになったことでしょう。次の章で、繰り返しを行う構文を学ぶと、より強力なコードを記述できるようになります。

練習

1. 次の条件を論理演算子を使って記述してください。

①「変数aは0以上かつ10未満」
②「変数aは0ではない」
③「変数aは10以上または0」

2. キーボードから整数値を入力させ、場合に応じて次のようなメッセージを出力するコードを記述してください。

値が偶数だった場合 ――――― 「○は偶数です。」
値が奇数だった場合 ――――― 「○は奇数です。」
(ただし○は入力した整数)

```
整数を入力してください。
1 ↵
1は奇数です。
```

3. キーボードから2つの整数値を入力させ、場合に応じて次のようなメッセージを出力するコードを記述してください。

値が同じ場合 ――――― 「2つの数は同じ値です。」
それ以外の場合 ―――― 「○より×のほうが大きい値です。」
(ただし○、×は入力した整数。○<×)

```
2つの整数を入力してください。
1 ↵
3 ↵
1より3のほうが大きい値です。
```

4. キーボードから整数値を入力させ、場合に応じて次のようなメッセージを出力するコードを記述してください。

値が0～10の場合 ――――――「正解です。」
それ以外の場合 ――――――「まちがいです。」

```
0 から 10 までの整数を入力してください。
1 ↵
正解です。
```


5. キーボードから1から5までの5段階の成績を入力させ、場合に応じて次のようなメッセージを出力するコードを記述してください。

成績	メッセージ
1	もっとがんばりましょう。
2	もう少しがんばりましょう。
3	さらに上をめざしましょう。
4	たいへんよくできました。
5	たいへん優秀です。

```
成績を入力してください。
3 ↵
さらに上をめざしましょう。
```

何度も繰り返す

第5章では、条件に応じて処理をコントロールする文を学びました。Javaでは、ほかにも文をコントロールする機能が用意されています。この機能は「繰り返し文（ループ文）」と呼ばれています。繰り返し文を使うと、同じ処理を何度も繰り返すことができるようになります。この章では、繰り返し文について学びましょう。

Check Point!

- 繰り返し文
- for文
- while文
- do～while文
- 文のネスト
- break文
- continue文

6.1 for文

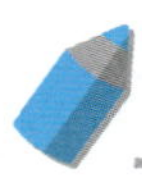

for文のしくみを知る

第5章では、条件の値にしたがって処理する文をコントロールする方法を学びました。Javaではほかにも、複雑な処理を行うことができます。たとえば、次のような状況を考えてみてください。

試験に合格するまでは・・・
➡ 試験を受け続ける

私たちは、日常生活でも一種の「繰り返しの処理」を行っていることがあります。朝起きる、歯をみがく、朝食を食べ、学校に行く・・・、私たちの生活はこういうことの繰り返しです。

Javaでは、このような処理を**繰り返し文**（ループ文：loop statement）と呼ばれる構文で記述することができます。Javaの繰り返し文には、for文・while文・do～while文の3つのバリエーションがあります。

この章ではまず、**for文**（for statement）から順番に学んでいくことにしましょう。for文のスタイルを最初にみてください。

for文

```
for(初期化の式1; 繰り返すかどうか調べる式2; 変化のための式3)
    文;
```

（文;）この文を繰り返し実行します

for文のくわしい処理手順については、例を入力しながら学ぶことにしますので、ここではかたちだけをながめておきます。

またfor文では、if文と同じように、複数の文についても処理することができます。複数の文を繰り返したい場合は、if文のときと同様に{ }でかこみ、ブロックにします。

構文 **for文**

```
for(初期化の式1; 繰り返すかどうか調べる式2; 変化のための式3){
    文1;
    文2;
    ・・・
}
```

ブロック内の文を順に繰り返し処理します

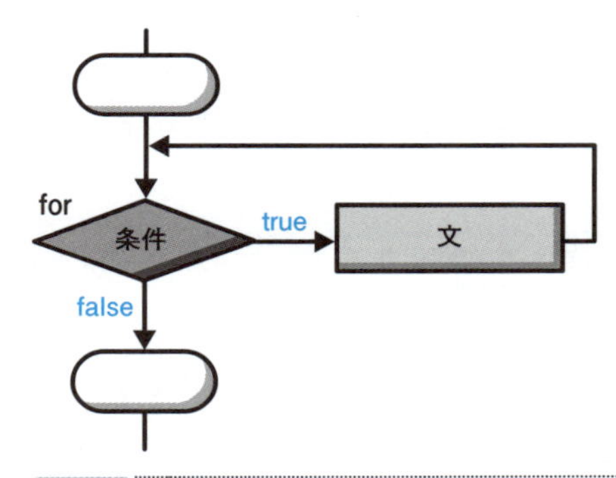

図6-1 for文
for文を使うと、繰り返し処理を行うことができます。

for文でブロックを使うと、ブロックの中の文1、文2・・・という処理を繰り返し行うことができるわけです。

それでは、実際にfor文を使ってみることにしましょう。

Sample1.java ▶ for文を使う

```
class Sample1
{
    public static void main(String[] args)
    {
        for(int i=1; i<=5; i++){
            System.out.println("繰り返しています。");
        }

        System.out.println("繰り返しが終わりました。");
    }
}
```

変数iを1つずつ増やしながら、i<=5がfalseになるまで・・・

この文が繰り返されます

Sample1の実行画面

```
繰り返しています。
繰り返しています。
繰り返しています。
繰り返しています。
繰り返しています。
繰り返しが終わりました。
```

for文では、繰り返す回数をカウントするために変数を使います。たとえば、このコードでは、変数iを使っています。そして、次のような手順で処理を行うことになります。

❶ 式1にしたがって、変数iを初期化する

❷ 式2の条件がtrueであれば、ブロック内を処理して、式3を処理する

❸ 式2の条件がfalseになるまで❷を繰り返す

つまり、このfor文では変数iを1で初期化したあと、条件 i <= 5がfalseになるまで i++を繰り返し、「繰り返しています。」と出力する文を処理するのです。

for文を理解するには、次のような状況を思いうかべてみるとわかりやすいかもしれません。

```
for(int i=1; i<=5; i++){
    試験を受ける
}
```

for文の処理では、変数iが1から5まで増えていく間に、試験を受けることを繰り返します。つまり、この場合には、試験を全部で5回繰り返し受けることになるわけです。

for文を使うと、繰り返し処理が記述できる。

変数をループ内で使う

さて、Sample1では、繰り返しのたびに画面に文字が出力されるようにしていました。このとき、繰り返した回数を出力させることができたら便利です。そこで、次のコードを入力してみましょう。

Sample2.java ▶ 繰り返し回数を出力する

```
class Sample2
{
   public static void main(String[] args)
   {
      for(int i=1; i<=5; i++){
         System.out.println(i + "番目の繰り返しです。");
      }
      
      System.out.println("繰り返しが終わりました。");
   }
}
```

繰り返し処理の中で変数iを使っています

Sample2の実行画面

```
1番目の繰り返しです。
2番目の繰り返しです。
3番目の繰り返しです。
4番目の繰り返しです。
5番目の繰り返しです。
繰り返しが終わりました。
```

繰り返しのたびに値が1増えます

繰り返し文の中では、回数のカウントに使っている変数iの値を出力することもできます。このコードを実行すると、ブロックの中で変数iの値が1つずつ増えながら繰り返されていることがよくわかるでしょう。何番目の繰り返しを処理したのかが一目でわかります。

たとえば、次の例をみてください。

```
for(int i=1; i<=5; i++){
    科目iの試験を受ける
}
```

この文は、科目1から5までの試験を全部で5回受けるという処理をあらわしています。複雑な処理を、かんたんなコードで記述できています。受ける科目が増えた場合にもすぐに対応できるでしょう。このように繰り返し文の中で変数を使うと、バリエーションにとんだプログラムが作成できるようになるのです。

なお、このfor文の中で宣言した変数iは、このfor文の中でだけ出力することができます。このiは、for文のブロックの外では使うことはできないのです。もし、ブロックの外でもiを使いたい場合は、for文をはじめる前にiを宣言しておきます。

```
int i;
for(i=1; i<=5; i++){
    System.out.println(i + "番目の繰り返しです。");
}
    System.out.println((i-1) + "回繰り返しました。");
```

for文の外にiを宣言すると・・・

for文の外でもiが使えます

変数をfor文の繰り返しの中で使うと、繰り返し回数などが示せる。

for文を応用する

それでは、for文を応用したプログラムを、いくつか作成してみましょう。次のコードを入力してください。

Sample3.java ▶ 入力した数だけ＊を出力する

```
import java.io.*;

class Sample3
{
```

```
    public static void main(String[] args) throws IOException
    {
        System.out.println("いくつ＊を出力しますか？");

        BufferedReader br =
         new BufferedReader(new InputStreamReader(System.in));

        String str = br.readLine();
        int num = Integer.parseInt(str);

        for(int i=1; i<=num; i++){
            System.out.print("*");
        }
    }
}
```

数を入力させます

入力した数だけ＊を
繰り返し出力します

Sample3の実行画面

```
いくつ＊を出力しますか？
10 ↵
**********
```

入力した数だけ＊が出力されます

プログラムを実行すると、入力した数だけ＊が出力されました。for文を使って、入力した数と同じだけ＊の出力を繰り返して処理したのです。＊の部分をほかの文字に変更すれば、いろいろな記号や文字を出力することができるでしょう。さまざまな文字でためしてみてください。

次に、1から入力した数までを順番にたし算した合計を求めるプログラムをつくってみることにしましょう。

Sample4.java ▶ 入力した数までの合計を求める

```
import java.io.*;

class Sample4
{
    public static void main(String[] args) throws IOException
    {
        System.out.println("いくつまでの合計を求めますか？");
```

```
        BufferedReader br =
         new BufferedReader(new InputStreamReader(System.in));

        String str = br.readLine();
        int num = Integer.parseInt(str);

        int sum = 0;
        for(int i=1; i<=num; i++){
           sum += i;
        }

        System.out.println("1から" + num + "までの合計は" + sum +
           "です。");
    }
}
```

数を入力させます

iが入力した数になるまでたし算を繰り返します

Sample4の実行画面

```
いくつまでの合計を求めますか？
10 ↵
1から10までの合計は55です。
```

1から入力した数までの合計が求められます

ここでも同じように、入力した数まで繰り返し処理を行っていますね。

for文の中では、変数sumに変数iの値をたしていることに注目してください。変数iの値は1から1つずつ増えていきますから、この繰り返し処理で1から入力した数値までを合計した数を求めることができます。

sum		i		新しいsumの値	
0	+	1	=	1	1番目の繰り返し
1	+	2	=	3	2番目の繰り返し
3	+	3	=	6	3番目の繰り返し
6	+	4	=	10	4番目の繰り返し
				・・・	
45	+	10	=	55	10番目の繰り返し

いろいろな繰り返し

繰り返しの方法には、いろいろなバリエーションが考えられます。たとえば、次のようなバリエーションが考えられるでしょう。

```
for(int i = 0; i < 10; i++){・・・}      10回繰り返されます
for(int i = 1; i <= 10; i++){・・・}     1～10の整数iを順番に処理することができます
for(int i = 10; i >= 1; i--){・・・}     10～1の整数iを逆順に処理することができます
```

さまざまな繰り返し方法を使いこなせるようになると便利です。

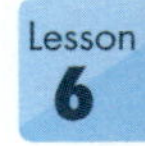

6.2 while文

while文のしくみを知る

Javaには、for文と同じように、指定した文を繰り返すことができる構文があります。そのひとつがwhile文（while statement）です。

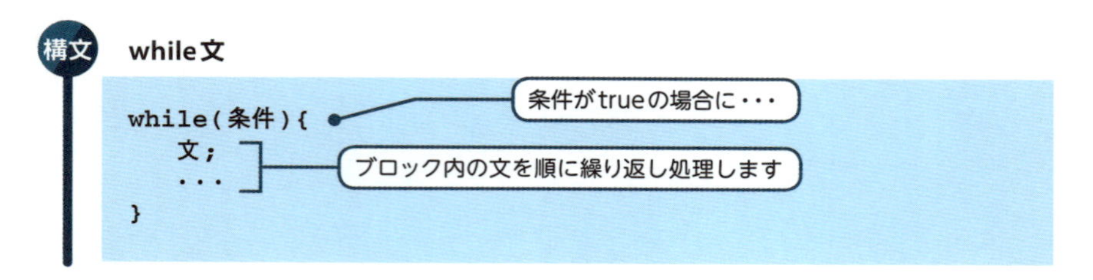

while文では、条件がtrueである限り、指定した文を何度でも繰り返し処理することができます。

この章のはじめの例にあてはめてみれば、while文とは次のような構文といえるでしょう。

```
while(試験に合格していない){
    試験を受ける
}
```

while文では、「試験に合格していない」という条件がfalseになるまで、試験を受ける処理を繰り返します。このwhile文では、処理をはじめる前に、試験にすでに合格していれば、試験を受ける処理は行われません。次ページの図をみながら、繰り返しの処理の流れをつかんでみてください。

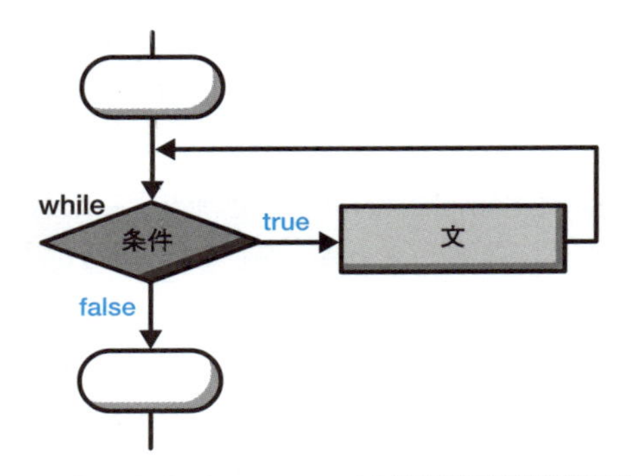

図6-2 while文
while文を使うと、条件がfalseになるまで、繰り返し処理を行うことができます。

それでは、さっそくwhile文を使ったコードを記述してみましょう。

Sample5.java ▶ while文を使う

```
class Sample5
{
   public static void main(String[] args)
   {
      int i = 1;

      while(i <= 5){
         System.out.println(i + "番目の繰り返しです。");
         i++;
      }

      System.out.println("繰り返しが終わりました。");
   }
}
```

条件がtrueの場合に・・・

このブロック内が順に繰り返されます

条件がfalseに近づくようにインクリメントしています

Sample5の実行画面

```
1番目の繰り返しです。
2番目の繰り返しです。
3番目の繰り返しです。
4番目の繰り返しです。
5番目の繰り返しです。
```

```
繰り返しが終わりました。
```

実は、このwhile文のコードの処理内容は、Sample2のfor文の処理とまったく同じです。このwhile文では、条件i<=5がfalseになるまで繰り返しを続けているからです。

このブロック内では条件がfalseに近づくように、変数iの値を増やしています。一般的に、繰り返し文では、繰り返しをするかしないかを判断するための条件の結果が変化するようにしておかないと、永遠に繰り返し処理が行われることになってしまいます。たとえば、次のコードをみてください。

```
int i = 1;

while(i <= 5){
   System.out.println(i + "番目の繰り返しです。");
}
```

条件は決してfalseにならないので、ブロック内が永久に繰り返されてしまいます

このコードは、while文の条件の中に変数iの値を増やす「i++;」のような文を記述していないので、while文の条件は何度繰り返してもfalseになりません。このため、このようなプログラムを実行すると、while文の処理が永久に繰り返されてプログラムが終了しなくなってしまいます。条件の記述にあたっては十分注意してください。

while文を使うと、繰り返し処理が記述できる。
繰り返し文の条件の記述に気をつける。

6.3 do～while文

do～while文のしくみを知る

もうひとつ、繰り返しを行う構文をみてみましょう。ここではdo～while文（do statement）をとりあげます。この構文では、最後に指定した条件がtrueである間、ブロック内の処理を繰り返します。

構文 do～while文

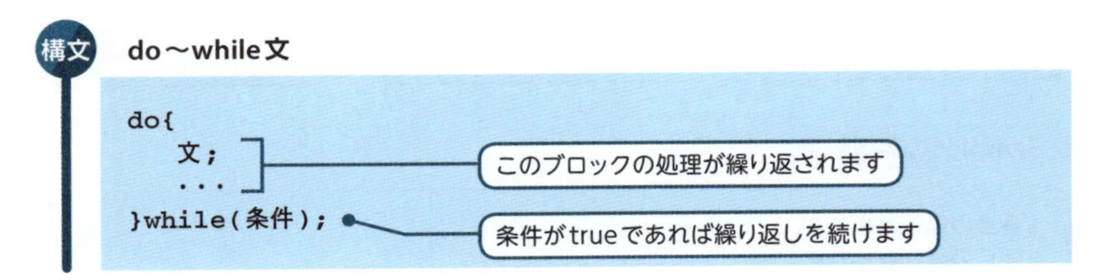

do～while文がwhile文と異なるところは、

条件を判断する前にブロック内の処理を行う

ということです。while文では、繰り返し処理の最初に条件がfalseであれば、一度もブロック内の処理が行われません。一方、do～while文では、最低1回は必ずブロック内の処理が行われます。

たとえば、while文でとりあげた例をdo～while文に書きかえてみましょう。

```
do{
    試験を受ける
}while(試験に合格していない);
```

これは、while文と同じように、試験を受け続ける繰り返し文です。しかしこちらは、処理をはじめる前に試験にすでに合格していても、最低一度は試験を受ける処理が行われるというわけです。while文とみくらべてください。

次のコードでは、Sample5.javaをdo～while文に書きかえてみました。

Sample6.java ▶ do～while文を使う

```
class Sample6
{
   public static void main(String[] args)
   {
      int i = 1;

      do{
         System.out.println(i + "番目の繰り返しです。");
         i++;
      }while(i <= 5);

      System.out.println("繰り返しが終わりました。");
   }
}
```

この部分が繰り返されます

i<=5がfalseであれば繰り返しを終了します

Sample6の実行画面

```
1番目の繰り返しです。
2番目の繰り返しです。
3番目の繰り返しです。
4番目の繰り返しです。
5番目の繰り返しです。
繰り返しが終わりました。
```

こちらは、do～while文を使っていますが、Sample5と同じ処理になっています。このように、同じ処理を行うのであっても、さまざまな構文を使って書きあらわせる場合があります。いろいろなスタイルのコードを記述する練習をしておくとよいでしょう。

do～while文を使うと、繰り返し処理が記述できる。
do～while文は、最低1回はループ本体を実行する。

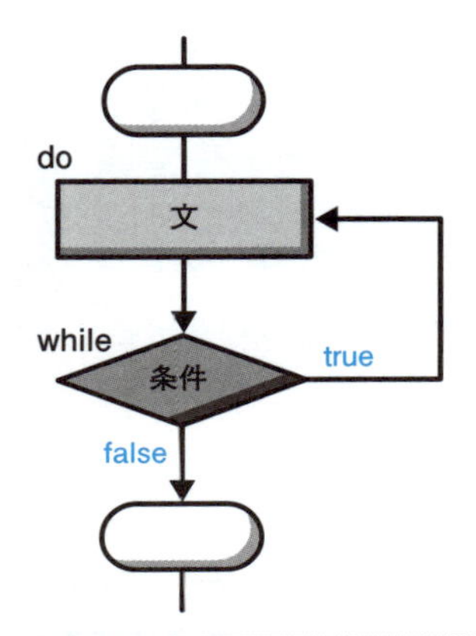

図6-3 do～while文

while文ではブロック内の処理の前に条件が判断されますが、do～while文ではブロック内の処理のあとに条件が判断されます。

プログラムの構造

第1章から見てきたように、プログラムの流れは順番に実行する処理が基本となっています。このようなプログラムの構造は**順次**と呼ばれます。またif文・switch文のような条件を判断する構文は**選択**（**条件分岐**）と呼ばれます。while文・do ～ while文のような何度も繰り返す構文は**反復**（**繰り返し**）と呼ばれます。プログラムを作成する際にはこれらの基本構造を組み合わせて処理を考えることが重要になります。

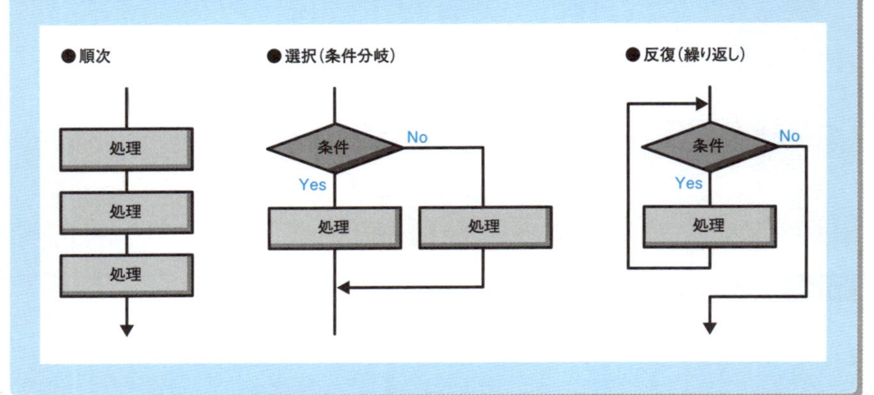

6.4 文のネスト

for文をネストする

これまでのところでいろいろな構文を学んできました。これらの条件判断文、繰り返し文などの構文では、複数の文を埋め込んで**ネストする**（**入れ子にする**）ことができます。たとえば次のように、for文の中にfor文を使うという複雑な記述ができるのです。

構文 **for文のネスト**

for文をネストすることができます

```
for(式1-1; 式2-1; 式3-1){
   ...
   for(式1-2; 式2-2; 式3-2){
      ...
   }
}
```

```
for(   ){

   for(   ){


   }
}
```

図6-4 **文のネスト**

for文などの構文はネストして記述することができます。

さっそく、for文をネストしたコードの例をみてみましょう。

Sample7.java ▶ for文をネストする

```
class Sample7
{
   public static void main(String[] args)
   {
      for(int i=0; i<5; i++){
         for(int j=0; j<3; j++){
            System.out.println("iは" + i + ":jは" + j);
         }
      }
   }
}
```

for文がネストされています

Sample7の実行画面

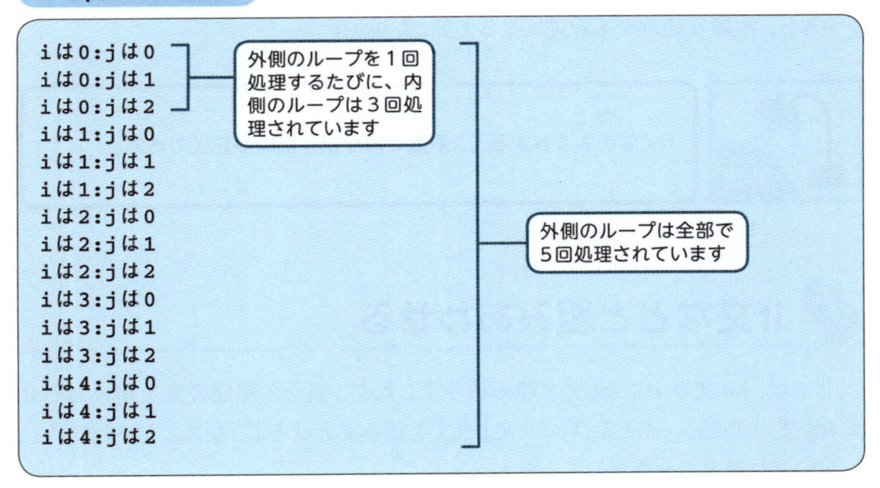

このコードでは、変数iをインクリメントするfor文の中に、変数jをインクリメントするfor文を埋め込んで、入れ子にしています。このため、ループの中では次のような処理が行われています。

```
┌ 変数iをインクリメントする
│                ↓      変数jをインクリメントする ┐
│                ↓      変数jをインクリメントする │
└                ↓      変数jをインクリメントする ┘
┌ 変数iをインクリメントする
│                ↓      変数jをインクリメントする ┐
│                ↓      変数jをインクリメントする │
└                ↓      変数jをインクリメントする ┘
                ・・・
```

つまり、iをインクリメントするループ文が1回処理されるたびに、jをインクリメントするループ文の繰り返し（3回分）が行われるのです。このように、文をネストすると、複雑な処理でも記述できるようになります。

for文をネストすると、多重の繰り返し処理が記述できる。

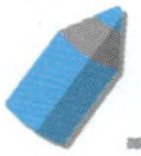

if文などと組みあわせる

上では、for文の中にfor文を埋め込みましたが、異なる種類の文を組みあわせてもかまいません。たとえば、for文とif文を組みあわせるようなこともできます。

次のプログラムを作成してください。

Sample8.java ▶ if文などと組みあわせる

```
class Sample8
{
   public static void main(String[] args)
   {
      boolean bl = false;
      for(int i=0; i<5; i++){        ┐
         for(int j=0; j<5; j++){     ┘ for文がネストされています
            if(bl == false){
```

```
                System.out.print("*");
                bl = true;
            }
            else{
                System.out.print("-");
                bl = false;
            }
        }
        System.out.print("¥n");
    }
  }
}
```

*を出力したら、次は-を出力するように、blをtrueにします

Sample8の実行画面

```
*-*-*
-*-*-
*-*-*
-*-*-
*-*-*
```

このコードでは、2つのfor文と1つのif～else文を使っています。*または-を出力するたびに、boolean型の変数blに交互にtrueとfalseを代入します。こうすることによって、次にどちらの文字を出力するのかを、if文中の「bl==false」という条件を評価することで判断できます。

なお、boolean型はtrueまたはfalseのどちらかを格納できる型です。型については第3章を参照してください。

内側のループが終わると、¥nというエスケープシーケンスを出力しているので、5文字ごとに改行されています。文字の種類をかえてみたり、種類を増やすコードを考えてみたりしてください。

6.5 処理の流れの変更

break文のしくみを知る

これまでに学んだことから、各種構文には一定の処理の流れがあることがわかりました。しかし、ときには、このような処理の流れを強制的に変更したい場合があるかもしれません。

Javaには、繰り返し処理の流れを変更する文として、break文とcontinue文があります。この節では、まずはじめにbreak文を学ぶことにします。

break文（break statement）は、

処理の流れを強制的に終了し、そのブロックから抜ける

という処理を行う文です。次のようにコード中に記述します。

break文

```
break;
```

次のコードでは、break文を使って、キーボードから指定した回数で、繰り返しの処理を強制的に終了させてみます。

Sample9.java ▶ break文でブロックから抜ける

```
import java.io.*;

class Sample9
{
   public static void main(String[] args) throws IOException
   {
      System.out.println("何番目でループを中止しますか?(1～10)");
```

```
        BufferedReader br =
         new BufferedReader(new InputStreamReader(System.in));

        String str = br.readLine();
        int res = Integer.parseInt(str);

        for(int i=1; i<=10; i++){
           System.out.println(i + "番目の処理です。");
           if(i == res)
              break;
        }
    }
}
```

本来10回の繰り返しを行うfor文ですが・・・

指定した回数目で繰り返しを終了します

Sample9の実行画面

```
何番目でループを中止しますか？(1～10)
5 ↵
1番目の処理です。
2番目の処理です。
3番目の処理です。
4番目の処理です。
5番目の処理です。
```

指定回数で処理が終わります

Sample9では、本来全部で10回の繰り返しを行うfor文を使っています。しかしここでは、ユーザーが入力した回数でbreak文を実行し、ループを強制的に終了させてみました。6回目以降の繰り返し処理は行われていないことがわかります。

なお、繰り返し文をネストしている場合、その内側の文でbreak文を使うと、内側のブロックを抜け出して、もうひとつ外側のブロックに処理がうつることになっています。

break文を使って、ブロックから抜けることができる。

```
for(int i=1; i<=10; i++){
   if(i==res)
      break;
}
```

図6-5 break文
break文を使うと、繰り返し処理を強制的に終了させてブロックから抜けることができます。

switch文の中でbreak文を使う

ところで、switch文のところでみたように、switch文の中ではbreak文が使われていました。このとき使われるbreak文は、この節で説明しているbreak文と同じものです。つまり、switch文の中でbreak文を応用すると、次のような処理ができます。

Sample10.java ▶ switch文の中でbreak文を使う

```
import java.io.*;

class Sample10
{
   public static void main(String[] args) throws IOException
   {
      System.out.println("成績を入力してください。(1～5)");

      BufferedReader br =
       new BufferedReader(new InputStreamReader(System.in));

      String str = br.readLine();
      int res = Integer.parseInt(str);

      switch(res){
         case 1:
         case 2:
            System.out.println("もう少しがんばりましょう。");
            break;
         case 3:
         case 4:
```

resが1や2のときはこの文が処理されます

break文の挿入位置に気をつけてください

```
            System.out.println("この調子でがんばりましょう。");
            break;
        case 5:
            System.out.println("たいへん優秀です。");
            break;
        default:
            System.out.println("1～5までの成績を入力してください。");
            break;
      }
   }
}
```

resが3や4のときはこの文が処理されます

Sample10の実行画面その1

```
成績を入力してください。(1～5)
1 ↵
もう少しがんばりましょう。
```

Sample10の実行画面その2

```
成績を入力してください。(1～5)
2 ↵
もう少しがんばりましょう。
```

Sample10の実行画面その3

```
成績を入力してください。(1～5)
3 ↵
この調子でがんばりましょう。
```

Sample10は、入力した整数の成績によっていろいろなメッセージを表示するプログラムです。コード中のbreak文の挿入位置に注意してください。case 1とcase 3にはbreak文がありませんので、それぞれcase 2あるいはcase 4と同じ処理をするようになっています。このように、break文の挿入位置によって処理をコントロールできるのです。

continue文のしくみを知る

もうひとつ、文の流れを強制的に変更する文として、continue文（continue statement）をみておきましょう。continue文は、

繰り返し内の処理を飛ばし、ブロックの先頭位置に戻って次の処理を続ける

という文です。

continue文

```
continue;
```

continue文を使ったコードをみてみましょう。

Sample11.java ▶ continue文でブロックの最初に戻る

```
import java.io.*;

class Sample11
{
   public static void main(String[] args) throws IOException
   {
      System.out.println("何番目の処理を飛ばしますか？(1～10)");

      BufferedReader br =
       new BufferedReader(new InputStreamReader(System.in));

      String str = br.readLine();
      int res = Integer.parseInt(str);

      for(int i=1; i<=10; i++){
         if(i == res)
            continue;
         System.out.println(i + "番目の処理です。");
      }
   }
}
```

入力した回数目の処理では、ここから先頭に戻ります

入力した回数目では、この文は処理されません

Sample11の実行画面

```
何番目の処理を飛ばしますか？(1～10)
3 ↵
1番目の処理です。
2番目の処理です。
4番目の処理です。
5番目の処理です。
6番目の処理です。
7番目の処理です。
8番目の処理です。
9番目の処理です。
10番目の処理です。
```

3番目の繰り返し処理ではcontinue文のあとが飛ばされているので、出力されていません

Sample11を実行して、処理を飛ばす回数として「3」を入力してみました。すると、3番目の繰り返し処理は、continue文の処理が行われることによって強制的に終了させられ、ブロックの先頭、つまり次の繰り返し処理にうつります。したがって、上では「3番目の処理です。」という出力は行われていません。

continue文を使って、次の繰り返し処理にうつることができる。

```
for(int i=1; i<=10; i++){

   if(i==res)
      continue;

}
```

図6-6 **continue文**
繰り返し内の処理を飛ばし、次の繰り返しにうつるには、continue文を使います。

6.6 レッスンのまとめ

この章では、次のようなことを学びました。

- for文を使うと、繰り返し処理ができます。
- while文を使うと、繰り返し処理ができます。
- do～while文を使うと、繰り返し処理ができます。
- 文はネストすることができます。
- break文を使うと、繰り返し文またはswitch文のブロックを抜け出します。
- continue文を使うと、繰り返し文の最初に戻って次の繰り返し処理にうつります。

この章では繰り返し処理や、処理の流れを変更する構文を学びました。第5章で学んだ構文とあわせて使うと、さまざまな処理を行う複雑なプログラムを記述することができます。プログラムで行おうとする処理をこれらの文にあてはめて、自由自在に記述できるように練習してみてください。

練習

1. 次のように画面に出力するコードを記述してください。

```
1～10までの偶数を出力します。
2
4
6
8
10
```


2. キーボードからテストの点数を入力させ、その合計点を出力するコードを記述してください。最後に答えを出力させる場合には、0を入力するものとします。

```
テストの点数を入力してください。(0で終了)
52 ↵
68 ↵
75 ↵
83 ↵
36 ↵
0 ↵
テストの合計点は314点です。
```

3. タブ (¥t) を使って、次のように九九の表を画面に出力するコードを記述してください。

```
1	2	3	4	5	6	7	8	9
2	4	6	8	10	12	14	16	18
3	6	9	12	15	18	21	24	27
4	8	12	16	20	24	28	32	36
5	10	15	20	25	30	35	40	45
6	12	18	24	30	36	42	48	54
7	14	21	28	35	42	49	56	63
8	16	24	32	40	48	56	64	72
9	18	27	36	45	54	63	72	81
```

4. 次のように画面に出力するコードを記述してください。

```
*
**
***
****
*****
```

5. キーボードから整数を入力させ、その数が素数（1またはその数以外で割り切れない数）であるかどうかを判断するコードを記述してください。

```
2以上の整数を入力してください。
7 ↵
7は素数です。
```

```
2以上の整数を入力してください。
10 ↵
10は素数ではありません。
```

Lesson 7

配列

第3章では、変数を使って特定の値を記憶するしくみについて学びました。さらにJavaには、同じ型の複数の値をまとめて記憶することができる「配列」という機能があります。配列を使うと、たくさんのデータを処理する複雑なコードを、すっきりと記述できるようになります。この章では、配列のしくみについて学んでいくことにしましょう。

Check Point!

- 配列
- 配列の宣言
- 配列要素の確保
- 添字
- 配列の初期化
- 配列変数
- 配列の長さ
- 多次元配列

7.1 配列

配列のしくみを知る

プログラムの中では、たくさんのデータを扱う場合があります。たとえば、50人の学生がいるクラスのテストの点数を扱うプログラムを考えてみてください。

これまでに学んできた知識を使うと、50人のテストの点数を変数に記憶させて管理するコードを書くことができます。そこで、test1からtest50という名前の変数を全部で50個用意してみることにしましょう。

```
int test1 = 80;
int test2 = 60;
int test3 = 22;
...
int test50 = 35;
```

50個の変数を初期化しています

ただし、こうしてたくさんの変数が登場すると、コードが複雑で読みにくくなってしまう場合があります

このようなときには、配列（array）というしくみを利用すると便利です。

変数が、特定の1つの値を記憶させる機能をもっていたことを思い出してください。配列も「特定の値を記憶する」という点で、変数と同じ役割をもっています。ただし、配列は

同じ型の値を複数まとめて記憶する

という便利な機能をそなえています。

いくつもの同じ名前のついたハコが、組になって並んでいるイメージを思いうかべてみてください。変数と同じように、配列のハコの中にも値を格納して利用することができます。

配列は同じ型の値をまとめて記憶する機能をもつ。

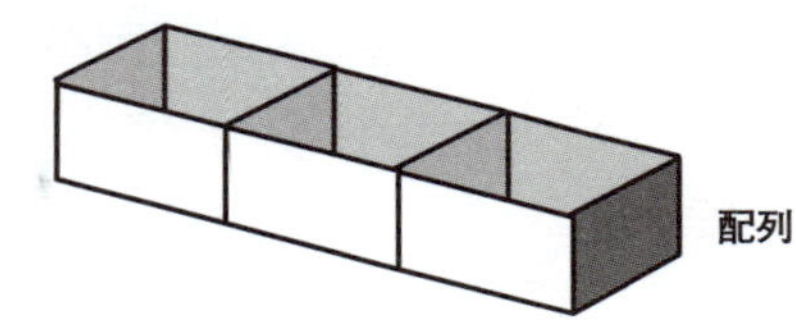

図7-1 配列
同じ型の値をまとめて記憶するには、配列を使います。

配列の利用

テストの点数のほかにも、商品の毎月の販売金額など、同じ種類のデータをプログラム中で扱おうとする状況は多いでしょう。同種の値を一度にたくさん使う場合には、配列の利用を検討することがあります。

なお、異なる種類の値を扱う場合には、配列とあわせて、このあとの章で紹介するクラスを用いることになります。

7.2 配列の準備

配列を準備する

それでは、配列を使ってみることにしましょう。Javaでは、配列を使う前に次の2つの作業が必要になります。

❶ 配列を扱う変数を用意する（配列を宣言する）
❷ 値を格納するハコを用意する（配列要素を確保する）

最初に、❶の作業からみていきましょう。配列を使うためにはまず、

配列を扱う変数

というものを用意することになります。この変数を配列変数（array variable）と呼ぶこともあります。配列変数を用意することを配列の宣言（declaration）といいます。これは次のように行います。

```
int[] test;
```

配列変数testを用意します

配列変数は配列型の変数となります。int型の値を格納する配列型は、int[]型と呼ばれています。これで配列を扱うための1つ目の作業が終わりました。

しかし、これだけではまだ配列を利用することができません。次に2つ目の作業として、

値を格納するハコを、指定した数だけ用意する

という作業が必要です。配列のハコのことを配列の要素（element）といいます。そこで、ハコを用意する作業を、配列要素の確保と呼びます。要素を確保するには、次のようなスタイルで記述します。

```
test = new int[5];
```
int型の値を5つ記憶できる配列要素を確保します

newという演算子を使うと、[]内に指定した数だけの配列のハコがコンピュータのメモリ上に準備されます。ここでは5個のハコを用意してみました。newを使った結果を、代入演算子を使って、さきほど用意した配列変数に代入します。こうすると、

配列変数の名前を使って、配列の要素を扱うことができる

ようになるのです。このことを、「testは配列をさす」ということもあります。この2つの作業で、配列の準備は完了です。

それでは、配列の準備についてまとめておきましょう。

構文 配列の宣言と要素の確保

```
型名[] 配列変数名;
配列変数名 = new 型名[要素数];
```

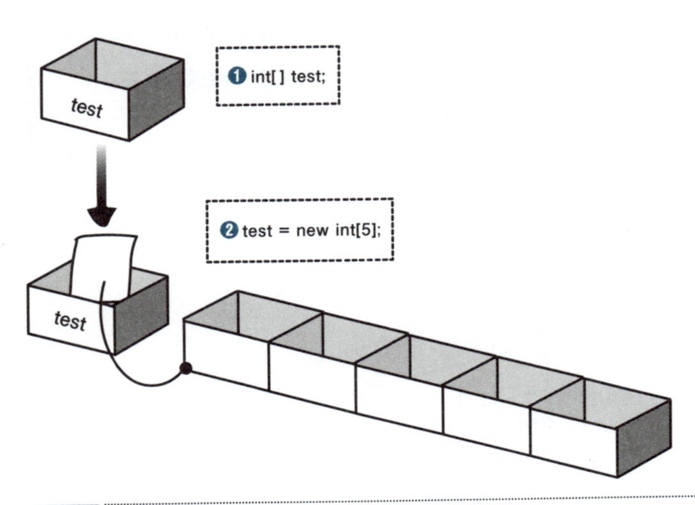

図7-2 **配列の準備**
配列を使うためには、❶配列変数を宣言し、❷配列の要素を確保する必要があります。

準備した配列のハコ（要素）は、配列変数の名前を使って、それぞれ次のようにあらわすことができます。

```
test[0]
test[1]
test[2]
test[3]
test[4]
```

[]の中の番号は、添字（インデックス：index）と呼ばれています。この添字を配列変数につけることによって、配列のハコを特定し、値を代入することができるようになるのです。

Javaの配列の添字は、0からはじまるので、

最大の番号は「要素数－1」

となっています。つまり、5つの要素をもつこの配列の場合は、test[4]が値を格納できる最後の要素となります。test[5]という名前の要素は存在しないので注意が必要です。

配列を準備するには、配列変数の宣言と要素の確保をする。
配列要素の最後の添字は要素数より1つ小さい。

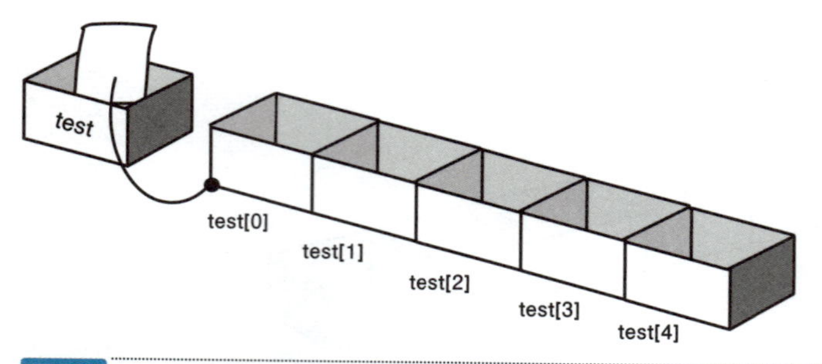

図7-3 配列の宣言と要素の確保
配列を宣言し、5つの配列要素を確保すると、各要素を添字0～4であらわせます。

配列に値を代入する

それでは、準備した配列に値を格納してみましょう。配列の各要素はtest[0]、test[1]・・・という名前で扱えるようになっていますから、1つずつ値を代入してみます。この配列のハコには、整数値を代入することができます。

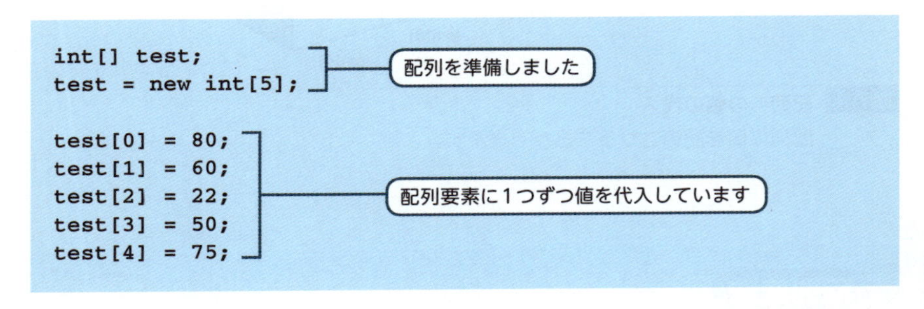

```
int[] test;
test = new int[5];

test[0] = 80;
test[1] = 60;
test[2] = 22;
test[3] = 50;
test[4] = 75;
```


ここでは、5つの配列要素にテストの点数を代入しています。配列要素に値を代入する方法は、変数と同じです。配列のハコを指定し、代入演算子の「=」を使って記述すればよいのです。

構文 **配列要素への値の代入**

```
配列変数名[添字] = 式;
```

配列に値を記憶するには、添字を使って要素を指定し、値を代入する。

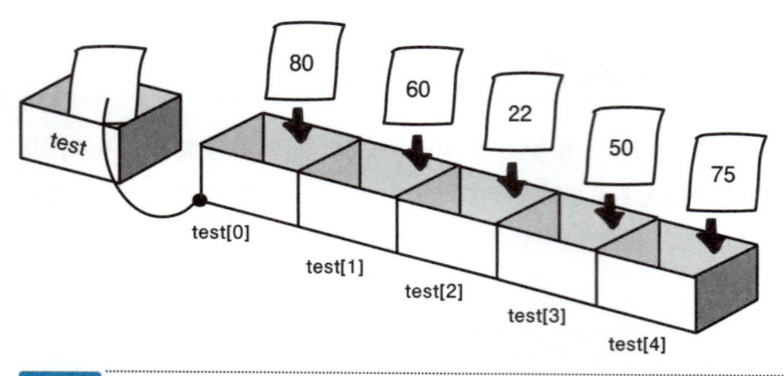

図7-4 配列への値の代入
配列に値を記憶させることができます。

配列変数

図7-4のように、配列変数は配列要素のハコがメモリ上のどこに存在するかをあらわす変数となっています。実際の各値は、配列の要素の各ハコに格納されます。こうした配列のイメージをおさえておくとよいでしょう。

7.3 配列の利用

繰り返し文を配列に用いる

それでは、実際に配列を使ったコードを作成してみましょう。配列の添字は順番に並んでいますので、第6章で学んだ繰り返し文を使うとすっきりと記述することができます。繰り返し文を使って、配列に格納したテストの点数を出力するコードを作成してみることにします。

Sample1.java ▶ 配列を使う

```
class Sample1
{
   public static void main(String[] args)
   {
      int[] test;
      test = new int[5];

      test[0] = 80;
      test[1] = 60;
      test[2] = 22;
      test[3] = 50;
      test[4] = 75;

      for(int i=0; i<5; i++){
         System.out.println((i+1) + "番目の人の点数は" +
            test[i] + "です。");
      }
   }
}
```

配列を準備しています（int[] test; test = new int[5];）

配列要素に1つずつ値を代入しています（test[0]～test[4]）

繰り返し文を使って配列要素を出力しています（for文内）

Sample1の実行画面

```
1番目の人の点数は80です。
2番目の人の点数は60です。
3番目の人の点数は22です。
4番目の人の点数は50です。
5番目の人の点数は75です。
```

Sample1では、まず最初に配列の各要素に値を代入しています。そのあとでfor文を使って、各要素の値を出力します。配列の添字は0からはじまっているので、繰り返し文の中では出力する順番を「i+1番目」と指定しています。

このように配列では、

各要素を指定するときの添字に変数を使う

ことができるようになっています。これで「何番目の学生が何点なのか」を繰り返し文の中で出力することができているわけです。配列と繰り返し文を使って、コードがすっきりと記述できていますね。

配列と繰り返し文を使うと、データをかんたんに処理できる。

配列の添字についての注意

ところで、配列を使う場合には、注意しておかなければならないことがあります。それは、

配列の大きさをこえた要素は利用することができない

ということです。たとえばこれまでのコードでは、5つの要素をもつ配列を宣言しました。この配列を扱うときは、test[10]などといった添字を指定して、値を代入してはいけないのです。

```
int[] test;
test = new int[5];
//誤り
//test[10] = 50;
```

このような代入はできません

test[10]という要素は存在しません。このようなコードはまちがいとなります。配列の添字には注意するようにしてください。

配列の大きさをこえる要素に値を代入しないようにする。

Lesson 7

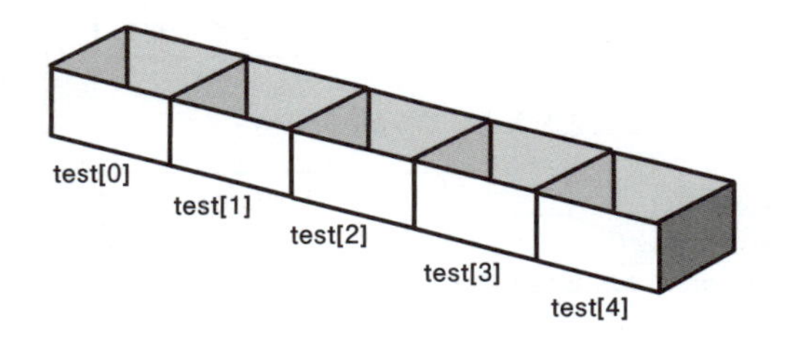

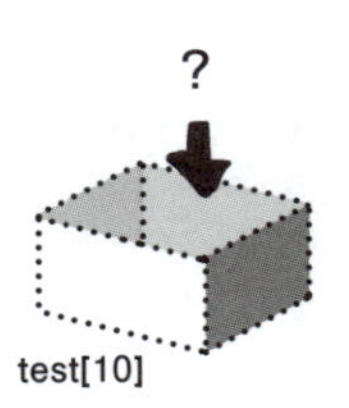

図7-5 配列要素への代入の注意
配列に値を代入する際には、添字の数値に注意する必要があります。

キーボードから要素数を入力する

ところで、コードの中には、配列要素の数をいくつにしてよいかわからない場合もあります。たとえば、「テストの受験者があらかじめ何人いるかわからない」という場合を考えてみてください。このようなときには、配列要素の数をキーボードから入力させるようにしておくと便利です。次のコードを作成してみてください。

Sample2.java ▶ 配列要素の数を入力する

```
import java.io.*;

class Sample2
{
   public static void main(String[] args) throws IOException
   {
      System.out.println("テストの受験者数を入力してください。");

      BufferedReader br =
       new BufferedReader(new InputStreamReader(System.in));

      String str = br.readLine();
      int num = Integer.parseInt(str);

      int[] test;
      test = new int[num];

      System.out.println("人数分の点数を入力してください。");

      for(int i=0; i<num; i++){
         str = br.readLine();
         int tmp = Integer.parseInt(str);
         test[i] = tmp;
      }

      for(int i=0; i<num; i++){
         System.out.println((i+1) + "番目の人の点数は" +
            test[i] + "です。");
      }
   }
}
```

配列要素の数を入力させます

必要な数だけ配列要素を準備します

キーボードから必要な数だけ点数を入力させます

配列要素に点数を格納します

配列要素の値を出力します

Sample2の実行画面

```
テストの受験者数を入力してください。
5 ↵
人数分の点数を入力してください。
80 ↵
60 ↵
22 ↵
50 ↵
75 ↵
```

```
1番目の人の点数は80です。
2番目の人の点数は60です。
3番目の人の点数は22です。
4番目の人の点数は50です。
5番目の人の点数は75です。
```

このコードでは、まずテストの受験者数(要素数)をキーボードから入力させて、変数numに格納しています。そして、newを使って、入力されたnumの数だけ配列要素を確保しています。そのあと、numの数だけテストの点数を入力させて、ハコに値を格納していくのです。こうすれば、必要なだけの配列要素を確保して、柔軟なプログラムを作成することができます。

7.4 配列の記述のしかた

もうひとつの配列の準備方法を知る

これまでの節では、配列の基本的な使いかたを説明しました。配列は、このほかにもいろいろな方法で書きあらわすことができます。たとえば、配列を準備するために行う「配列の宣言」と「要素の確保」という2つの作業を2つの文で記述していましたね。

```
int[] test;
test = new int[5];
```

2つの文で配列を準備します

実は、この2つの処理は1つの文にまとめて書くこともできます。次の記述をみてください。

```
int[] test = new int[5];
```

1つの文で配列を準備します

このように、配列の準備はまとめて1つの文で記述することもできます。配列の準備をまとめた文は、次のようなかたちになっています。

配列の宣言と要素の確保

```
型名[] 配列変数名 = new 型名[要素数];
```

それでは、Sample1の配列の準備部分のコードを書きかえてみることにしましょう。このコードの実行結果は、Sample1とまったく同じになります。

Sample3.java ▶ 配列の宣言と要素の確保をまとめる

```
class Sample3
{
    public static void main(String[] args)
    {
        int[] test = new int[5];

        test[0] = 80;
        test[1] = 60;
        test[2] = 22;
        test[3] = 50;
        test[4] = 75;

        for(int i=0; i<5; i++){
            System.out.println((i+1) + "番目の人の点数は" +
                test[i] + "です。");
        }
    }
}
```

1つの文で配列を準備します

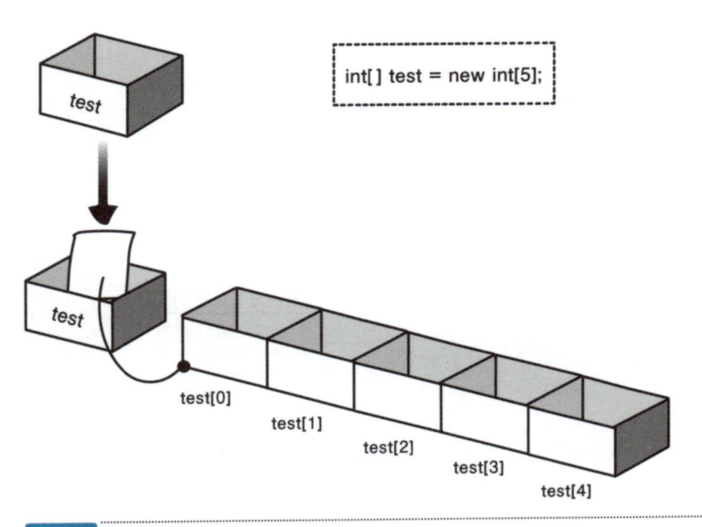

図7-6 **配列の宣言と要素の確保**

配列の宣言と要素の確保を1つの文にまとめて記述することができます。

Sample3の実行画面

```
1番目の人の点数は80です。
2番目の人の点数は60です。
3番目の人の点数は22です。
4番目の人の点数は50です。
5番目の人の点数は75です。
```

配列を初期化する

これまで、「配列の宣言」と「要素の確保」をまとめて行う方法を学びました。さらにこの2つの作業に加えて、「値の代入」まで一緒に行う文を記述してしまうこともできます。つまり、❶配列の宣言、❷要素の確保、❸値の代入の3つをまとめて行う文を記述することができるのです。これを**配列の初期化**（initialization）といいます。

配列の初期化は、次のように記述します。

配列の初期化

```
型名[] 配列変数名 = {値1, 値2, 値3, ・・・};
```

これまでとりあげてきたテストの点数を扱う配列は、次のように記述することになります。

```
int[] test = {80,60,22,50,75};
```

5つの配列要素を初期化します

このコードでは、要素数を指定していないことに注意してください。newというキーワードも使っていません。このように書くと、**{}内の値の数だけ自動的に配列の要素が確保される**ことになっています。上のコードでは値が5つありますから、5つの要素が自動的に確保されるのです。

Sample3を配列の初期化を使って書きかえてみましょう。コードは次のようになります。

Sample4.java ▶ 配列を初期化する

```
class Sample4
{
   public static void main(String[] args)
   {
      int[] test = {80,60,22,50,75};

      for(int i=0; i<5; i++){
         System.out.println((i+1) + "番目の人の点数は" +
            test[i] + "です。");
      }
   }
}
```

5つの配列要素を初期化します

実行結果はSample3と同じです。配列にはこのようにいろいろな書きあらわしかたがあります。徐々に慣れていくことにしましょう。

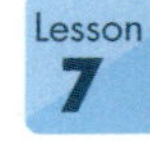

配列を初期化すると、配列の宣言・要素の確保・値の代入が同時に行える。

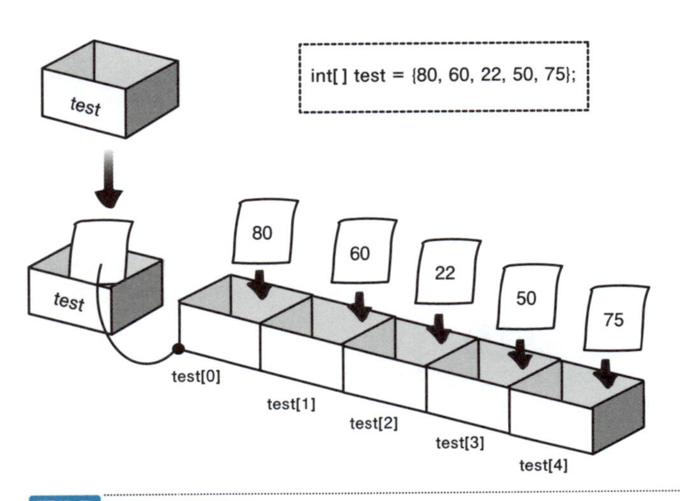

図7-7 配列の初期化

配列の宣言・要素の確保・値の代入をまとめて、配列を初期化することができます。

7.5 配列変数

配列変数に代入する

この節では、配列変数のしくみについてくわしく学ぶことにします。「配列変数」とは、配列を扱う際に最初に用意する変数のことでしたね。

```
int[] test;
test = new int[5];
```

配列変数testです

newを使って要素を確保し、配列変数testに代入することによって、配列を扱うことができるようになりました。

この配列変数は、int[]型の変数と呼ばれています。なお、上の配列の準備は次のように記述することもあります。

```
int test[];
test = new int[5];
```

実は、この配列変数には、newを使って要素を確保するとき以外にも、代入演算子を使って代入をすることができます。次のコードを入力してみてください。

Sample5.java ▶ 配列変数に代入する

```
class Sample5
{
   public static void main(String[] args)
   {
      int[] test1;
      test1 = new int[3];
```

配列を準備します

```
        System.out.println("test1を宣言しました。");
        System.out.println("配列要素を確保しました。");

        test1[0] = 80;
        test1[1] = 60;
        test1[2] = 22;

        int[] test2;
        System.out.println("test2を宣言しました。");

        test2 = test1;
        System.out.println("test2にtest1を代入しました。");

        for(int i=0; i<3; i++){
            System.out.println("test1がさす" + (i+1) +
                "番目の人の点数は" + test1[i] + "です。");
        }

        for(int i=0; i<3; i++){
            System.out.println("test2がさす" + (i+1) +
                "番目の人の点数は" + test2[i] + "です。");
        }
    }
}
```

配列に値を代入します

配列変数だけ用意しました

配列変数に代入します

Sample5の実行画面

```
test1を宣言しました。
配列要素を確保しました。
test2を宣言しました。
test2にtest1を代入しました。
test1がさす1番目の人の点数は80です。
test1がさす2番目の人の点数は60です。
test1がさす3番目の人の点数は22です。
test2がさす1番目の人の点数は80です。
test2がさす2番目の人の点数は60です。
test2がさす3番目の人の点数は22です。
```

test1がさす配列の内容です

test2がさす配列の内容です

最初に、要素を確保して配列変数test1に代入しています。ここまではいままでと同じです。次に配列の宣言だけを行って、test2という配列変数を用意しました。そして、代入演算子を使ってtest2にtest1を代入しています。

test2[0]、test2[1]、test2[2]の値を出力してみると、test1と同じものが出力されることがわかります。配列変数には、このように別の配列変数を代入することができるのです。

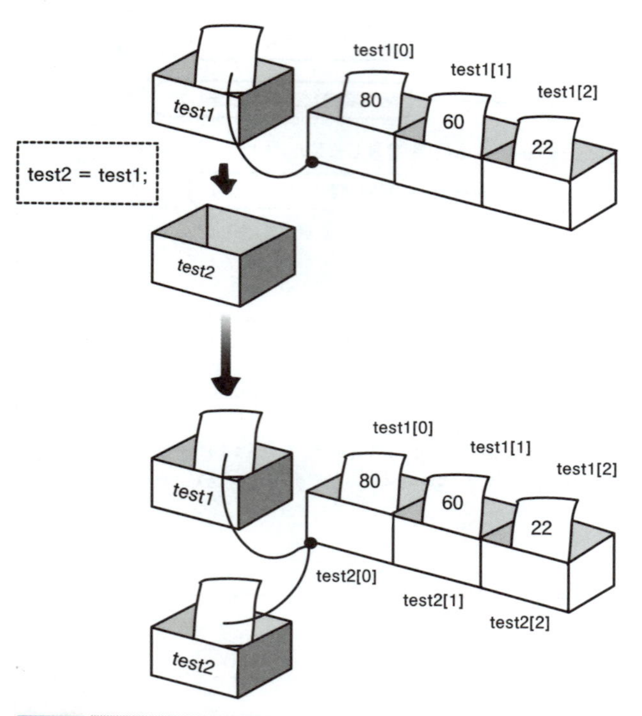

図7-8 配列変数への代入
配列変数を宣言し、別の配列変数を代入することができます。

配列変数に代入するということ

前項でみたように、配列変数には代入をすることができます。その結果、test1、test2から同じ点数を出力することができました。ただし、これは代入によって、同じ配列が2つ存在するようになるということではありません。次のコードを入力してみましょう。

Sample6.java ▶ 要素の値を変更する

```
class Sample6
{
   public static void main(String[] args)
   {
      int[] test1;
      test1 = new int[3];
      System.out.println("test1を宣言しました。");
      System.out.println("配列要素を確保しました。");

      test1[0] = 80;
      test1[1] = 60;
      test1[2] = 22;

      int[] test2;
      System.out.println("test2を宣言しました。");

      test2 = test1;    ← 配列変数に代入します
      System.out.println("test2にtest1を代入しました。");

      for(int i=0; i<3; i++){
         System.out.println("test1がさす" + (i+1) +
            "番目の人の点数は" + test1[i] + "です。");
      }

      for(int i=0; i<3; i++){
         System.out.println("test2がさす" + (i+1) +
            "番目の人の点数は" + test2[i] + "です。");
      }

      test1[2] = 100;    ← test1を使って配列要素の値を1つ変更します
      System.out.println("test1がさす3番目の人の点数を変更します。");

      for(int i=0; i<3; i++){
         System.out.println("test1がさす" + (i+1) +
            "番目の人の点数は" + test1[i] + "です。");
      }

      for(int i=0; i<3; i++){
         System.out.println("test2がさす" + (i+1) +
            "番目の人の点数は" + test2[i] + "です。");
      }
   }
}
```

Sample6の実行画面

```
test1を宣言しました。
配列要素を確保しました。
test2を宣言しました。
test2にtest1を代入しました。
test1がさす1番目の人の点数は80です。
test1がさす2番目の人の点数は60です。
test1がさす3番目の人の点数は22です。
test2がさす1番目の人の点数は80です。
test2がさす2番目の人の点数は60です。
test2がさす3番目の人の点数は22です。
test1がさす3番目の人の点数を変更します。
test1がさす1番目の人の点数は80です。
test1がさす2番目の人の点数は60です。
test1がさす3番目の人の点数は100です。
test2がさす1番目の人の点数は80です。
test2がさす2番目の人の点数は60です。
test2がさす3番目の人の点数は100です。
```

test1の配列要素を変更すると・・・

test2の配列要素も変更されます

このコードでは、test1[2]を指定して、要素のうちのひとつを100点に変更しました。

このあと、test1[2]とtest2[2]を出力してみると、どちらも同じように変更されているのがわかります。つまり、**test1とtest2は異なる2つの配列ではなく、「同じ1つの配列をさしている」のです**。test1を使ってデータを変更すると、test2のデータのほうも変更されます。

つまり、配列変数に代入するということは、配列がもうひとつ増えるのではなく、

代入された左辺の配列変数が、
右辺の配列変数のさしている配列をさすようになる

ということを意味しています。配列を扱うときには、このようなしくみに注意しておく必要があります。

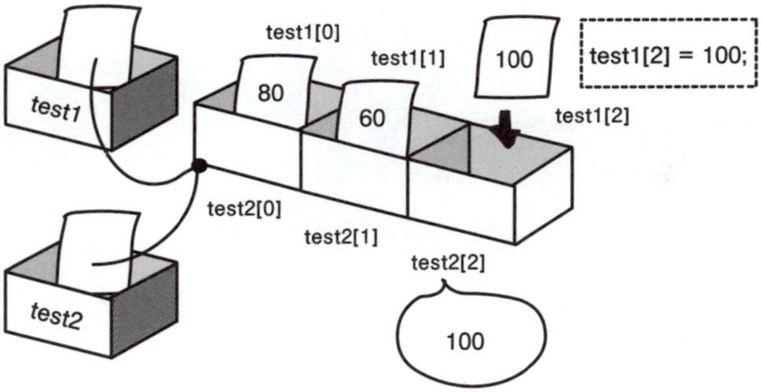

図7-9 2つの配列変数が1つの配列をさす場合

代入された配列変数は、代入した配列変数がさしている配列をさすようになります。一方の配列変数の変更は、もう一方にも及びます。

配列変数の特徴

第3章で学んだint型などの変数（基本型の変数）が、値を格納するハコ「そのもの」をあらわすのに対して、配列変数は値を格納するハコが「メモリ上のどこに存在しているか」という配列の「場所」をあらわすものとなっています。このような種類の変数のことを、基本型の変数に対して**参照型の変数**と呼びます。参照型の変数には、配列変数のほかに、第8章や第10章で学ぶクラス型の変数や、第12章で学ぶインターフェイス型の変数があります。

7.6 配列の応用

配列の長さを知る

この節では、これまでの知識を使って、配列を応用するコードを作成してみましょう。まず最初に、配列の要素数を調べるコードを記述します。配列の要素数（ハコの数）は、**配列の長さ**（大きさ）と呼ばれています。

配列の長さ

```
配列変数名.length
```

Javaでは、配列変数に続けて.lengthと記述すると、配列の要素数をあらわすことができるのです。たとえば、testがさす配列については、次のようにして要素数を調べることができます。

```
test.length
```

testがさす配列要素の数をあらわします

実際のコードを記述してみましょう。次のコードを入力してみてください。

Sample7.java ▶ 配列の長さを知る

```
class Sample7
{
   public static void main(String[] args)
   {
      int[] test = {80,60,22,50,75};

      for(int i=0; i<5; i++){
         System.out.println((i+1) + "番目の人の点数は" +
```

5つの配列要素を準備しています

```
                test[i] + "です。");
        }

        System.out.println("テストの受験者は" + test.length +
            "人です。");
    }
}
```

配列要素の数を出力します

Sample7の実行画面

```
1番目の人の点数は80です。
2番目の人の点数は60です。
3番目の人の点数は22です。
4番目の人の点数は50です。
5番目の人の点数は75です。
テストの受験者は5人です。
```

配列要素の数が出力されます

このコードの配列要素の数は、テストの受験者数となります。つまりここでは、test.lengthと記述して、テストの受験者数を調べているのです。

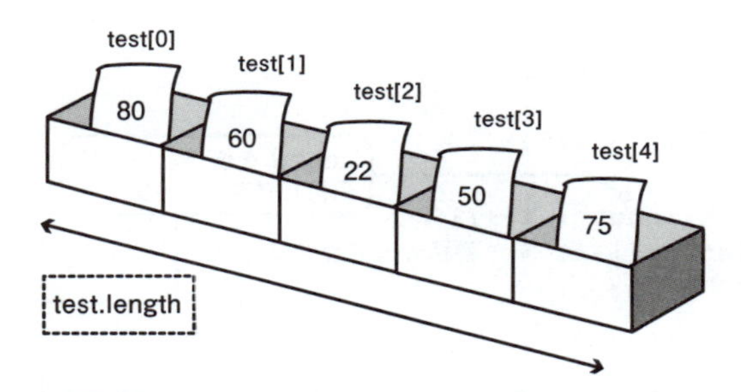

図7-10 **配列の長さ**
.lengthで配列要素の数を知ることができます。

配列要素の数を知ることができると、コードの記述が楽になります。これまでのコードでは、繰り返し文を使って配列を扱ってきました。たとえば、次のように配列の長さである「5」を繰り返し文の中に指定してきましたね。

```
int[] test = {80,60,22,50,75};
...
for(int i=0; i<5; i++){
   System.out.println((i+1) + "番目の人の点数は" + test[i] +
      "です。");
}
...
```

繰り返し文に「5」という数字を使いました

しかし、もし異なるテストについてのコードを、新しく作成しなければならなくなった場合はどうすればいいでしょうか？ このコードを再利用することができそうですが、そのためにはコードの中にあるすべての「5」という数字を、新しいテストの受験者数に訂正しなければなりません。しかし、コードの中から「5」という単純な数字をみつけるのは、とてもたいへんな作業になります。

こんなときに、元のコードの繰り返し文の中で、.lengthを利用しておくと便利なのです。次のコードをみてください。

Sample8.java ▶ 繰り返し条件に配列の長さを指定する

```
class Sample8
{
   public static void main(String[] args)
   {
      int[] test = {80,60,22,50,75};

      for(int i=0; i<test.length; i++){
         System.out.println((i+1) + "番目の人の点数は" +
            test[i] + "です。");
      }

      System.out.println("テストの受験者は" + test.length +
         "人です。");
   }
}
```

.lengthを使うとコードの訂正が楽になります

この実行結果はSample7と同じです。しかし、ここでは繰り返し文で.lengthを使っています。このようにしておけば、受験者数が違うテストについてコードを書くことになっても、繰り返し条件を変更する必要はありません。テストの点数データだけを訂正すればよいのです。繰り返し回数は配列要素の数によって、自動的に変わってくることになります。

データを訂正し、配列要素の数を変更することはよくあるものです。.lengthを使ったコードにしておけば、コードの訂正が楽になります。

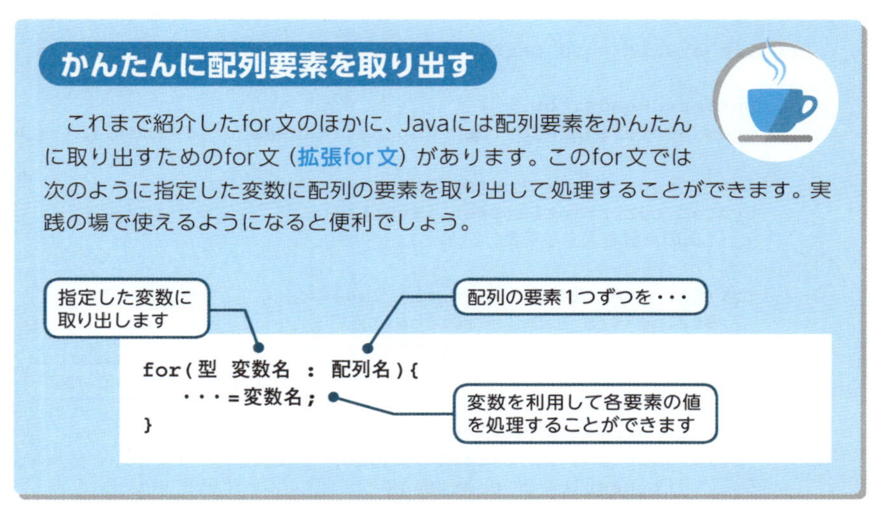

配列の内容をソートする

さて今度は配列を使って、テストの点数を並べかえてみることにします。値を順番に並べかえることを、ソート（sort）といいます。配列は要素に複数の値を格納することができるので、並べかえをするコードに利用すると便利なのです。

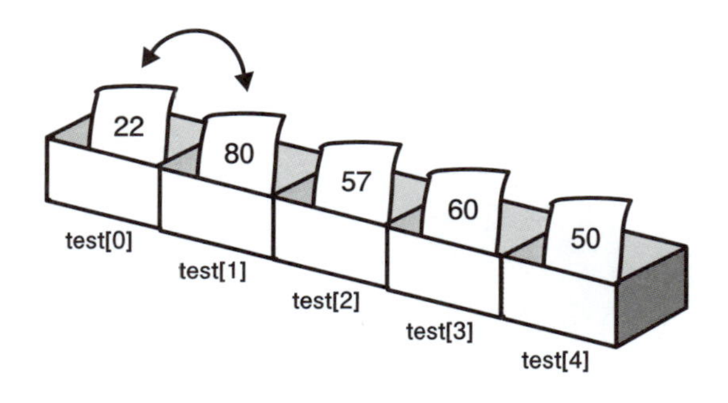

Sample9.java ▶ 配列をソートする

```
import java.io.*;

class Sample9
{
   public static void main(String[] args) throws IOException
   {
      BufferedReader br =
       new BufferedReader(new InputStreamReader(System.in));

      int[] test = new int[5];
      System.out.println(test.length +
         "人の点数を入力してください。");

      for(int i=0; i<test.length; i++){
         String str = br.readLine();
         test[i] = Integer.parseInt(str);
      }

      for(int s=0; s<test.length-1; s++){
         for(int t=s+1; t<test.length; t++){
            if(test[t] > test[s]){
               int tmp = test[t];
               test[t] = test[s];
               test[s] = tmp;
            }
         }
      }

      for(int j=0; j<test.length; j++){
         System.out.println( (j+1) + "番目の人の点数は" +
            test[j] + "です。");
      }
   }
}
```

配列をソートしています

Sample9の実行画面

```
5人の点数を入力してください。
22 ↵
80 ↵
57 ↵
60 ↵
50 ↵
```

```
1番目の人の点数は80です。
2番目の人の点数は60です。
3番目の人の点数は57です。
4番目の人の点数は50です。
5番目の人の点数は22です。
```

点数順に出力されます

このコードは、配列の要素を大きい順にソートするコードです。実行結果をみると、たしかに点数の高い順に出力されていますね。

配列をソートするにはさまざまな方法がありますが、ここでは次のような手法を使っています。順番にみてみることにしましょう。

❶まず最初に、配列の各要素を配列の先頭の要素（test[0]）と比較していきます。比較した要素のほうが大きい場合は、先頭要素と入れかえます。すると、配列の先頭の要素に最大値を格納できます。

22	80	57	60	50
80	22	57	60	50
80	22	57	60	50
80	22	57	60	50

test[t]とtest[0]を比較して入れかえる。
test[t]のほうが大きい場合に入れかえる。
つまり、test[t] > test[s] (s=0) のとき入れかえる。

❷これで、一番大きな値である 配列の先頭要素が決まりました。そこで、残りの要素についても同じ処理を繰り返します。つまり、残りの要素を配列の2番目の要素（test[1]）と比較して、大きい場合に入れかえます。すると、最終的に2番目に大きい数値が2番目の要素となります。

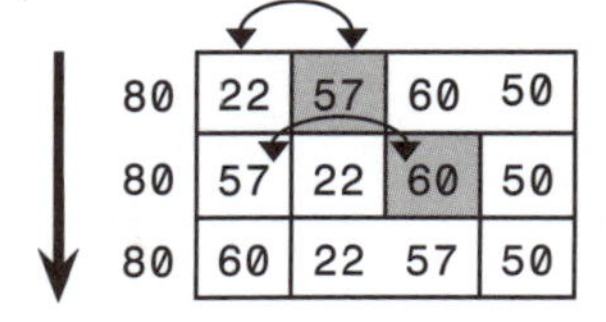

test[t]とtest[1]を比較して入れかえる。
test[t]のほうが大きい場合に入れかえる。
つまり、test[t] > test[s] (s=1) のとき入れかえる。

❸順に繰り返すと、配列のソートが完了します。

```
80 60 57 50 22
```

ちょっとややこしいですが、Sample9のコードとみくらべながら手順を確認してみましょう。Sample9では、繰り返し文をネストして、このソートの手順を記述しています。

要素を入れかえるためには、入れかえるものと同じ型の作業用のエリア（変数）が必要になります。そのためこのソートでは、作業用の変数tmpを使っています。

ソートの方法

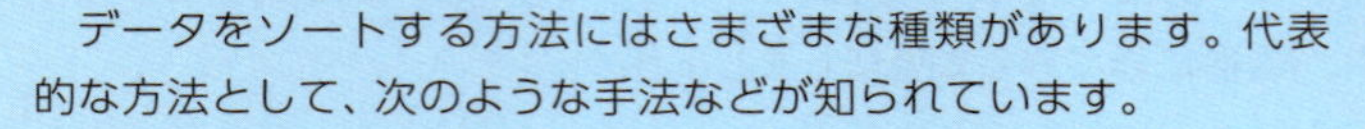

データをソートする方法にはさまざまな種類があります。代表的な方法として、次のような手法などが知られています。

- 最大（小）値をみつけていく方法（本書の方法）
- となり合わせの要素を比較していく方法
- 全体を分割して一部分の並べ替えを繰り返していく方法

データの量や順序によって、並べ替える速さなどが異なる場合があります。プログラムを作成する際には、こうした知識をおさえていくことも重要です。

7.7 多次元配列

多次元配列のしくみを知る

これまでに学んだ配列は、一列に並んだハコのようなイメージでした。Javaでは、「配列の要素をさらに配列とする」ことで、2次元以上にハコが並んだイメージをもつ**多次元配列**をつくることもできます。2次元配列であれば、表計算ソフトの表（ワークシート）のようなイメージを思いうかべるとよいでしょう。さらに、3次元配列であれば、X軸・Y軸・Z軸であらわされる立体を思いうかべるとよいかもしれません。

多次元の配列を準備する方法は、次のようになります。

構文　多次元配列の準備（2次元の場合）

```
型名[][] 配列変数名;
配列変数名 = new 型名[要素数][要素数];
```

2次元配列を準備するコードをみてください。

```
int[][] test;            ← ❶ 2次元配列の宣言です
test = new int[2][5];    ← ❷ 配列要素を確保します
```

2次元配列の宣言は、❶のようになります。そして、int型の値を2×5=10個記憶するには、❷のように要素を確保します。

多次元配列は、さまざまな用途での利用が考えられるでしょう。たとえば、複数科目のテストの点を整理することができます。また、数学の行列式の計算などといった応用も考えられます。

ここでは、かんたんな例として、さきほどの5人分のテストの成績について、「国語」「算数」という2つの科目の点数を整理してみることにします。2次元の配列に値を代入するようすをみてください。

Sample10.java ▶ 多次元配列を使う

```
class Sample10
{
    public static void main(String[] args)
    {
        int[][] test;
        test = new int[2][5];

        test[0][0] = 80;
        test[0][1] = 60;
        test[0][2] = 22;
        test[0][3] = 50;
        test[0][4] = 75;
        test[1][0] = 90;
        test[1][1] = 55;
        test[1][2] = 68;
        test[1][3] = 72;
        test[1][4] = 58;

        for(int i=0; i<5; i++){
            System.out.println((i+1) +
                "番目の人の国語の点数は" + test[0][i] + "です。");
            System.out.println((i+1) +
                "番目の人の算数の点数は" + test[1][i] + "です。");
        }
    }
}
```

科目×人数分の値を格納する配列を準備します

2次元配列の要素に1つずつ値を代入します

国語の点数を出力します

算数の点数を出力します

Sample10の実行画面

```
1番目の人の国語の点数は80です。
1番目の人の算数の点数は90です。
2番目の人の国語の点数は60です。
2番目の人の算数の点数は55です。
3番目の人の国語の点数は22です。
3番目の人の算数の点数は68です。
4番目の人の国語の点数は50です。
4番目の人の算数の点数は72です。
5番目の人の国語の点数は75です。
5番目の人の算数の点数は58です。
```

このコードでは、test[0][●]に国語の点数を、test[1][●]に算数の点数を格納することにしました。これを、for文で出力しています。2次元以上の配列への値の代入や出力も、使いかたは基本的に同じです。

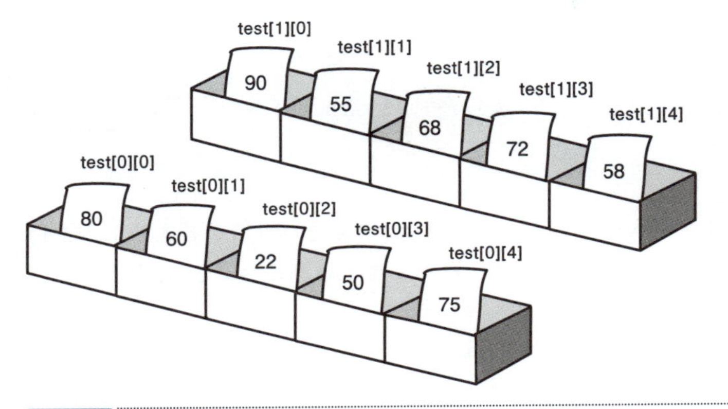

図7-11 多次元配列
「配列の配列」として多次元配列を扱うことができます。

多次元配列の書きかた

1次元の配列と同じように、2次元の配列も、いろいろな書きあらわしかたができます。まず最初に、配列の宣言と要素の確保を同時に行う文を記述してみましょう。

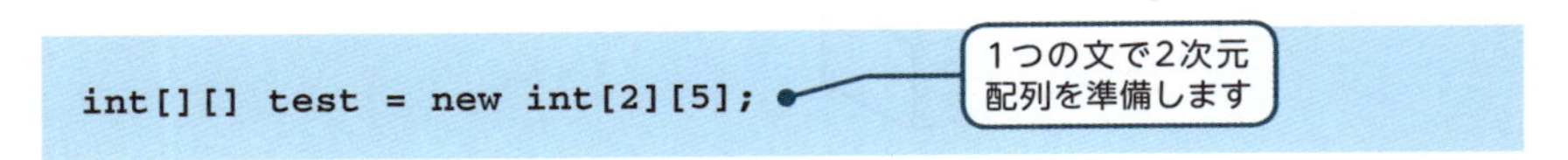

```
int[][] test = new int[2][5];
```


また、宣言・要素の確保時に値を代入して初期化することもできます。多次元配列の場合には、{}をさらにネストして記述します。

```
int[][] test = {
      {80,60,22,50,75},{90,55,68,72,58}
};
```

2次元配列を
初期化します

このコードは、Sample10でとりあげた2次元配列を書きかえただけのものです。実際にコードを書きかえて、同じ動きをすることをたしかめてみてください。

なお、Javaの多次元配列では、各要素の数がそろっている必要はありません。次のようないびつなかたちの配列をつくることもできます。

```
int[][] test = {
      {80,60,22,50},{90,55,68,72},{33,75,63}
};
```

いびつな配列もつくれます

図7-12をみてください。この配列は、1番目と2番目の要素が要素数4、3番目の要素が要素数3の配列変数になっています。つまり、この2次元配列は、長さがそろっていません。

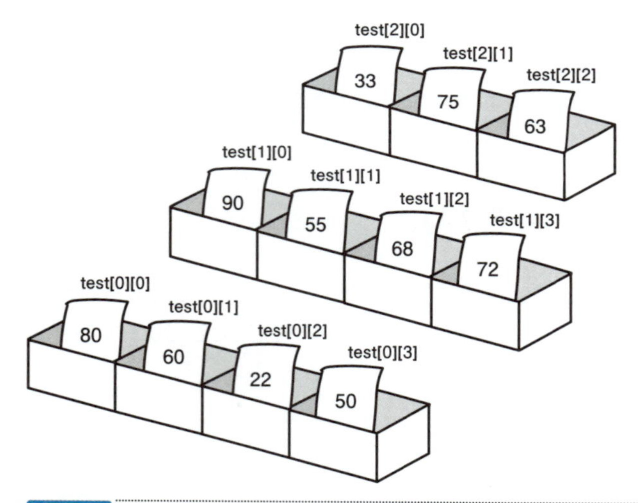

図7-12 各要素の長さが異なる多次元配列
各要素の長さが異なる多次元配列を扱うことができます。

それでは、このような配列を扱うコードを作成してみましょう。

Sample11.java ▶ 要素の長さが異なる配列

```
class Sample11
{
   public static void main(String[] args)
   {
      int[][] test = {
            {80,60,22,50},{90,55,68,72},{33,75,63}
      };

      for(int i=0; i<test.length; i++){
         System.out.println((i+1) +
            "番目の配列要素の長さは" + test[i].length + "です。");
      }
   }
}
```

配列全体の長さをあらわしています

個々の配列要素の長さをあらわしています

Sample11の実行画面

```
1番目の配列要素の長さは4です。
2番目の配列要素の長さは4です。
3番目の配列要素の長さは3です。
```

test.lengthは、この配列の全体の長さを意味します。さらに、各配列要素がいくつの配列要素をもつかを調べるには、

```
test[添字].length
```

と記述します。

つまり、test[i].lengthが、その配列の要素となっている個々の配列の長さになります。Sample11のコードでは、繰り返し文（ここではfor文）の処理が3回繰り返され、各要素の配列の長さが出力されているのがわかります。

7.8 レッスンのまとめ

この章では、次のようなことを学びました。

- 配列を宣言し、new演算子で配列要素を確保することができます。
- 配列変数を使って、配列要素に値を代入することができます。
- { }内に値を指定して、配列を初期化することができます。
- .lengthをつけて、配列要素の数を知ることができます
- 配列変数には、別の配列変数を代入することができます。
- 多次元配列を作成して扱うことができます。

配列を利用すると、同じ種類の多くのデータを扱うことができます。配列を使えば、たくさんのデータをまとめ、かんたんに管理することができるのです。配列のしくみはJavaに欠かせないものとなっています。

練習

1. 次の項目について、○か×で答えてください。

① 配列変数を宣言すると、自動的に配列の要素が確保される。
② 配列要素を初期化するにはnew演算子を使う。
③ 配列要素の数は、プログラムを実行する前に決まった数でなくともよい。

2. 次のコードはどこかまちがっていますか？　誤りがあれば、指摘してください。

```
class SampleP2
{
   public static void main(String[] args)
   {
      int[] test;
      test = new int[5];

      test[0] = 80;
      test[1] = 60;
      test[2] = 22;
      test[3] = 50;
      test[4] = 75;
      test[5] = 100;

      for(int i=0; i<5; i++){
         System.out.println((i+1) + "番目の人の点数は" +
            test[i] + "です。");
     }
   }
}
```

3. 次の実行結果となるように、ア～キから選んでコードを完成してください。

```
class SampleP3
{
   public static void main(String[] args)
   {
```

```
        int[] test = {80,60,22,50,75,100};

        for(int i=【①】; i<【②】; i++){
            System.out.println((【③】) + "番目の人の点数は" +
                test[【④】] + "です。");
        }
    }
}
```

```
1番目の人の点数は80です。
2番目の人の点数は60です。
3番目の人の点数は22です。
4番目の人の点数は50です。
5番目の人の点数は75です。
6番目の人の点数は100です。
```

ア）0　イ）1　ウ）5　エ）6　オ）i　カ）i+1　キ）i++

4. キーボードからテストの点数を入力させ、次のように各自の点数と最高点を出力するコードを配列を使って記述してください。

```
5人のテストの点数を入力してください。
80 ↵
60 ↵
57 ↵
50 ↵
22 ↵
1番目の人の点数は80です。
2番目の人の点数は60です。
3番目の人の点数は57です。
4番目の人の点数は50です。
5番目の人の点数は22です。
最高点は80点です。
```

クラスの基本

これまでの章では、変数・配列など、さまざまなJavaの機能について学んできました。このような機能は、以前から多くのプログラミング言語に組み込まれてきたものです。しかし、プログラムが複雑なものになるにつれて、効率よくプログラムを作成するしくみが必要になってきました。こうしてとり入れられた新しい機能が「クラス」です。この機能は「オブジェクト指向」と呼ばれる考え方にもとづくものとなっています。この章では、クラスの基本を学ぶことにしましょう。

Check Point!

- オブジェクト指向
- クラス
- オブジェクト
- フィールド
- メソッド
- メンバ
- メソッドの引数
- メソッドの戻り値

8.1 クラスの宣言

クラスとは

これまでの章では、変数や配列など、さまざまなJavaの機能について学んできました。このような知識を使えば、いろいろなプログラムを自由に作成していくことができるでしょう。たとえば、企業で所有する車を管理するプログラムを考えてみてください。所有する車のナンバーを配列であらわすことができます。車のナンバーを画面に出力することもできます。

しかし会社の車に関して、もっと多種多様なプログラムを作成していかなければならなくなった場合には、どうしたらよいのでしょうか？ たとえば、多数の車を管理する大規模なシステムを開発しなければならなくなった場合には、どうしたらよいのでしょうか？

こんなとき、これまでに作成したコードを効率よく生かしていくことがたいせつになります。この章で学ぶ**クラス**（class）というしくみを使うと、プログラムを効率よく作成していくことができるようになっています。

Javaでは、プログラムを作成するときに、必ずクラスを活用しています。この章から、クラスのしくみを学んでいくことにしましょう。

Javaにはクラスが欠かせない

これまで記述してきたコードには、クラスがすでに使われています。第2章で説明したように、Javaのコードには必ず1つ以上のクラスが存在しなければなりません。いままでに入力したコードをよくみてください。

```
class Sample1
{
   ...
}
```

クラスです

これまでのコードは、一番外側がブロック（{ }）でかこまれていました。このように、先頭にclassというキーワードがついたブロックにかこまれた部分を「クラス」というのです。

つまり、これまでのコードはすべて、全体が1つのクラスになっていたわけです。この章では、これに加えてもうひとつ新しいクラスを作成していくことにしましょう。これまでに作成してきたクラスから利用できる、新しいクラスを作成するのです。

クラスのしくみを知る

では、まず最初に、「クラス」とはどういうものなのか、かんたんにながめておきましょう。

クラスを扱うときには、現実の世界に存在する**「モノ」の概念に着目**していきます。「モノ」をプログラムの部品のように組み合わせてプログラムを開発していくことを考えるのです。

たとえば、「車」といったモノに着目し、プログラムを作成することを考えてみることにします。車を管理するプログラムを作成しようとするとき、「車」というモノに着目することは重要でしょう。車は、1234や4567といったナンバーをもち、20.5リッターや30.5リッターといったガソリンを積んでいますね。このとき、「車」に関するデータとして、次のようなものを考えることができるでしょう。

- ナンバー
- ガソリンの残量

「ナンバーは○○である」「ガソリンの残量は○○である」といった「車」一般に関することがらを「車クラス」にとり入れていくことにするのです。これらのデータは、いわば車の「状態」や「性質」のようなものだと考えることもできます。

また、このほかにも車には、次のような「機能」があると考えられます。

- 車のナンバーを決める
- 車にガソリンを入れる
- 車のナンバーやガソリン量を表示する

これらの「機能」は、車のナンバーやガソリン量などを変更したりするものといえます。クラスとは、このような

モノの状態・性質や、それにかかわる機能をまとめながら、プログラムを作成していく

ために使う概念なのです。

クラスをまとめるには、おおよそ次のようなコードを記述します。これがクラスの基本です。

```
//車クラス
class 車
{
    ナンバー;
    ガソリン量;
    ナンバーを決める・・・
    ガソリンを入れる・・・
    ナンバーとガソリン量を表示する・・・
}
```

車の状態・性質をまとめます

車の機能をまとめます

ブロックの中に、車の「状態・性質」や「機能」をまとめました。これに「車」という名前をつけています。

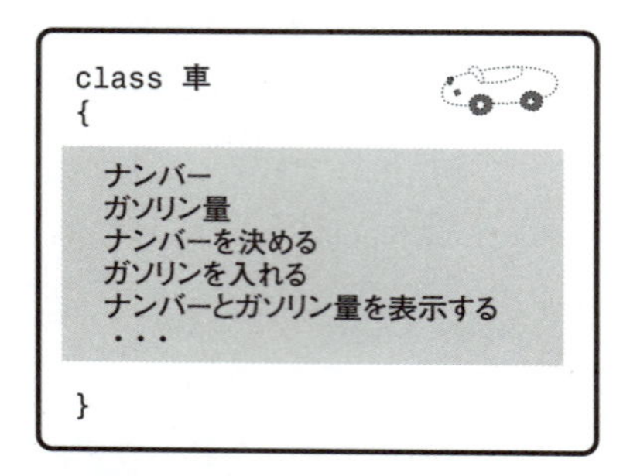

図8-1 クラス

モノ一般に関する状態・性質や機能をまとめたものをクラスといいます。

クラスを宣言する

それでは、実際にコードを記述してみることにしましょう。モノの状態・性質や機能をまとめたクラスを記述することを、**クラスを宣言する**（declaration）といいます。クラスは次のように宣言します。

構文 クラスの宣言

```
class クラス名
{
    型名 フィールド名;
    ...
    戻り値の型 メソッド名(引数リスト)
    {
        文;
        ...
        return 式;
    }
    ...
}
```

クラスにはフィールドがあります

クラスにはメソッドがあります

クラスの名前（クラス名）は、識別子（第3章）の中から自分で選んでつけます。たとえば、「Car」などといった名前をつけることができるわけです。

クラスの「**状態・性質**」をあらわすしくみは、**フィールド**（field）と呼ばれます。フィールドは、コード上では変数を使ってあらわすことになっています。

クラスの「**機能**」をあらわすしくみは、**メソッド**（method）と呼ばれます。メソッドについてはこの章の後半で学びますので、かたちだけをみておいてください。

フィールドとメソッドは、クラスの**メンバ**（member）と呼ばれています。この節ではまず、フィールドについてみていくことにしましょう。

クラスは、フィールドとメソッドをメンバとしてもつ。
フィールドは変数を使ってあらわす。

それでは、次のかんたんなコードをみてください。これは車のナンバーとガソリン量を格納するフィールドをもつ、「Car（車）」というクラスを宣言したものです。

```
class Car
{
    int num;          車はナンバーをもちます
    double gas;       車はガソリン量をもちます
}
```

ブロックの中で、numやgasといった変数を宣言していますね。これがCarクラスの「フィールド」です。これから、これらのフィールド（変数）にナンバーやガソリン量を格納していきます。つまり、このCarクラスには、次のようなフィールドをまとめたわけです。

フィールド
　num（ナンバーを格納する変数）
　gas（ガソリン量を格納する変数）

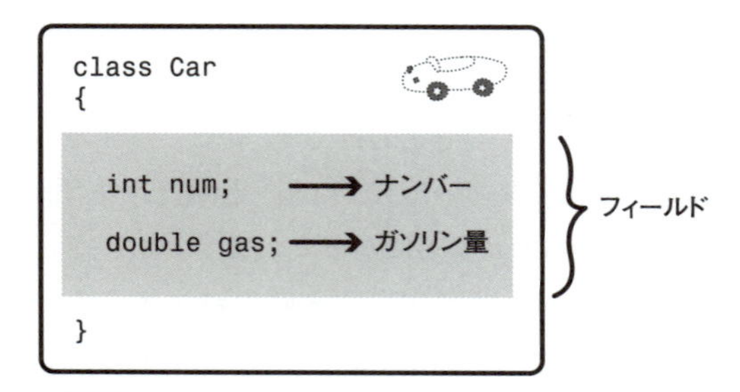

図8-2 フィールド
モノの「状態・性質」をクラス内にまとめたものをフィールドといいます。

8.2 オブジェクトの作成

クラスを利用するということは

8.1節では、フィールドをまとめて、クラスを宣言してみました。しかし、クラスは宣言しただけではまだ不十分です。というのも、

「車」というモノが実際にどんなナンバーやガソリン量をもつか

などといったことについては、まだ何も記述していないからです。実際の車は1234という具体的なナンバーなどをもちます。これについてまだ何も決まっていません。

そこで必要になるのが、**オブジェクトの作成**という作業です。オブジェクトの作成とは、

実際に1台の車をつくる

というイメージを思いうかべるとよいかもしれません。前の節で「車」という一般的なモノが、どのような「状態・性質」をもつかということをクラスとして宣言しましたね。これからそのクラスの仕様を利用して、**実際にコード上で1台ずつ車を作成していく**のだ、と考えてみてください。すると、そのあとで車1台1台が正しいナンバーやガソリン量をもつように、コードを記述することができます。

コード上で作成される車1台1台のことを、**オブジェクト**（object）または**インスタンス**（instance）と呼びます。本書では「オブジェクト」と呼ぶことにしましょう。Carクラスの宣言から作成するオブジェクトは、「Carクラスのオブジェクト」と呼ぶことができます。

宣言したクラスを利用するには、オブジェクト（インスタンス）を作成する。

Lesson 8

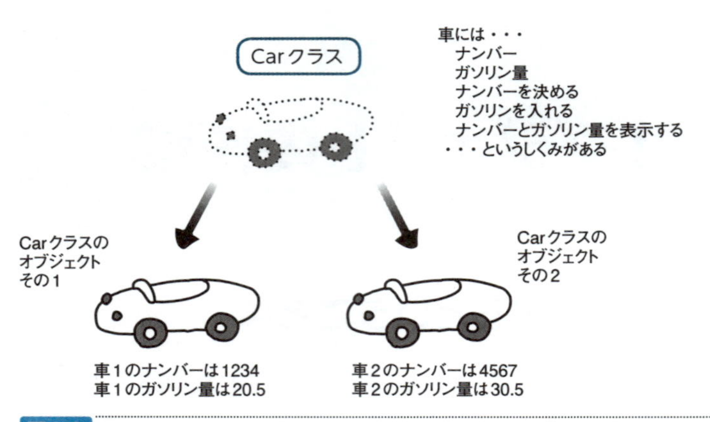

図8-3 **オブジェクトの作成**

クラスを実際に利用するためには、コード上でオブジェクトを作成します。

オブジェクトを作成する

それでは、実際オブジェクトを作成するコードを記述してみましょう。このためには、次の2つの手順が必要になります。

❶オブジェクトを扱う変数を宣言する

❷オブジェクトを作成し、その変数で扱えるようにする

まず、❶の作業についてみてみましょう。これは、

宣言したクラスを使って、オブジェクトを扱う変数を宣言する

ということを意味します。第3章などで、int型やdouble型の変数を宣言したことを思い出してください。❶の作業は、このような変数を宣言する方法とほとんど同じです。これまでint型やdouble型としてきた型名の部分に、クラス名を使えばよいのです。

```
Car car1;
```

Car型の変数car1を宣言します

これがCarクラスのオブジェクトを扱う「変数car1」を用意する文です。変数car1は、「Car型の変数」と呼ばれます。

次に、❷の作業についてみてみましょう。Carクラスのオブジェクトをコード上で作成するには、newという演算子を使います。newのあとには「クラス名();」と記述してください。つまり、次のような文によってオブジェクトが作成されます。

```
car1 = new Car();   ← オブジェクトを作成して変数car1に代入します
```

この文では、同時に「newを使った結果を変数car1に代入する」という作業をしています。この代入をすると、

変数car1を使って、作成したCarクラスのオブジェクトを扱うことができる

ようになるのです。このことを、変数car1はCarクラスのオブジェクトをさす、ということもあります。

❶と❷の作業をmain()メソッドの中などで記述すれば、車のナンバーやガソリン量を扱う準備ができたことになります。それでは、ここまでの作業をまとめてみましょう。

```
//車クラス
class Car
{
   int num;
   double gas;
}                                   ← Carクラスです

//車クラスのオブジェクトを作成する
class Sample1
{
   public static void main(String[] args)
   {
      Car car1;                     ← Car型の変数を宣言します
      car1 = new Car();             ← オブジェクトを作成して代入します
      ...
   }
}
```

Lesson 8

オブジェクトの作成方法についてまとめると、次のようになります。2つの作業が必要になることをおぼえてください。

オブジェクトの作成（その1）

```
クラス名 変数名;
変数名 = new クラス名();
```

なお、❶と❷の作業をまとめて、1つの文にすることもできます。

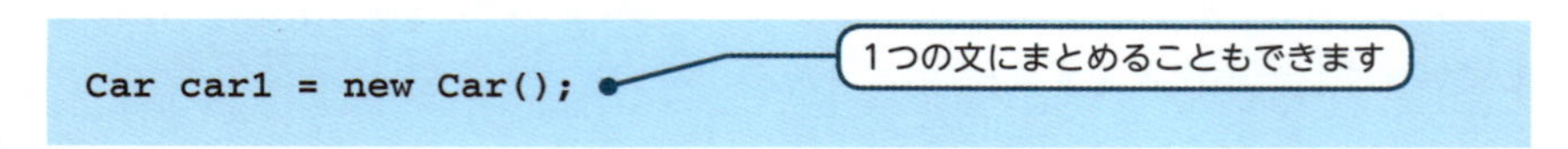

```
Car car1 = new Car();
```

オブジェクトの作成（その2）

```
クラス名 変数名 = new クラス名();
```

この方法を使うと、かんたんにオブジェクトの作成を記述できるので、おぼえておくとよいでしょう。

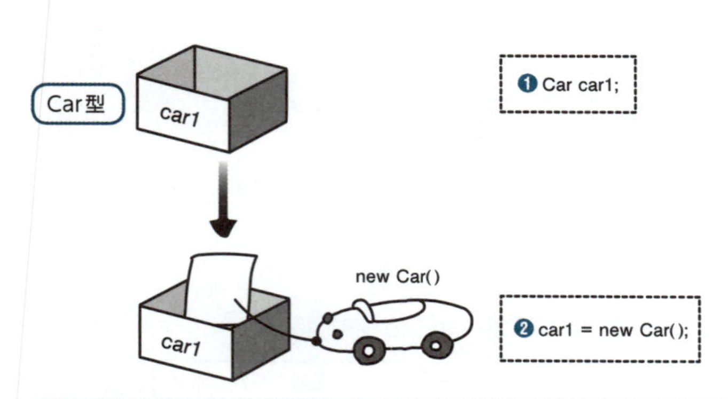

図8-4 **オブジェクトを作成する手順**

オブジェクトを作成して扱うには、最初にオブジェクトを扱う変数を宣言します（❶）。次にnewを使ってオブジェクトを作成し、変数に代入します（❷）。

参照型の変数

変数car1は、「オブジェクトそのもの」をあらわしているのではありません。クラス型の変数はオブジェクトが作成された「場所」をさし示すためのものとなっています。このような種類の変数は**参照型の変数**と呼ばれます。第7章のコラム「配列変数の特徴」でも説明したように、参照型の変数にはクラス型の変数のほかに、配列型の変数やインターフェイス型の変数があります。

メンバにアクセスする

それでは、作成したオブジェクトを利用して、さらにコードを記述していくことにしましょう。Carクラスのオブジェクトを1つ作成すると、

車1台のナンバーやガソリン量の実際の値を設定する

という作業ができるようになります。作成したオブジェクトは、num、gasという値を格納できるフィールド（変数）をもちます。そこで、このフィールドに実際の値を代入すればよいのです。

フィールドに値を代入するには、オブジェクトをさす変数名にピリオド（.）をつけて、フィールドを指定します。

「car1.num」と書けば、car1がさす**「車」オブジェクトのナンバーをあらわすことができる**わけです。つまり、car1のナンバーを1234とし、ガソリン量を20.5とするには、次のように代入します。

```
public static void main(String[] args)
{
   Car car1;
   car1 = new Car();
```

オブジェクトを作成して・・・

Lesson 8

```
    car1.num = 1234;
    car1.gas = 20.5;
    ...
}
```

ナンバーを代入します

ガソリン量を代入します

このように、フィールドを扱うことを、**メンバ（フィールド）にアクセスする**といいます。

オブジェクトを作成すると、メンバにアクセスできるようになる。

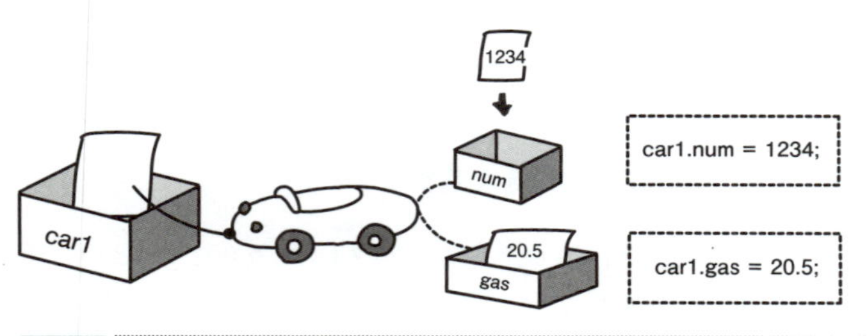

図8-5 メンバにアクセスする
オブジェクトを作成すると、メンバ（フィールド）にアクセスして実際に値を格納できるようになります。

8.3 クラスの利用

クラスを利用するプログラム

それでは、これまでの作業をすべてまとめて、実際に動作するプログラムを作成してみましょう。次のコードを入力してみてください。

Sample1.java ▶ クラスを利用する

```
//車クラス
class Car
{
   int num;
   double gas;
}

class Sample1
{
   public static void main(String[] args)
   {
      Car car1;
      car1 = new Car();

      car1.num = 1234;
      car1.gas = 20.5;

      System.out.println("車のナンバーは" + car1.num + "です。");
      System.out.println("ガソリン量は" + car1.gas + "です。");
   }
}
```

Carクラスの宣言（仕様）です

オブジェクトを作成して・・・

ナンバーとガソリン量を代入します

ナンバーとガソリン量を出力します

Lesson 8

Sample1の実行画面

```
車のナンバーは1234です。
ガソリン量は20.5です。
```

このコードには最初にCarクラスが書かれています。しかし、このようなコードでも、プログラムの実行はこれまでと同じようにmain()メソッドから処理がはじまります。

main()メソッドでは、まずCarクラスのオブジェクトを作成しています。次にフィールドに値を格納し、ナンバーとガソリン量を設定します。そのあとでnumとgasの値を出力しています。

実行結果をみてください。これで、

車を管理するかんたんなプログラム

を作成することができましたね。クラスを使ってプログラムを作成したわけです。

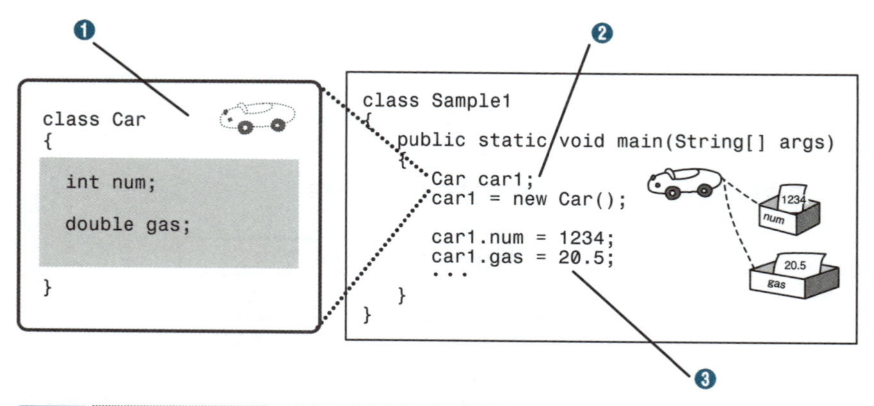

図8-6 クラスの利用方法

❶クラスを宣言し、❷オブジェクトを作成し、❸メンバにアクセスしてプログラムを作成します。

2つ以上のオブジェクトを作成する

なお、Sample1ではオブジェクトを1つしか作成しませんでしたが、**オブジェクトはいくつでも作成することができます**。たとえば、2台の車を作成するには、変数car1のほかにcar2を準備してnewを使えばよいのです。

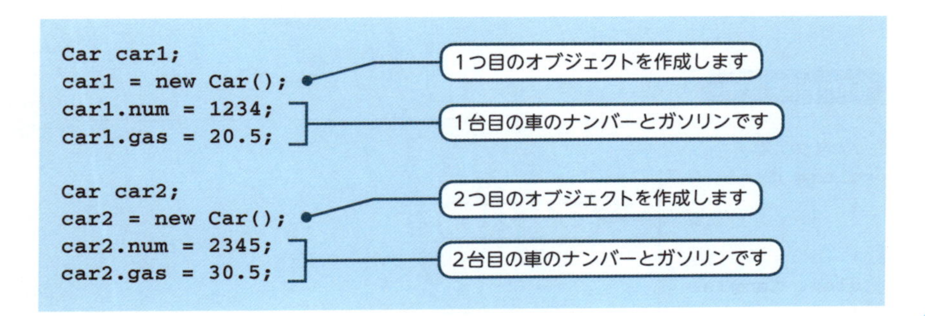

```
Car car1;
car1 = new Car();
car1.num = 1234;
car1.gas = 20.5;

Car car2;
car2 = new Car();
car2.num = 2345;
car2.gas = 30.5;
```


すると、2台の「車」は、それぞれの独自のナンバーやガソリン量をもつことになります。なお、car1、car2は変数名ですから、識別子の中から別の適当な名前をつけてもかまいません。

オブジェクトを複数作成すれば、さらに複雑なプログラムを作成することができるでしょう。たくさんの車を管理するプログラムを作成することもできます。

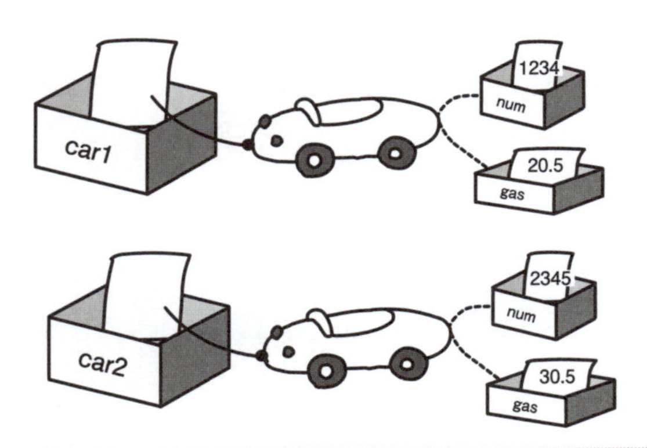

図8-7 **2つ以上のオブジェクトの作成**
複数のオブジェクトを作成することができます。

2つのクラスファイルが作成される

ところで、Sample1.javaをコンパイルすると、2つのファイルが作成されることに気がついた方もいるかもしれません。Sample1.classとCar.classという2つのファイルが作成されています。

これはソースファイルに2つの「クラス」を記述したためです。

Sample1.java

```
//車クラス
class Car
{
   ...
}
class Sample1
{
   ...
}
```

Carクラスです

Sample1クラスです

コンパイルをすると、各クラスに対応するクラスファイルがそれぞれ作成されるのです。

プログラムを実行するためには、作成された2つのファイルを同じフォルダの中に置いたままにしておいてください。そうすれば、いままでと同じようにプログラムを実行することができます。つまり、プログラムを実行するには、次のように入力すればよいのです。

Sample1の実行方法

```
java Sample1 ↵
```

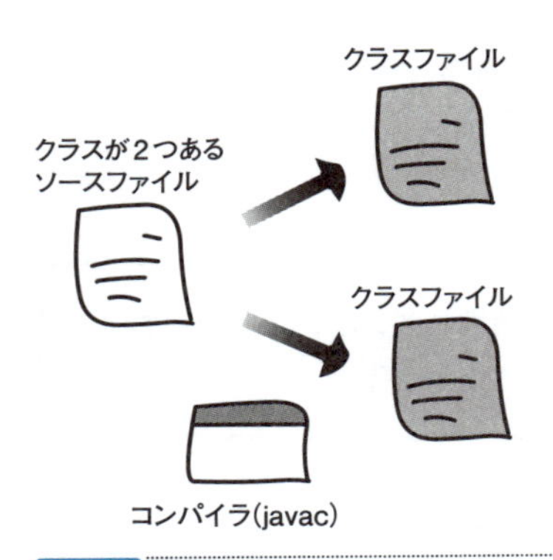

図8-8 **2つのクラスファイル**
クラスが2つ書かれているソースファイルをコンパイルすると、2つのクラスファイルが作成されます。

クラスを利用する手順のまとめ

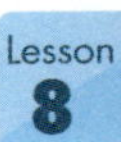

さて、この節でみてきたように、クラスを利用するプログラムを作成するには、通常、次の2つの手順をふむ必要があることがわかります。

❶クラスを宣言する
❷クラスからオブジェクトを作成する

❶の「クラスを宣言する」という作業は、

「車に関する一般的な仕様」（クラス）を設計する

という作業だと考えられます。

一方、❷の「オブジェクトを作成する」という作業は、その仕様（クラス）をもとにして、

「個々の車」（オブジェクト）を作成し、データを記憶したり操作したりする

という作業だと考えられます。

ここでは、❶と❷を続けて同じファイルに記述しました。しかしJavaでは、この2つのコードを2つのファイルに分割し、別々の人間が記述することもできます。

❶の段階でCarクラスをうまく設計しておくと、たいへん便利です。そのCarク

ラスを利用すれば、**「車」を扱うさまざまなプログラムを、大勢の別の人間によって効率よく作成していけるようになるからです。**この方法については、第13章でくわしく学ぶことにしましょう。

クラスを利用するには、クラスを宣言して、オブジェクトを作成する。

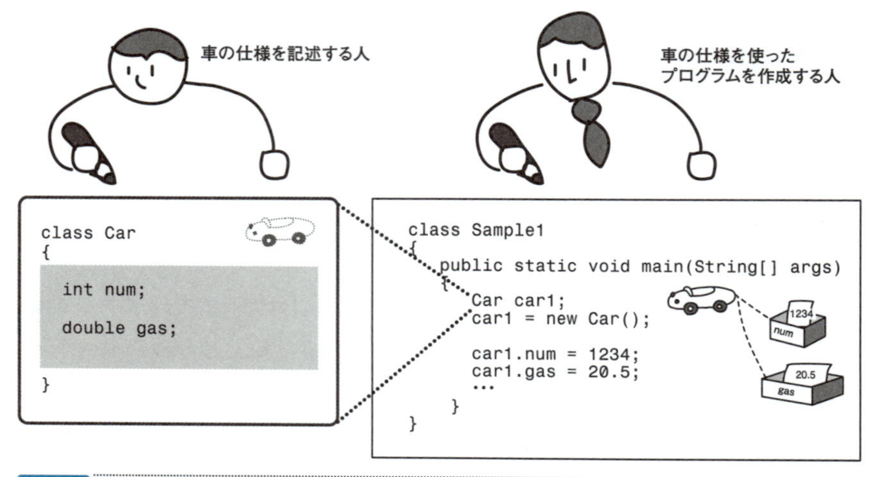

図8-9 クラスの宣言とクラスの利用
クラスを宣言する人と利用する人が異なることもあります。クラスが適切に設計されていれば、効率よくプログラムを作成していくことができます。

オブジェクト指向

クラスやオブジェクトをもとにしたプログラムの開発手法は、特に**オブジェクト指向**(object oriented)と呼ばれています。Javaはオブジェクト指向の特徴をそなえたプログラミング言語となっています。

8.4 メソッドの基本

メソッドを定義する

ここまで、クラスを使ったプログラムのかたちをひととおり学んできました。この節では、さらにくわしくクラスについて学ぶことにしましょう。

この章の最初でも説明したように、「車」クラスを作成するときには、車に関するさまざまな「機能」を、**メソッド**（method）というしくみでまとめることができます。

```
class 車
{
    ナンバー;
    ガソリン量;
    ナンバーを決める・・・
    ガソリンを入れる・・・
    ナンバーとガソリン量を表示する・・・
}
```


メソッドは、フィールドとともにクラスの**メンバ**（member）と呼ばれます。実際のメソッドは、次のスタイルでクラス宣言の中に記述したブロックのことです。このブロックの中に「モノの機能」をまとめるのです。

構文 **メソッドの定義**

```
戻り値の型 メソッド名(引数リスト)
{
    文;
    ・・・
    return 式;
}
```

「戻り値」や「引数」という耳慣れない用語が使われていますね。これらについてはあとでくわしく説明することにしますので、ここではおおまかなイメージだけをながめておくことにしましょう。

「メソッド名」とは、変数の名前と同じように、識別子（第3章）を使ってつけたメソッドの名前です。

メソッドにはいくつかの文をまとめて記述します。これを

メソッドを定義する（definition）

といいます。

たとえば、次のようなコードがメソッドの定義です。これは「**車の情報を表示する**」という機能をまとめたメソッドとなっています。

```
class Car
{
    ...
    void show()
    {
        System.out.println("車のナンバーは" + num + "です。");
        System.out.println("ガソリン量は" + gas + "です。");
    }
    ...
}
```

車の情報を表示するメソッドです

showというメソッド名をつけて、画面に出力を行う2つの処理をまとめていますね。

メソッドを定義して、一定の処理をまとめることができる。

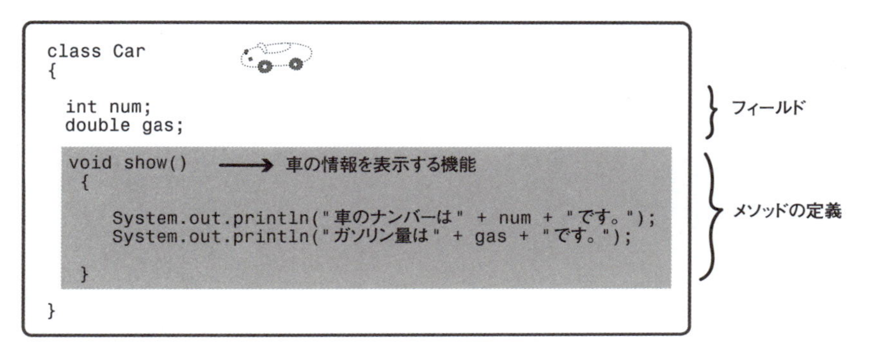

図8-10 メソッドの定義
一定の処理をまとめて、メソッドを定義することができます。

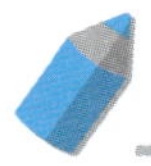

メソッドを呼び出す

メソッドを定義しておくと、そのクラスのオブジェクトを作成したあとで、**メソッドの処理を実際に行える**ようになります。メソッドの処理を実行することを、

メソッドを呼び出す

といいます。

さっそく、メソッドの呼び出しかたをおぼえることにしましょう。メソッドの処理を行うには、次のように記述することになっています。

メソッドの呼び出し

```
オブジェクトをさす変数名.メソッド名(引数リスト);
```

たとえば、この節で使ったshow()メソッドを呼び出すには、次のように記述するわけです。

```
class Sample2
{
   public static void main(String[] args)
   {
```

```
        Car car1;
        car1 = new Car();        オブジェクトを作成します
        ...
        car1.show();             メソッドを呼び出します
        ...
    }
}
```

メソッドをmain()メソッド内で呼び出すには、オブジェクトをさす変数名にピリオド（.）をつけ、メソッド名と()を記述します。

すると、コードの中でメソッドの呼び出しが処理されると、さきほど定義したメソッドの処理がまとめて行えるようになるのです。

このようすをみるために、実際にメソッドを呼び出してみることにしましょう。

Sample2.java ▶ メソッドを呼び出す

```
//車クラス
class Car
{
    int num;
    double gas;

    void show()                                     メソッドを定義しておきます
    {
        System.out.println("車のナンバーは" + num + "です。");
        System.out.println("ガソリン量は" + gas + "です。");
    }
}

class Sample2
{
    public static void main(String[] args)
    {
        Car car1;
        car1 = new Car();

        car1.num = 1234;
        car1.gas = 20.5;

        car1.show();     メソッドを呼び出します
        car1.show();     もう一度メソッドを呼び出します
```

```
    }
}
```

Sample2の実行画面

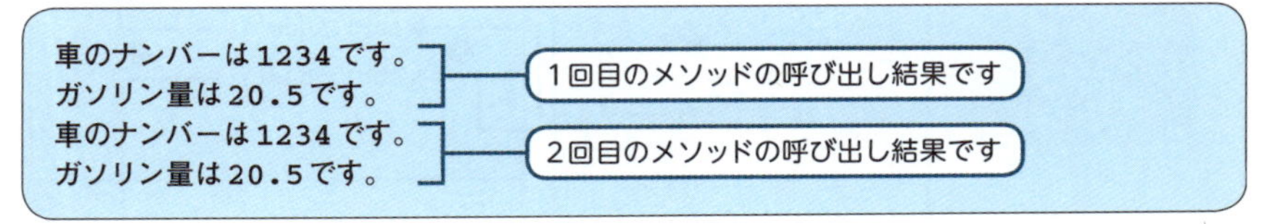

Sample2のmain()メソッド内では、Carクラスのオブジェクトのshow()メソッドを呼び出しています。そのため、この部分が処理されると、**show()メソッドの定義の中にうつって、最初の文から順番に処理が行われていきます。**その結果、画面には車のナンバーとガソリン量が出力されます。

show()メソッドの処理は、ブロックの最後で終わります。すると、**さきほどのmain()メソッドに戻って続きの文が実行されます。**main()メソッドでは、もう一度show()メソッドを呼び出しているので、ふたたびshow()メソッドの処理が行われ、画面には同じことが出力されることになります。つまり、

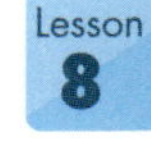

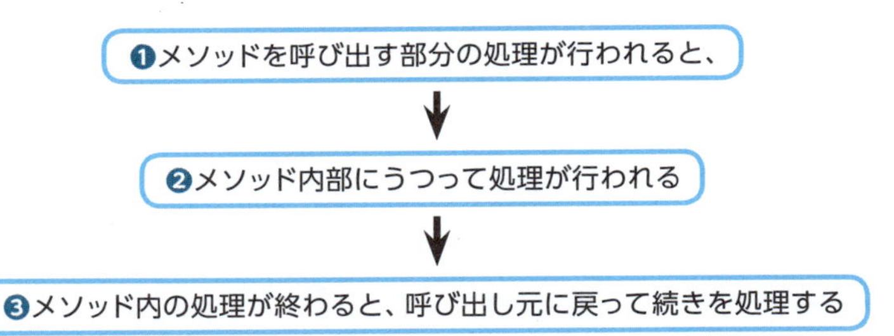

という流れで処理が行われるのです。Sample2の流れをまとめてみると、図8-11のようになっています。

メソッドを呼び出すと、定義しておいた処理が行われる。

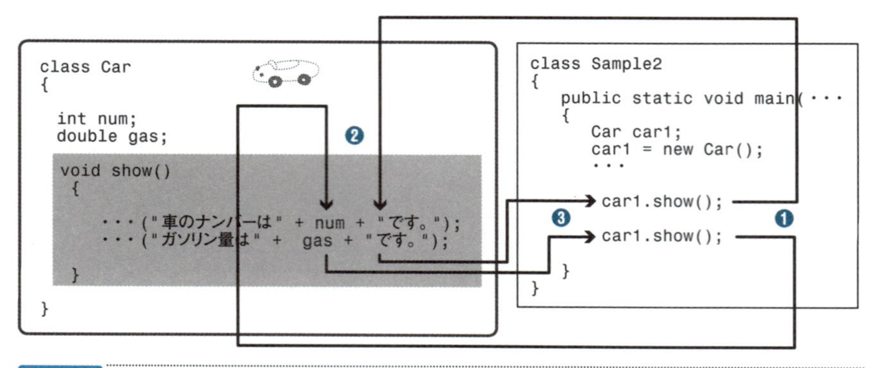

図8-11 メソッドの呼び出し

❶メソッドを呼び出すと、❷メソッド内部の処理が行われます。
❸内部の処理が終わると呼び出し元に戻って処理を続けます。

フィールドにアクセスする方法

さてここで、メンバにアクセスする方法について復習しておくことにしましょう。

Carクラスの外にあるmain()メソッドの中で、フィールドを記述したときには、オブジェクトをさす変数car1にピリオドをつけてアクセスしていますね。

```
class Sample2
{
・・・
    public static void main(String[] args)
    {
        car1.num = 1234;
        car1.gas = 20.5;
        ・・・
    }
}
```

car1のフィールドを意味します

一方、Carクラスの内側では、フィールドに何もつけずにアクセスしています。

```
//車クラス
class Car
{
   int num;
   double gas;

   void show()
   {
      System.out.println("車のナンバーは" + num + "です。");
      System.out.println("ガソリン量は" + gas + "です。");
   }
}
```

フィールドです

「自分自身」のフィールドを意味します

これは、クラスの外ではそのフィールドが、

「変数car1のさすオブジェクト」のフィールド

であることを示さなければならないためです。car1がさすオブジェクトのナンバーなのか、car2がさすオブジェクトのナンバーなのか、ということを指定しなければなりません。

これに対して、クラスの中で扱っているフィールドとは、

「そのとき処理されているオブジェクト自身」のフィールド

という意味になっています。たとえば、それはcar1のオブジェクトかもしれませんし、car2のオブジェクトかもしれません。このため、クラス内ではオブジェクトを特定せずに、フィールド名だけを単独で書くことができるのです。

なお、「オブジェクト自身（自分自身）」をあらわすことを強調して、this.という指定をつけることもできるので、おぼえておいてください。

```
//車クラス
class Car
{
   int num;
   double gas;

   void show()
   {
      System.out.println("車のナンバーは" + this.num + "です。");
      System.out.println("ガソリン量は" + this.gas + "です。");
```

フィールドです

「自分自身」のフィールドには
this.をつけることもできます

Lesson 8

```
    }
}
```

```
class Car
{
  int num;
  double gas;

  void show()
  {
     System.out.println("車のナンバーは" + num + "です。");
     System.out.println("ガソリン量は" + gas + "です。");
  }
}
```

```
class Sample2
{
   public static void main(String[] args)
   {
      ...
      car1.num = 1234;
      car1.gas = 20.5;
   }
}
```

図8-12 フィールドの記述方法

❶クラス外では、オブジェクトをさす変数名をつけてフィールドを記述します。

❷クラス内では、フィールド名をそのまま記述するか、this.をつけて記述します。

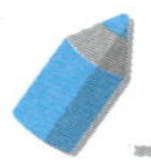

メソッドにアクセスする方法

メソッドの呼び出しかたについてもよくみてください。メソッドもフィールドの場合と同じように、クラスの外（Sample×クラスのmain()メソッド）では、オブジェクトをさす変数名をつけて呼び出していましたね。

```
class Sample2
{
   public static void main(String[] args)
   {
      Car car1;
      car1 = new Car();
      ...
      car1.show();   ← car1のメソッドを意味します
      ...
   }
}
```

クラスの外では、どのオブジェクトについてのメソッドであるのかを特定する必要があるからです。

なお、メソッドの呼び出しは、メソッドの定義と同じクラス内でも行うことができます。次のコードをみてください。

Sample3.java ▶ クラス内でメソッドを呼び出す

```
//車クラス
class Car
{
   int num;
   double gas;

   void show()   ← メソッドです
   {
      System.out.println("車のナンバーは" + num + "です。");
      System.out.println("ガソリン量は" + gas + "です。");
   }
   void showCar()
   {
      System.out.println("これから車の情報を表示します。");
      show();   ← 「自分自身」のメソッドを意味します
   }
}

class Sample3
{
   public static void main(String[] args)
   {
      Car car1;
```

```
        car1 = new Car();

        car1.num = 1234;
        car1.gas = 20.5;

        car1.showCar();
    }
}
```

car1のメソッドを意味します

Sample3の実行画面

```
これから車の情報を表示します。
車のナンバーは1234です。
ガソリン量は20.5です。
```

このCarクラスにはshowCar()というメソッドを定義しました。そして、同じクラスのshow()メソッドを呼び出しています。このとき、メソッド名だけを単独で記述していることに注意してください。クラス内でそのメソッドを呼び出す場合には、やはりメソッド名だけを書けばよいのです。

また、メソッドも、クラス内ではthis.をつけて呼び出すことができます。

```
//車クラス
class Car
{
    void show()
    {
    ...
    }
    void showCar()
    {
        System.out.println("これから車の情報を表示します。");
        this.show();
    }
}
```

メソッドです

「自分自身」のメソッドには
this.をつけることもできます

```
class Car
{

  int num;
  double gas;

    void showCar()
    {
      System.out.println("これから車の情報を表示します。");
      show();
    }
}
```

❷

```
class Sample3
{
    public static void main(String[] args)
    {
       ...

       car1.showCar();

    }
}
```

❶

Lesson 8

図8-13 メソッドの記述方法

❶クラス外では、オブジェクトをさす変数名をつけてメソッドを呼び出します。

❷クラス内では、メソッド名をそのまま記述するか、this.をつけて呼び出します。

this.によるアクセス

Sample2とSample3のメンバ（フィールドとメソッド）は、クラス内ではthis.をつけてアクセスすることができました。しかしクラスには、この方法でアクセスできないメンバもあります。このメンバについては、第9章で学ぶことにしましょう。

この節ではメソッドを定義し、利用してみました。「車の情報を表示する機能」を定義して、車というモノの機能を利用することができたのです。メソッドの機能を自由に使えるようになると便利でしょう。

8.5 メソッドの引数

引数を使って情報を渡す

さてこの節では、メソッドについて、さらにくわしく学んでいくことにしましょう。メソッドの中では、さらに柔軟な処理を行うことができます。

メソッドを呼び出す際に、

呼び出し元からメソッド内に何か情報（値）を渡し、
その値に応じた処理を行う

ということができるようになっているのです。メソッドに渡す情報を**引数**（argument）といいます。引数をもつメソッドは、次のようなかたちであらわします。

```
void setNum(int n)
{
    num = n;
    System.out.println("車のナンバーを" + num + "にしました。");
}
```


このsetNum()メソッドは、呼び出し元から呼び出されるときに、**int型の値を1つ、メソッド内に渡すように定義した**ものです。メソッドの()内にある「int n」が引数です。引数nは、このメソッド内だけで使うことができるint型の変数となっています。

変数n（引数）は、メソッドが呼び出されたときに準備され、**呼び出し元から渡された値が格納されます**。

このため、メソッド内では、変数nの値を処理に利用することができます。上のsetNum()メソッドは、渡された値をフィールドnumに代入して、出力する処理をしています。

引数を使って、メソッドに値を渡すことができる。

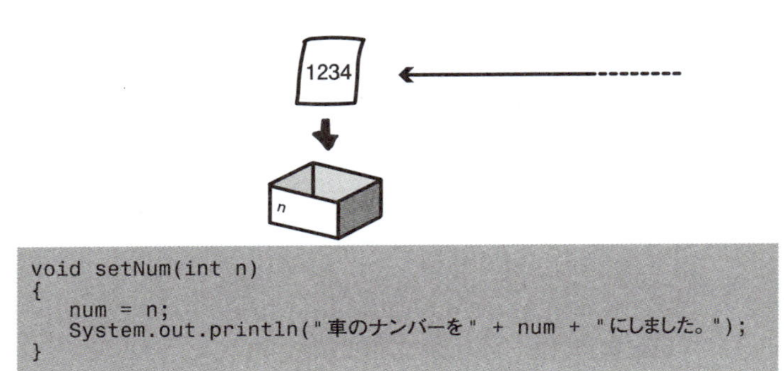

図8-14 引数

メソッドの本体に情報（引数）を渡して処理することができます。

Lesson 8

引数を渡してメソッドを呼び出す

それでは、引数をもつメソッドを呼び出してみましょう。次のコードをみてください。引数をもつメソッドを呼び出すときには、呼び出し文の()の中に、指定しておいた型の値を記述して、メソッドに値を渡します。

Sample4.java ▶ 引数をもつメソッドを呼び出す

```
//車クラス
class Car
{
    int num;
    double gas;

    void setNum(int n)
    {
        num = n;
        System.out.println("ナンバーを" + num + "にしました。");
    }
```

引数をもつメソッドです

値を受けとる仮引数です

```
    void setGas(double g)
    {
        gas = g;
        System.out.println("ガソリン量を" + gas + "にしました。");
    }
    void show()
    {
        System.out.println("車のナンバーは" + num + "です。");
        System.out.println("ガソリン量は" + gas + "です。");
    }
}

class Sample4
{
    public static void main(String[] args)
    {
        Car car1 = new Car();

        car1.setNum(1234);
        car1.setGas(20.5);
    }
}
```

引数をもたないメソッドです

実引数として1234を渡して呼び出します

Sample4の実行画面その1

このmain()メソッド内では、

setNum()メソッドに、値「1234」を渡して呼び出す

という処理を行っています。ここではナンバーである「1234」をメソッドに渡しているわけです。

「1234」という値は、引数nに格納されます。メソッド内では、nの値をフィールドnumに代入しています。その結果、この値が画面に出力されているのがわかります。

メソッドで定義されている引数（変数）を**仮引数**（parameter）と呼びます。一方、メソッドの呼び出し元から渡される引数（値）を**実引数**（argument）と呼びます。ここでは、変数nが仮引数、「1234」が実引数というわけです。

メソッドの定義内で値を受けとる変数を、仮引数という。
メソッドを呼び出すときに渡す値を、実引数という。

```
class Car
{
   void setNum(int n)
   {
      num = n;
   }
   void setGas(double g)
   {
      gas = g;
   }
   ...
}
```

```
class Sample4
{
   public static void main(...
   {
      ...
      car1.setNum(1234);
      car1.setGas(20.5);
   }
}
```

仮引数　実引数　1234　n　20.5　g

図8-15 仮引数と実引数

メソッドに仮引数を定義しておくと、メソッドを呼び出すときに実引数を渡して処理することができます。

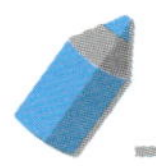

異なる値を渡して呼び出す

引数にはさまざまな値を渡すことができます。ためしにSample4のmain()メソッド内の2つの文を、次のように書きかえてみてください。

```
class Sample4
{
   public static void main(String[] args)
   {
      Car car1 = new Car();

      car1.setNum(4567);
      car1.setGas(30.5);
   }
}
```

引数を変えてメソッドを呼び出してみます

このようにコードを書きかえると、実行結果は次のようになります。

変更後のSample4の実行画面その2

```
ナンバーを4567にしました。
ガソリン量を30.5にしました。
```

出力される値もかわります

今度は実行画面が異なっています。同じメソッドを呼び出しても、

渡された実引数の値が異なると、異なる結果となる

ということがわかります。つまり、引数として渡された値によって、柔軟な処理を行うことができるというわけです。

変数の値を渡して呼び出す

なお、メソッドに渡す実引数の部分には、変数を指定することもできます。今度は、次のようにSample4の後半を書きかえてみてください。

```
class Sample4
{
   public static void main(String[] args)
   {
      Car car1 = new Car();
```

```
        int number = 1234;
        double gasoline = 20.5;

        car1.setNum(number);
        car1.setGas(gasoline);
    }
}
```

変数を実引数として使うことができます

変更後のSample4の実行画面その3

```
ナンバーを1234にしました。
ガソリン量を20.5にしました。
```

ここでは、メソッドに渡す実引数として、main()メソッド内で宣言した変数number（の値）を使ってみました。このように、メソッドに渡す実引数には、変数を使うこともできます。

実引数と仮引数の変数名は同じでなくてかまいません。ここでも異なる変数名を使っています。

実引数と仮引数の変数名は同じでなくてよい。

複数の引数をもつメソッドを定義する

さて、これまでの引数は1個だけでした。メソッドには2個以上の引数をもたせることができます。さっそくコードを作成してみることにしましょう。

Sample5.java ▶ 複数の引数をもつメソッドを呼び出す

```
//車クラス
class Car
{
    int num;
    double gas;

    void setNumGas(int n, double g)
    {
        num = n;
        gas = g;
        System.out.println("車のナンバーを" + num + "にガソリン量を"
            + gas + "にしました。");
    }
    void show()
    {
        System.out.println("車のナンバーは" + num + "です。");
        System.out.println("ガソリン量は" + gas + "です。");
    }
}

class Sample5
{
    public static void main(String[] args)
    {
        Car car1 = new Car();

        int number = 1234;
        double gasoline = 20.5;

        car1.setNumGas(number, gasoline);
    }
}
```

2つの引数をもつメソッドです

2つの引数を渡します

Sample5の実行画面

```
車のナンバーを1234にガソリン量を20.5にしました。
```

複数の引数をもつメソッドも、これまでと基本は同じです。ただし、呼び出す際に複数の引数をカンマ（,）で区切って指定してください。この複数の引数を引数リストと呼ぶこともあります。すると、区切った順に、実引数の値が仮引数に渡されます。つまり、Sample5のsetNumGas()メソッドでは、次のように値が渡されるのです。

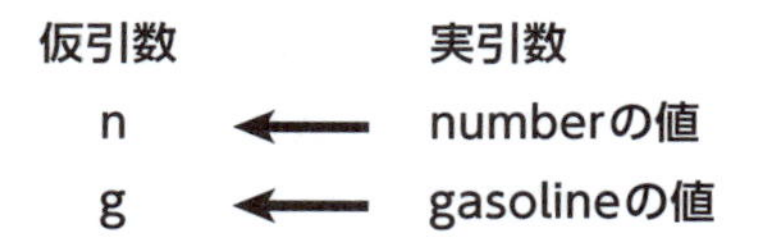

このメソッドでは、受けとった2つの引数を、代入・出力する処理をしています。

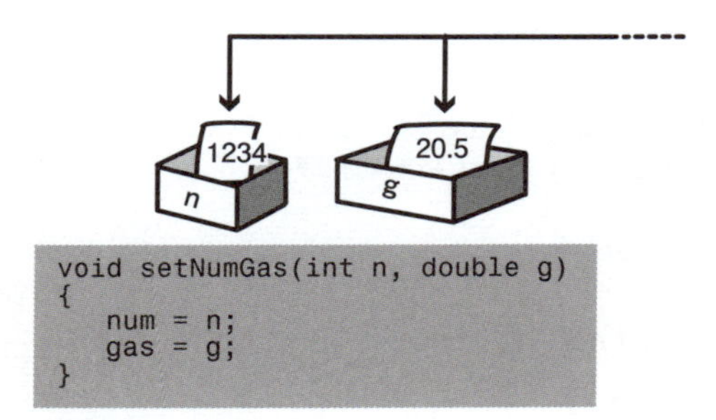

図8-16 複数の引数
メソッドには、複数の引数をもたせることができます。

なお、仮引数と異なる数の実引数を渡してメソッドを呼び出すことはできません。たとえば、2つの仮引数をもつsetNumGas()メソッドを定義した場合は、引数を1つだけ渡して呼び出すことはできないので、注意してください。

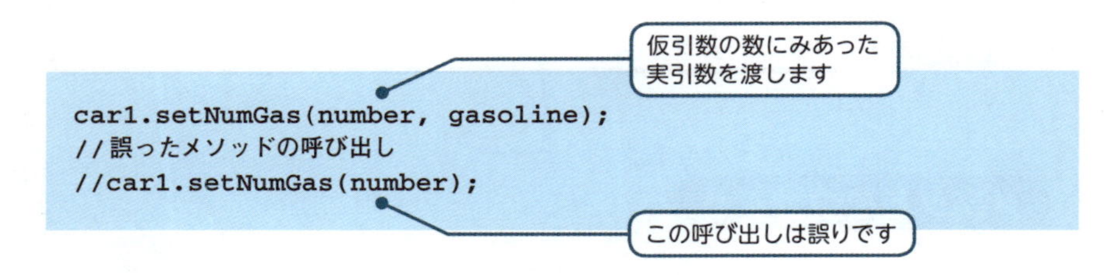

メソッドには複数の引数を渡すことができる。

引数のないメソッドを使う

ところで、メソッドの中には8.4節で定義したshow()メソッドのように、「引数のないメソッド」というものもあります。引数のないメソッドを定義するときには、引数の部分に何も記述しないでおきます。メソッドを呼び出すときにも、()内に何も指定しません。

引数をもたない場合は何も指定しません

```
void show()
{
    System.out.println("車のナンバーは" + num + "です。");
    System.out.println("ガソリン量は" + gas + "です。");
}
```

このようなメソッドを呼び出す際には、()内に値を指定しないで呼び出します。これが引数のないメソッドの呼び出しかたになります。

引数を渡さないで呼び出します

```
...
car1.show();
```

引数のないメソッドを定義することができる。

メソッドを設計する

この節では、引数を使ってメソッドに情報を渡す方法を学びました。引数を使えば、きめこまかい機能をもつメソッドを設計することができます。車の情報を表示する場合であれば、ナンバーやガソリン量という情報を渡して表示させることもできるでしょう。

「モノ」の機能にあわせて、きめこまかくメソッドを設計していくことができるのです。次の節では、戻り値を使って、情報を戻すメソッドの設計方法を学びます。

8.6 メソッドの戻り値

戻り値のしくみを知る

引数の使いかたが理解できたでしょうか。
メソッドでは、引数とはちょうど逆に、

メソッドの呼び出し元に、メソッド本体から特定の情報を返す

というしくみも、作成することができるようになっています。

メソッドから返される情報を、**戻り値**（return value）といいます。複数指定できる引数と違って、戻り値はただ1つだけ、呼び出し元に値を返すことができます。

8.4節で紹介したメソッドの定義のスタイルを次に示しますので、もう一度みてください。戻り値を返すには、まず戻す値の「型」をメソッドの定義の中に示しておきます（❶）。そして、メソッドのブロックの中で、returnという文を使って、実際に値を返す処理をします（❷）。

構文　メソッドの定義

```
戻り値の型 メソッド名(引数リスト)
{
    文;
    ...
    return 式;
}
```

❶戻り値の型を指定します
❷式の値を呼び出し元に返します

ここではブロックの最後にreturn文を記述していますが、この文はブロックの中ほどに記述することもできます。ただし、メソッドが処理されたとき、ブロックの最後までいきつかなくても、return文が処理されたところでその処理が終了します。return文のしくみに気をつけておくことが必要です。

実際に、戻り値をもつメソッドをみてみましょう。次のコードは、ナンバーの値

Lesson 8

を戻り値として返すgetNum()メソッドです。

```
int getNum()
{
   System.out.println("ナンバーを調べました。")
   return num;
}
```

❶int型の値を返すものとします

❷この値を呼び出し元に返します

このメソッドでは、フィールドnumの値を戻り値としています（❷）。numがint型なので、戻り値の型にはint型と指定してあります（❶）。

それでは、さっそくこのメソッドを使ってみましょう。

Sample6.java ▶ 戻り値をもつメソッド

```
//車クラス
class Car
{
   int num;
   double gas;

   int getNum()
   {
      System.out.println("ナンバーを調べました。");
      return num;
   }
   double getGas()
   {
      System.out.println("ガソリン量を調べました。");
      return gas;
   }
   void setNumGas(int n, double g)
   {
      num = n;
      gas = g;
      System.out.println("車のナンバーを" + num + "にガソリン量を"
         + gas + "にしました。");
   }
   void show()
   {
      System.out.println("車のナンバーは" + num + "です。");
      System.out.println("ガソリン量は" + gas + "です。");
   }
```

int型の値を返すメソッドです

呼び出し元に値を返します

```
}

class Sample6
{
   public static void main(String[] args)
   {
      Car car1 = new Car();

      car1.setNumGas(1234, 20.5);

      int number = car1.getNum();
      double gasoline = car1.getGas();

      System.out.println("サンプルから車を調べたところ");
      System.out.println("ナンバーは"+ number + "ガソリン量は"
         + gasoline + "でした。");
   }
}
```

戻り値をもつメソッドを呼び出します

戻り値を変数numberに代入します

戻された値を出力しています

Sample6の実行画面

```
車のナンバーを1234にガソリン量を20.5にしました。
ナンバーを調べました。
ガソリン量を調べました。
サンプルから車を調べたところ
ナンバーは1234ガソリン量は20.5でした。
```

戻された値を出力しました

ここではメソッドの戻り値を、呼び出し元のnumberという変数に代入していま す。戻り値を利用するには、メソッドから代入演算子を使って代入してください。

戻り値を変数numberに代入します

```
int number = car1.getNum();
```

呼び出し元では、この変数numberの値を出力しています。このように、メソッドの戻り値を変数に代入して、呼び出し元で利用することができるのです。

なお、戻り値は必ずしも呼び出し元で利用しなくてもかまいません。戻り値を利用しないときには、

```
car1.getNum();
```

戻り値を利用しなくてもかまいません

とだけ記述します。

戻り値を使うと、呼び出し元に情報を返すことができる。

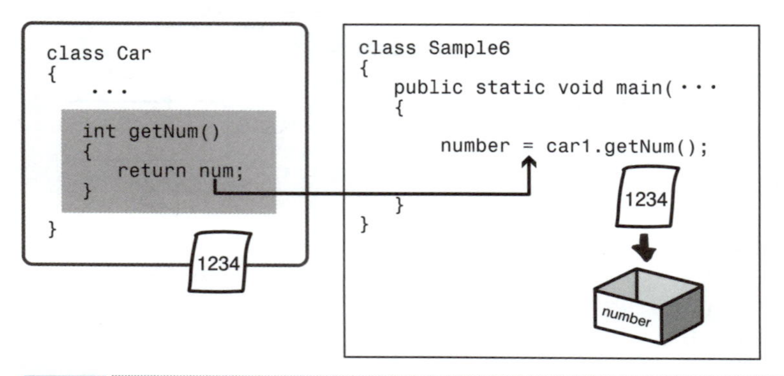

図8-17 戻り値の利用
呼び出し元では、戻り値を使って処理を行うことができます。

戻り値のないメソッドを使う

引数のないメソッドがあったように、戻り値のないメソッドも定義することができます。たとえば、8.5節のsetNumGas()メソッドは、戻り値をもたないメソッドです。

```
void setNumGas(int n, double g)
{
   num = n;
   gas = g;
   System.out.println("車のナンバーを" + num + "にガソリン量を"
      + gas + "にしました。");
```

戻り値をもたない場合はvoid型とします

```
}
```

メソッドが戻り値をもたないことを示すためには、戻り値の型としてvoidという型を指定しておきます。voidは「型をもたない」という意味です。

戻り値のないメソッドが呼び出された場合には、ブロックの終了（}）までいきつくか、何もつけないreturn文によってメソッドが終了し、呼び出し元の処理に戻ることになっています。

構文 return文

上のsetNumGas()メソッドをreturn文を使って記述してみました。ただし、このような単純なメソッドではreturn文は記述してもしなくても同じです。


```
void setNumGas(int n, double g)
{
   num = n;
   gas = g;
   System.out.println("車のナンバーを" + num + "にガソリン量を"
      + gas + "にしました。");

   return;
}
```

（return; → 呼び出し元の処理に戻ります）

戻り値のないメソッドではvoidを指定する。

8.7 レッスンのまとめ

この章では、次のようなことを学びました。

- クラスは、フィールドとメソッドをメンバとしてもちます。
- クラス宣言をもとにしてオブジェクトを作成することができます。
- オブジェクトを作成してメンバにアクセスすることができます。
- クラス内に変数を宣言してフィールドとすることができます。
- クラス内に一定の処理をまとめて、メソッドとして定義することができます。
- メソッドに引数を渡して処理させることができます。
- メソッドの呼び出し元は、戻り値を受けとることができます。

この章では、クラスの設計とかんたんな利用方法について学びました。クラスの中にフィールドとメソッドをまとめ、オブジェクトを作成する手順が理解できたでしょうか。引数や戻り値を使ったメソッドも設計しました。次の章からは、さらに強力なクラスの機能について学んでいきます。この章で学んだクラスの基本をおさえておくことがたいせつです。

練習

1. 次の項目について、○か×で答えてください。

① オブジェクトを作成するときはnewを使う。
② クラスは、フィールドとメソッドをもつことができる。
③ メソッドは、2つ以上の戻り値をもつことができる。

2. 次のコードはどこかまちがっていますか？ 誤りがあれば、指摘してください。

```
//車クラス
class Car
{
    int num;
    double gas;

    void setNumGas(int n, double g)
    {
        num = n;
        gas = g;
        System.out.println("車のナンバーを" + num +
            "にガソリン量を" + gas + "にしました。");
    }
    void show()
    {
        System.out.println("車のナンバーは" + num + "です。");
        System.out.println("ガソリン量は" + gas + "です。");
    }
}

class SampleP2
{
    public static void main(String[] args)
    {
        Car car1 = new Car();
        setNumGas(1234, 20.5);
        car1.show();
    }
}
```

3. 「int型の戻り値をもち、double型の引数を1つもつメソッド」の形式を選んでください。

ア）void setNumGas(double g);
イ）int setNumGas(double g);
ウ）double setNumGas(int n);

4. 次のsetNumGas()メソッドに関する項目について、○か×で答えてください。

① このメソッドは2つの引数を受けとる。
② このメソッドは2つの戻り値を返す。
③ このメソッドは2つのフィールドに値を設定する処理をしている。

```
class Car
{
    int num;
    double gas;

    void setNumGas(int n, double g)
    {
        num = n;
        gas = g;
        System.out.println("車のナンバーを" + num
            + "にガソリン量を" + gas + "にしました。");
    }
}
```

5. 次のように、整数値の座標をあらわすMyPointクラスを作成してください。

フィールド
　int x; (X座標)
　int y; (Y座標)
メソッド
　void setX(int px); (X座標を設定する)
　void setY(int py); (Y座標を設定する)
　int getX(); (X座標を得る)
　int getY(); (Y座標を得る)

クラスの機能

第8章ではクラスの基本について学びました。しかしこれだけではまだ、クラスのもつ強力な機能を利用したとはいえません。誤りがおきにくいプログラムを作成するために、クラスにはさまざまな機能が用意されています。この章では、オブジェクト指向にもとづくクラスの強力な機能について学んでいきましょう。

Check Point!

- privateメンバ
- publicメンバ
- オーバーロード
- コンストラクタ
- this()
- インスタンス変数
- インスタンスメソッド
- クラス変数
- クラスメソッド

9.1 メンバへのアクセスの制限

メンバへのアクセスを制限する

第8章ではクラスを宣言し、オブジェクトを作成する方法を学びました。この章では、クラスがもつ強力な機能を、さらにくわしくみていくことにしましょう。

まず最初に、クラスのメンバ（フィールドとメソッド）をとりあげていくことにします。次のコードをみてください。これは、第8章の最初でとりあげたコードと同じものです。

Sample1.java ▶ クラスの外からメンバにアクセスする

```
//車クラス
class Car
{
   int num;
   double gas;

   void show()
   {
      System.out.println("車のナンバーは" + num + "です。");
      System.out.println("ガソリン量は" + gas + "です。");
   }
}

class Sample1
{
   public static void main(String[] args)
   {
      Car car1 = new Car();

      car1.num = 1234;
      car1.gas = 20.5;

      car1.show();
```

（注記：int num; double gas; → フィールドです／void show() { … } → メソッドの定義です／car1.num = 1234; car1.gas = 20.5; → ナンバーとガソリン量を設定します）

```
    }
}
```

Sample1の実行画面

```
車のナンバーは1234です。
ガソリン量は20.5です。
```

Sample1では、フィールドにナンバーやガソリン量の値を代入しています。これによって、あたかも

実際の車にナンバーやガソリンの量を設定する

かのような処理が行われているわけですね。車のナンバーを「1234」、ガソリン量を「20.5」と設定しているわけです。

ところが、実はこれだけでは問題がおきてしまう場合があります。たとえば、Sample1のmain()メソッドの中では、次のような記述ができてしまうことに注意してください。


```
class Sample1
{
   public static void main(String[] args)
   {
      Car car1 = new Car();

      car1.num = 1234;
      car1.gas = -10.0;   // 誤ったガソリン量を代入しています

      car1.show();
   }
}
```

このコードは何を意味しているのでしょうか？ これまでと同じように考えると、このコード中では、

car1がさしている車のガソリン量を−10とする

ということが行われているわけです。

けれども、これはおかしな話です。本当の車では「ガソリンの量をマイナスにする」ことはありません。

クラスは「モノ」の概念を中心に設計しています。ですから、プログラムの中でもこのような**「モノ」に対する不自然な操作が行われることのないようにしておかなければなりません**。「モノ」という部品に対する不自然な操作は、複雑なプログラムを作成していく際に、プログラム上の不具合となる場合があるからです。

通常クラスを設計するときには、このような不具合がおこらないように、さまざまなしくみを使っていきます。これから、そのしくみをひとつずつみていくことにしましょう。

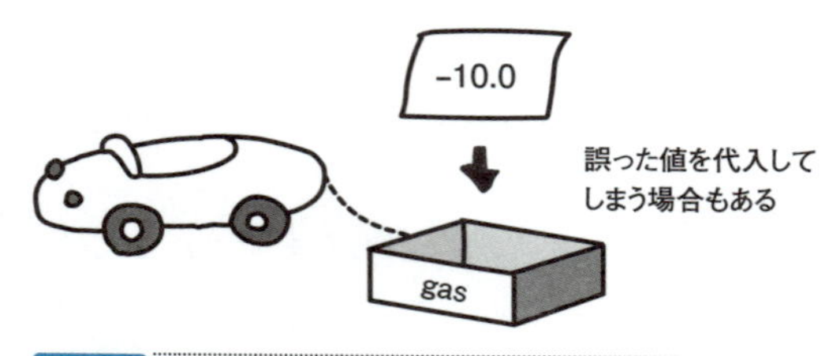

図9-1 メンバへのアクセス
クラスの外から勝手にメンバにアクセスできると、誤りのおきやすいプログラムになってしまう場合があります。

privateメンバをつくる

ではSample1で、ガソリンがマイナスになってしまう誤りの原因はなんなのでしょうか？　この原因は、

メンバを無制限に利用し、勝手な値（ここでは−10）を代入してしまったこと

にあるといえます。Javaではこのようなまちがいがおこらないように、

クラスの外から勝手にアクセスできないようなメンバとしておく

ことができます。このメンバのことを、**privateメンバ**といいます。

ではさっそく、車のナンバーとガソリン量をこのprivateメンバにしてみることにしましょう。

```
class Car
{
    private int num;
    private double gas;
    ...
}
```

フィールドをprivateメンバにしました

ここでは、メンバにprivateという指定をつけました。こうすると、Carクラスの外（main()メソッド）からフィールドにアクセスすることができなくなるのです。

```
class Sample1
{
    public static void main(String[] args)
    {
        ...
        //このようなアクセスはできなくなります。
        //car1.num = 1234;
        //car1.gas = -10.0;
    }
}
```

クラスの外からprivateメンバにはアクセスできません

これで、車のガソリンにマイナスの値が代入されることはなくなりました。

```
class Car
{
    private int num;     ✗
    private double gas;  ✗
    ...
}
```

```
class Sample1
{
    public static void main(String[] args)
    {
        ...
        //car1.num = 1234;
        //car1.gas = -10.0;
        ...
    }
}
```

図9-2 privateメンバ
privateメンバにすると、クラスの外から勝手にアクセスできなくなります。

privateメンバにはクラスの外からアクセスできない。

publicメンバをつくる

いまみたように、フィールドをprivateメンバにすると、クラスの外からアクセスできなくなります。

しかしこのようにすることで、本当にmain()メソッドの中で車のナンバーやガソリン量を設定することができなくなってしまうのでしょうか？

実はアクセスする方法があります。今度は次のようなコードを入力してみてください。これは、Sample1を改良したコードです。

Sample2.java ▶ メンバへのアクセスを制限する

```
//車クラス
class Car
{
    private int num;
    private double gas;

    public void setNumGas(int n, double g)
    {
        if(g > 0 && g < 1000){
            num = n;
            gas = g;
            System.out.println("ナンバーを" + num + "にガソリン量を"
                + gas + "にしました。");
        }
        else{
            System.out.println(g + "は正しいガソリン量ではありません。");
            System.out.println("ガソリン量を変更できませんでした。");
        }
    }
    public void show()
    {
        System.out.println("車のナンバーは" + num + "です。");
        System.out.println("ガソリン量は" + gas + "です。");
    }
}

class Sample2
{
    public static void main(String[] args)
    {
```

フィールドはprivateにしました

メソッドはpublicにしました

渡された値を調べて・・・

正しければ値を設定します

誤った値を設定できないようにしています

```
        Car car1 = new Car();

        //このようなアクセスはできなくなります。
        //car1.num = 1234;
        //car1.gas = -10.0;

        car1.setNumGas(1234, 20.5);
        car1.show();

        System.out.println
            ("正しくないガソリン量（-10.0）を指定してみます・・・。");

        car1.setNumGas(1234, -10.0);
        car1.show();
    }
}
```

privateメンバにはアクセスできません

必ずpublicメンバを呼び出して値を設定します

誤った値を設定しようとしても・・・

Sample2の実行画面

```
ナンバーを1234にガソリン量を20.5にしました。
車のナンバーは1234です。
ガソリン量は20.5です。
正しくないガソリン量（-10.0）を指定してみます・・・。
-10.0は正しいガソリン量ではありません。
ガソリン量を変更できませんでした。
車のナンバーは1234です。
ガソリン量は20.5です。
```

誤った値は設定されません

このコードでは、ナンバーとガソリン量を設定するために、setNumGas()というメソッドを新しく追加しました。ここではガソリン量が正しいかどうかをチェックしてから、フィールドに値を代入する処理をしていることに注意してください。

Carクラスの外から、ナンバーやガソリン量を直接設定することはできません。しかし、そのかわりに、setNumGas()メソッドならば呼び出すことができます。このメソッドを使うと、正しい値であるかどうかを必ずチェックしてから、ガソリン量が設定されます。つまり、誤ったガソリン量が設定されることがなくなるのです。

setNumGas()メソッドには、publicという指定をつけています。このメンバを、publicメンバといいます。publicをつけたメンバは、クラスの外から利用することができます。こうして、privateとpublicを使いわけることによって、正しいナンバーやガソリン量を設定することができるのです。

publicメンバにはクラスの外からアクセスできる。

```
class Car
{
    public void setNumGas(int n, double g)
    {
      ...
    }

    public void show()
    {
      ...
    }
}
```

```
class Sample2
{
    public static void main(...
    {
        ...
        car1.setNumGas(1234, 20.5);
        car1.show();
        ...
    }
}
```

図9-3 publicメンバ

publicメンバにすると、クラスの外からアクセスすることができます。

カプセル化のしくみを知る

Sample2では、Carクラス自身にガソリン量が正しいかどうかをチェックする機能をもたせることができるようになりました。こうすれば、うっかりまちがった値が設定されないクラスを設計できます。

第8章でも説明したように、クラスを扱うプログラムでは、クラスの仕様部分（クラス宣言）とクラスを利用する部分（main()メソッドなど）を、異なる人が記述する場合があります。クラスというプログラムの部品を設計する人が、メンバを適切にprivateメンバとpublicメンバに分類しておけば、あとからほかの人間がそのクラスを利用した場合に、誤りのおきにくいプログラムを作成できるようになるので、たいへん便利です。

このように、**クラスの中にデータ（フィールド）と機能（メソッド）をひとまとめにし、保護したいメンバにprivateをつけて勝手にアクセスできなくする機能**を**カプセル化**（encapsulation）といいます。一般的にはSample2のように、

フィールド ⟶ privateメンバ
メソッド ⟶ publicメンバ

と指定することがよく行われています。カプセル化は、クラスがもつ重要なオブジェクト指向の機能のひとつです。

データと機能をひとまとめにし、メンバを保護する機能をカプセル化という。

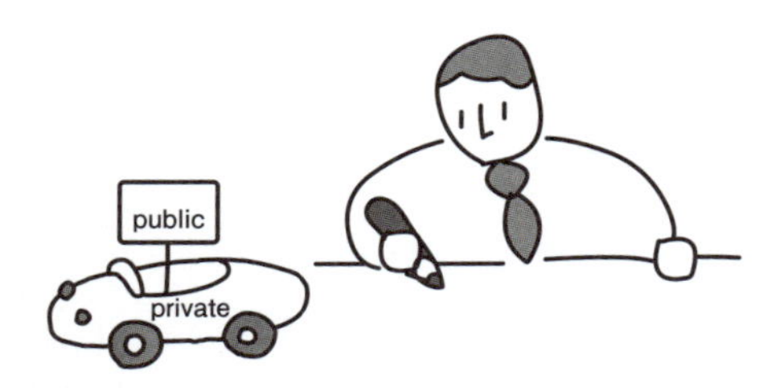

図9-4 カプセル化
クラスにカプセル化の機能をもたせることによって、誤りのおきにくいプログラムを作成できます。

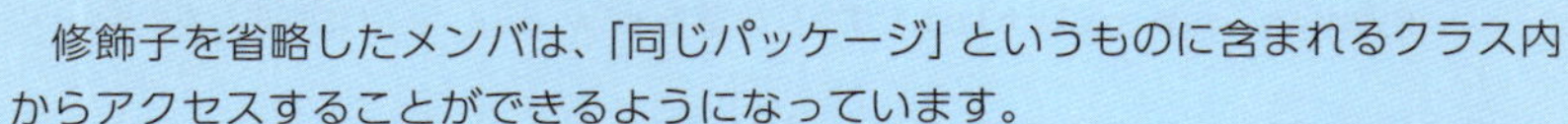

privateとpublicを省略すると？

privateとpublicは、**修飾子**（modifier）と呼ばれています。修飾子は省略することもできます。実際、これまでの章のコードでは、なんの修飾子もつけていませんでしたね。

修飾子を省略したメンバは、「同じパッケージ」というものに含まれるクラス内からアクセスすることができるようになっています。

いままでのように特に何も指定せず、同じファイルに記述したクラスは、すべて「同じパッケージ」に含まれるクラスとなります。そこでSample×クラスから、Carクラスのメンバに無事にアクセスすることができたのです。「パッケージ」のしくみについては、第13章でくわしく学びます。

9.2 メソッドのオーバーロード

オーバーロードのしくみを知る

前の節ではクラスの「カプセル化」機能を学びました。次に、もうひとつ重要なクラスの機能を学ぶことにしましょう。クラスでは、

同じクラスの中に、同じ名前をもつメソッドを2つ以上定義する

ということができます。次のクラスをみてください。

```
//車クラス
class Car
{
   ...
   public void setCar(int n)
   {
      num = n;
      System.out.println("ナンバーを" + num + "にしました。");
   }
   public void setCar(double g)
   {
      gas = g;
      System.out.println("ガソリン量を" + gas + "にしました。");
   }
   public void setCar(int n, double g)
   {
      num = n;
      gas = g;
      System.out.println("ナンバーを" + num + "にガソリン量を"
         + gas + "にしました。");
   }
   ...
}
```

int型の引数をもつsetCar()メソッドです

double型の引数をもつsetCar()メソッドです

2個の引数をもつsetCar()メソッドです

このクラスには、「setCar()メソッド」というメソッドが3つあります。このように、

同じ名前の複数のメソッドを、同じクラス内に定義しておく

ということができるのです。これをメソッドのオーバーロード（多重定義：overloading）といいます。

ただし、メソッドをオーバーロードするときには、**各メソッドの引数の型・個数が異なるようにしなければなりません。**つまり、同じ名前のメソッドは、次のように異なる引数をもつメソッドでなければなりません。

```
setCar(int n)
setCar(double g)
setCar(int n, double g)
```

setCar()メソッドを複数定義できます

ではさっそく、複数のメソッドをオーバーロードしてみましょう。次のコードを入力してみてください。

Sample3.java ▶ メソッドをオーバーロードする

```
//車クラス
class Car
{
   private int num;
   private double gas;

   public void setCar(int n)
   {
      num = n;
      System.out.println("ナンバーを" + num + "にしました。");
   }
   public void setCar(double g)
   {
      gas = g;
      System.out.println("ガソリン量を" + gas + "にしました。");
   }
   public void setCar(int n, double g)
   {
      num = n;
      gas = g;
```

int型の引数をもつメソッドです

double型の引数をもつメソッドです

2個の引数をもつメソッドです

```
        System.out.println("ナンバーを" + num + "にガソリン量を"
            + gas + "にしました。");
    }
    public void show()
    {
        System.out.println("車のナンバーは" + num + "です。");
        System.out.println("ガソリン量は" + gas + "です。");
    }
}

class Sample3
{
    public static void main(String[] args)
    {
        Car car1 = new Car();

        car1.setCar(1234, 20.5);
        car1.show();

        System.out.println("車のナンバーだけ変更します。");
        car1.setCar(2345);
        car1.show();

        System.out.println("ガソリン量だけ変更します。");
        car1.setCar(30.5);
        car1.show();
    }
}
```

2個の引数をもつメソッドが呼び出されます

int型の引数をもつメソッドが呼び出されます

double型の引数をもつメソッドが呼び出されます

Sample3の実行画面

```
ナンバーを1234にガソリン量を20.5にしました。
車のナンバーは1234です。
ガソリン量は20.5です。
車のナンバーだけ変更します。
ナンバーを2345にしました。
車のナンバーは2345です。
ガソリン量は20.5です。
ガソリン量だけ変更します。
ガソリン量を30.5にしました。
車のナンバーは2345です。
ガソリン量は30.5です。
```

引数2個のメソッドによる出力です

int型の引数をもつメソッドによる出力です

double型の引数をもつメソッドによる出力です

このコードでは、3種類のsetCar()メソッドを呼び出しています。そのため、

- 1番目に、引数が2個のもの
- 2番目に、引数がint型のもの
- 3番目に、引数がdouble型のもの

であるsetCar()メソッドが、それぞれ正しく呼び出されています。つまり、

似たような複数の処理をオーバーロードしておけば、1つのメソッド名をおぼえて使うだけで、自動的にその型・個数に応じた処理が行われる

ということになります。

このようなクラスを設計しておけばたいへん便利です。クラスという部品を利用する際に、**似たような処理について同じメソッド名を利用することができる**からです。車の設定をする際にはどの状況でもsetCar()という名前のメソッドで利用することができるでしょう。わかりやすく、直観的に利用しやすいコードを記述することができます。

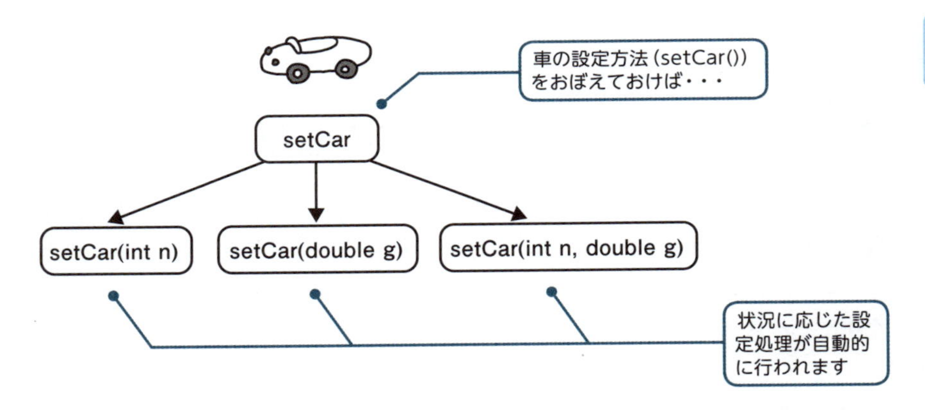

「setCar」のような1つの名前が、その状況に応じて別々のはたらきをもつことを、**多態性**（ポリモーフィズム：polymorphism）といいます。「多態性」は、Javaのクラスがもつ、オブジェクト指向の重要な機能のひとつです。

同じクラス内でも、同じメソッド名で異なる引数の型・個数をもつメソッドを定義できる。

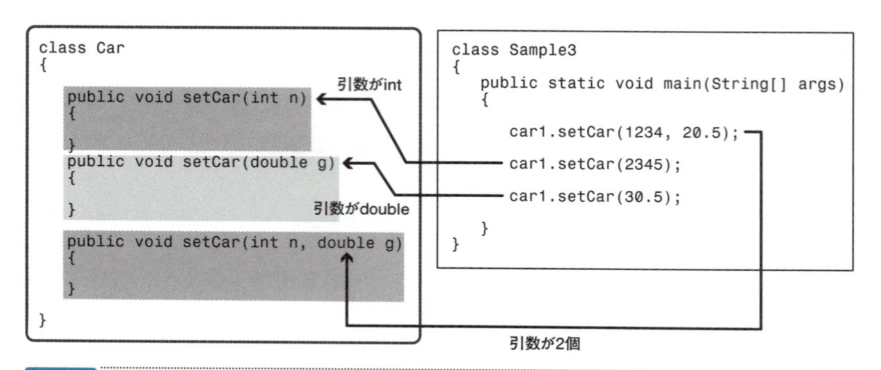

図9-5 **メソッドのオーバーロード**
メソッドをオーバーロードすると、呼び出しのときに渡す引数によって適切なメソッドが呼び出されます。

オーバーロードについての注意

なお、最初に説明したように、**オーバーロードするメソッドは、引数の型や数が異なっていなければなりません。**

もし、引数の型と数がまったく同じで、戻り値だけが異なる次の2つのメソッドをオーバーロードできてしまうとしたら、どうなるのでしょうか？

このようなメソッドでもよいとすると、次のような呼び出しをしても、2つのうちどちらのメソッドを呼び出すものなのか、判断できないことでしょう。

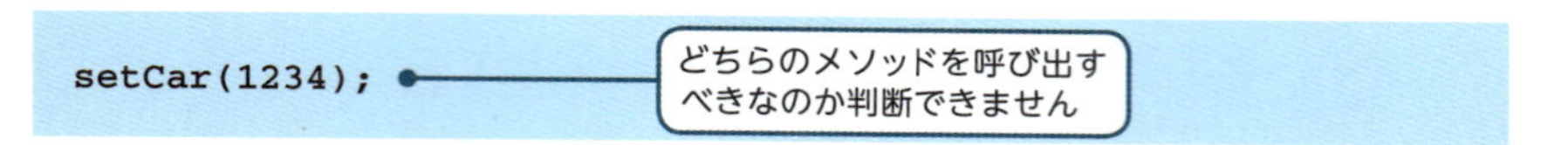

つまり、メソッドをオーバーロードするときには、引数の型または個数が異なるようにしておかなければならないのです。注意しておくことが必要です。

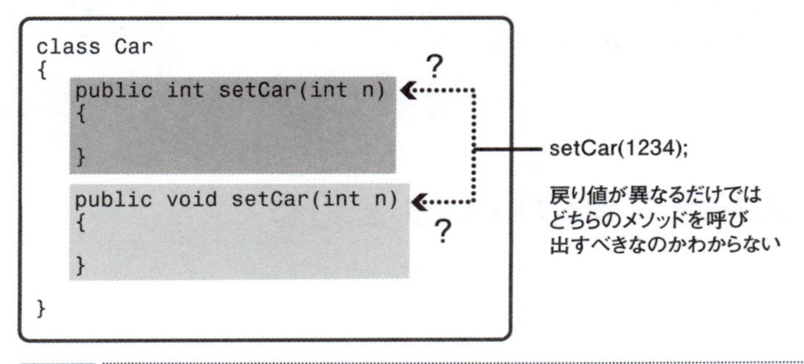

図9-6 オーバーロードの注意

引数の型または個数が異なっていなければ、メソッドをオーバーロードできません。

オーバーロードするメソッドは、引数の型または個数が異なるようにする。

9.3 コンストラクタの基本

コンストラクタのしくみを知る

この節では、クラスに欠かせない重要なしくみを、もうひとつ学ぶことにしましょう。

クラスの中には、フィールドとメソッドのほかに、コンストラクタ（constructor）と呼ばれるものを記述することができます。コンストラクタのかたちをみてください。

コンストラクタの定義

```
修飾子 クラス名(引数リスト)
{
    文;
    ...
}
```

たとえば、「車」クラスの場合は、次のようなコンストラクタを記述することができます。

```
public Car()
{
    num = 0;
    gas = 0.0;
    System.out.println("車を作成しました。");
}
```


コンストラクタは、メソッドにたいへんよく似ています。しかし、**コンストラクタの名前は、必ずクラス名と同じである**必要があります。またメソッドと違って、**戻り値を指定することはできません。**

コンストラクタの役割を知る

コード上でメソッドを呼び出すと、定義しておいたメソッド内の処理が行われるようになっていましたね。これに対してコンストラクタは、

そのクラスのオブジェクトが作成されたときに、
定義しておいたコンストラクタ内の処理が自動的に行われる

ということになっています。

メソッドの場合と違って、コンストラクタを自由に自分で呼び出す記述をすることはできません。このためコンストラクタは、

オブジェクトのメンバに自動的に初期値を設定する

などの処理を書いておくのが普通です。たとえば、Carクラスのコンストラクタであれば、

ナンバーやガソリン量の初期値として0を代入する

といった処理をまとめておくのです。ここで記述したコンストラクタでは、ナンバーとガソリン量を0に設定しています。

では、実際にコンストラクタのはたらきをみてみることにしましょう。

Sample4.java ▶ コンストラクタが呼び出される

```
//車クラス
class Car
{
   private int num;
   private double gas;

   public Car()
   {
      num = 0;
      gas = 0.0;
      System.out.println("車を作成しました。");
   }
   public void show()
   {
      System.out.println("車のナンバーは" + num + "です。");
```

コンストラクタの定義です

```
        System.out.println("ガソリン量は" + gas + "です。");
    }
}

class Sample4
{
    public static void main(String[] args)
    {
        Car car1 = new Car();

        car1.show();
    }
}
```

オブジェクトを作成すると、コンストラクタが呼び出されます

Sample4の実行画面

```
車を作成しました。
車のナンバーは0です。
ガソリン量は0.0です。
```

コンストラクタ内の処理が行われました

main()メソッドの中でオブジェクトを作成すると、自動的にコンストラクタが呼び出されます。そのため、コンストラクタ内の「車を作成しました。」という出力が行われているのです。ナンバーとガソリン量も、0に設定されていますね。

コンストラクタは、プログラムの部品の初期設定が自動的に行われるようにするためのしくみなのです。

オブジェクトを初期化するために、コンストラクタを定義することができる。

```
class Car
{
  ...
  public Car()
  {
   ...
  }
  ...      作成時に呼び出される

}
```

```
class Sample4
{
   public static void main(String[] args)
   {

      Car car1 = new Car();

      ...
    }
}
```

図9-7 コンストラクタ
コンストラクタを定義しておくと、オブジェクトを作成するときに自動的にその処理が行われます。

フィールドの初期値

ここではコンストラクタを定義して、フィールドに値を代入しました。ただし、フィールドには値を代入しなくても、その型に応じた次の初期値が設定されることになっています。

型	初期値
boolean	false
文字型	'¥u0000'
整数型	0
浮動小数点型	0.0
参照型	null

つまりCarクラスの場合、実は値を代入しなくてもフィールドnumは0、gasは0.0と設定されるのです。参照型のフィールドについては、第10章で学ぶことにします。

9.4 コンストラクタのオーバーロード

コンストラクタをオーバーロードする

9.2節でも説明したように、引数の数・型が異なっていれば、同じ名前のメソッドを複数定義することができましたね。このしくみを「オーバーロード」と呼んでいたことを思い出してください。

コンストラクタも、引数の数・型が異なっていれば、同じようにオーバーロードすることができます。つまり、

複数のコンストラクタを定義する

ことができるのです。

たとえば、Carクラスのコンストラクタとして、次の２つのコンストラクタを定義（オーバーロード）してみましょう。

```
public Car()
{
   num = 0;
   gas = 0.0;
   System.out.println("車を作成しました。");
}
public Car(int n, double g)
{
   num = n;
   gas = g;
   System.out.println("ナンバー" + num + "ガソリン量" + gas
      + "の車を作成しました。");
}
```

引数のないコンストラクタです

引数を2個もつコンストラクタです

これは、

```
Car()
Car(int n, double g)
```

2つのコンストラクタです

という引数の異なる2つのコンストラクタの定義です。この2つのコンストラクタが使われるコードを作成してみましょう。

Sample5.java ▶ コンストラクタをオーバーロードする

```
//車クラス
class Car
{
   private int num;
   private double gas;

   public Car()
   {
      num = 0;
      gas = 0.0;
      System.out.println("車を作成しました。");
   }
   public Car(int n, double g)
   {
      num = n;
      gas = g;
      System.out.println("ナンバー" + num + "ガソリン量" + gas
         + "の車を作成しました。");
   }
   public void show()
   {
      System.out.println("車のナンバーは" + num + "です。");
      System.out.println("ガソリン量は" + gas + "です。");
   }
}

class Sample5
{
   public static void main(String[] args)
   {
      Car car1 = new Car();
      car1.show();

      Car car2 = new Car(1234, 20.5);
      car2.show();
```

引数のないコンストラクタです

引数を2個もつコンストラクタです

引数のないコンストラクタが呼び出されます

引数2個のコンストラクタが呼び出されます

```
    }
}
```

Sample5の実行画面

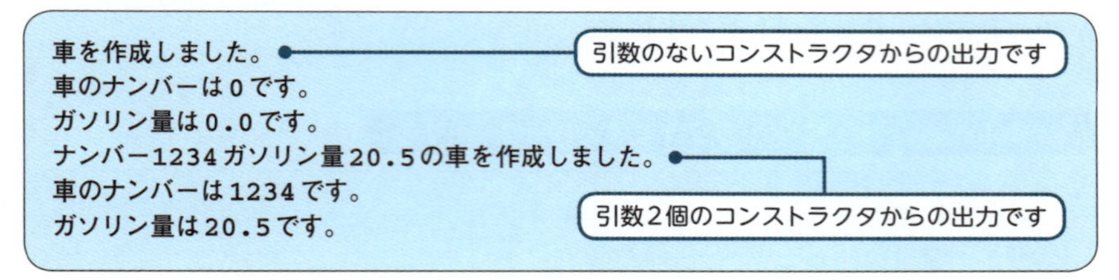

このコードでは、2つのオブジェクトを作成しています。1つ目のオブジェクトでは、これまでと同じように右辺の()の中に何も引数を指定していません。

```
car1 = new Car();
```

引数のないコンストラクタが呼び出されます

一方、2つ目のオブジェクトでは、2つの引数を指定しています。

```
car2 = new Car(1234, 20.5);
```

引数2個のコンストラクタが呼び出されます

このため、それぞれ次のコンストラクタが自動的に呼び出されることになります。

- 1つ目のオブジェクト ⟶ 引数なしのコンストラクタ
- 2つ目のオブジェクト ⟶ 引数2個のコンストラクタ

1台目はナンバーとガソリン量が0の車、2台目はナンバーが1234でガソリン量が20.5の車として作成することができました。

つまり、コンストラクタを複数定義しておけば、いろいろな引数を渡して、オブジェクトを柔軟に作成できるようになるというわけです。**いろいろな初期設定処理が行えるようになります。**

コンストラクタをオーバーロードすることができる。

```
class Car
{
    ...
    public Car()
    {
     ...
    }

    public Car(int n, double g)
    {
     ...
    }

    ...

}
```

```
class Sample5
{
    public static void main(Strings[] arg)
    {
        Car car1 = new Car();

        Car car2 = new Car(1234, 20.5);

    }
}
```

引数なし

引数が2個

図9-8 コンストラクタのオーバーロード

コンストラクタをオーバーロードすると、引数によって、適切なコンストラクタが呼び出されます。

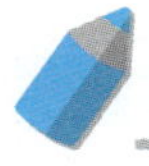

別のコンストラクタを呼び出す

なお、コンストラクタの中では便利な記述をすることができます。次のコードをみてください。

Sample6.java ▶ 別のコンストラクタを呼び出す

```
//車クラス
class Car
{
    private int num;
    private double gas;

    public Car()
    {
        num = 0;
        gas = 0.0;
        System.out.println("車を作成しました。");
    }
```

```
    public Car(int n, double g)
    {
        this();
        num = n;
        gas = g;
        System.out.println("ナンバーを" + num + "にガソリン量を"
            + gas + "にしました。");
    }
    public void show()
    {
        System.out.println("車のナンバーは" + num + "です。");
        System.out.println("ガソリン量は" + gas + "です。");
    }
}

class Sample6
{
    public static void main(String[] args)
    {
        Car car1 = new Car();
        car1.show();

        Car car2 = new Car(1234, 20.5);
        car2.show();
    }
}
```

引数2個のコンストラクタの先頭で、引数のないコンストラクタを呼び出します

Sample6の実行画面

```
車を作成しました。
車のナンバーは0です。
ガソリン量は0.0です。
車を作成しました。
ナンバーを1234にガソリン量を20.5にしました。
車のナンバーは1234です。
ガソリン量は20.5です。
```

this()の呼び出しによるものです

引数2個のコンストラクタの処理です

このコードは、引数2個のコンストラクタの先頭で「this();」という呼び出しをしています。このようにすると、

あるコンストラクタ内で、別のコンストラクタを特別に呼び出す

という処理ができます。

たとえば、このコードでは「this();」という部分の処理が行われると、引数なしのコンストラクタが呼び出されます。つまり、

引数なしのコンストラクタの処理につけ加えるように、
引数2個のコンストラクタを定義できる

というわけです。this()を使って手間をはぶきながら、コードを記述することができます。

なお、もし引数2個のコンストラクタを別のコンストラクタ内で呼び出したい場合は、引数を渡してthis()を記述すればよいことになっています。

```
this(1234, 20.5);
```

引数2個のコンストラクタを呼び出します

ただし、**this()は、必ずコンストラクタ内の先頭に記述しておかなければなりません。**

コンストラクタ内でthis()を使うと、別のコンストラクタを呼び出すことができる。
this()はコンストラクタの先頭に記述する。

Lesson 9

コンストラクタを省略すると？

ところで、前の章で扱ったクラスでは、コンストラクタを定義していませんでしたね。クラス内にコンストラクタをひとつも定義しなかった場合には、オブジェクトを作成したときに、次のようなコンストラクタが用意され、自動的に呼び出されることになっています。

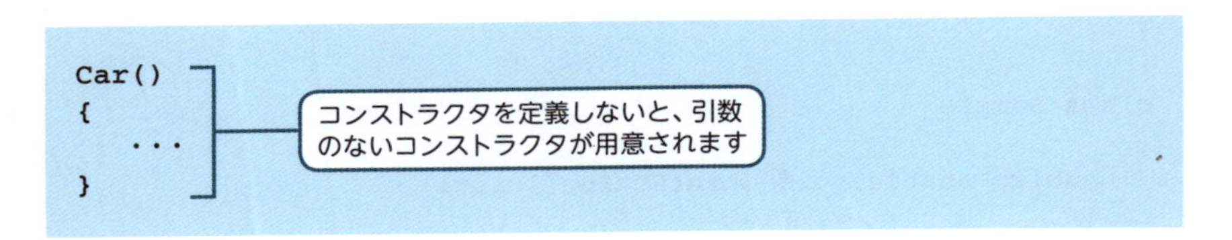

```
Car()
{
    ...
}
```

コンストラクタを定義しないと、引数のないコンストラクタが用意されます

この引数のないコンストラクタを、デフォルトコンストラクタ（default constructor）といいます。このため、これまでのコードでは、()内に引数を指定しないでオブジェクトを作成することができたのです。

```
Car car1 = new Car();
```

コンストラクタを定義しないと、引数のないコンストラクタが呼び出されます

コンストラクタに修飾子をつける

コンストラクタにはメソッドと同じように、publicまたはprivateという修飾子をつけることができます。これまでのコンストラクタにはpublicをつけていますが、**これをprivateにすると、クラスの外でそのコンストラクタが呼び出されるようなオブジェクトの作成ができなくなります。**

```
//車クラス
class Car
{
    ...
    private Car()
    {
        num = 0;
        gas = 0.0;
        System.out.println("車を作成しました。");
    }
    public Car(int n, double g)
    {
        this();
        num = n;
        gas = g;
        System.out.println("ナンバーを" + num + "ガソリン量を"
            + gas + "にしました。");
    }
    ...
}

class Sample
{
    public static void main(String[] args)
    {
```

privateなコンストラクタです

publicなコンストラクタです

```
        //Car car1 = new Car();
        //car1.show();

        Car car2 = new Car(1234, 20.5);
        car2.show();
    }
}
```

privateなコンストラクタが呼び出されるようなオブジェクトの作成はできません

publicなコンストラクタが呼び出されるようにします

このコードは、引数なしのコンストラクタにprivateをつけました。このため、「new Car();」という方法ではオブジェクトを作成することができないようになっています。

```
//Car car1 = new Car();
```

引数なしのコンストラクタはprivateなので、この方法では作成できません

つまり、このクラスのオブジェクトを作成するときには、必ず引数2個のコンストラクタが呼び出されるようにしなければなりません。

```
Car car2 = new Car(1234, 20.5);
```

必ず引数2個のpublicなコンストラクタが呼び出されるようにします

このクラスでは、引数なしのコンストラクタは、引数2個のコンストラクタの処理の一部として呼び出されるためにだけ存在していることになります。

必ずナンバーとガソリン量を両方指定して、「車」オブジェクトが作成されるようにしておきたい場合には便利な方法です。コンストラクタをprivateにし、オブジェクトの作成方法を限定するのです。

コンストラクタを設計する

この節では、さまざまなコンストラクタについて学びました。さまざまなコンストラクタを定義することで、オブジェクトの初期設定方法をきめこまかく取り決めることができます。コンストラクタを使いこなせるようになると便利です。

9.5 クラス変数、クラスメソッド

インスタンス変数のしくみを知る

ここまでで私たちは、クラス内に次のようなものを記述できることを学びました。

- フィールド
- メソッド
- コンストラクタ

フィールドとメソッドは第8章で、コンストラクタはこの章で学んだ知識です。この節ではフィールドとメソッドについて、さらにくわしく分類していくことにしましょう。

これまでのコードを思い出してください。クラス内のメンバ（フィールドとメソッド）は、オブジェクトが作成されたときに、はじめて値を格納したり、呼び出したりすることができるのでした。

たとえば、Carクラスから2つのオブジェクトを作成する次のコードをみてみましょう。

Sample7.java ▶ インスタンス変数・インスタンスメソッドを記述する

```
//車クラス
class Car
{
    private int num;
    private double gas;

    public Car()
    {
        num = 0;
        gas = 0.0;
        System.out.println("車を作成しました。");
```

これらのフィールドはインスタンス変数です

```
    }
    public void setCar(int n, double g)
    {
        num = n;
        gas = g;
        System.out.println("ナンバーを" + num + "ガソリン量を"
            + gas + "にしました。");
    }
    public void show()
    {
        System.out.println("車のナンバーは" + num + "です。");
        System.out.println("ガソリン量は" + gas + "です。");
    }
}

class Sample7
{
    public static void main(String[] args)
    {
        Car car1 = new Car();
        car1.setCar(1234, 20.5);
        car1.show();

        Car car2 = new Car();
        car2.setCar(4567, 30.5);
        car2.show();
    }
}
```

これら2つのメソッドはインスタンスメソッドです

オブジェクトごとにメソッドを呼び出せます

Sample7の実行画面

```
車を作成しました。
ナンバーを1234ガソリン量を20.5にしました。
車のナンバーは1234です。
ガソリン量は20.5です。
車を作成しました。
ナンバーを4567ガソリン量を30.5にしました。
車のナンバーは4567です。
ガソリン量は30.5です。
```

オブジェクトごとにフィールドの値があります

オブジェクトを作成することによって、それぞれのオブジェクトのnumやgasに値を代入したり出力したりすることができましたね。車のナンバーやガソリンといった値がそれぞれの車に存在しているように、**各オブジェクトごとにフィールドの値を格納することができた**のです。

このことを、フィールドnum・gasは

オブジェクトに関連づけられている

ということもあります。

またshow()メソッドも、オブジェクトを作成することによって、呼び出すことができました。このメソッドもオブジェクトに関連づけられています。

このような、各オブジェクトに関連づけられているフィールドを**インスタンス変数**（instance variable）、メソッドを**インスタンスメソッド**（instance method）といいます。

オブジェクトに関連づけられているフィールドをインスタンス変数という。
オブジェクトに関連づけられているメソッドをインスタンスメソッドという。

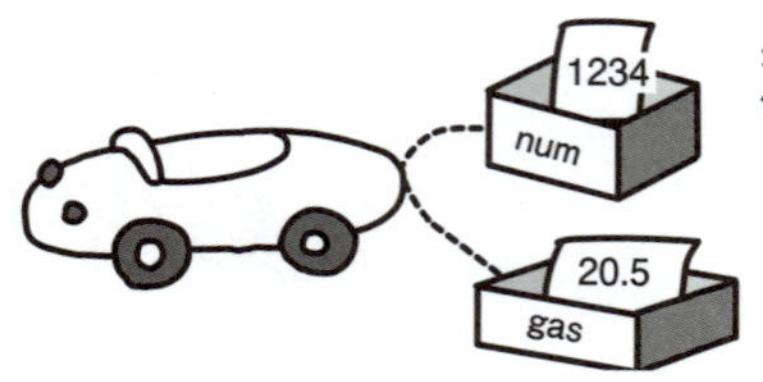

図9-9 インスタンス変数・インスタンスメソッド
インスタンス変数・インスタンスメソッドは、オブジェクトが作成されたときにアクセスすることができます。

クラス変数とクラスメソッド

実はクラスでは、オブジェクトに関連づけられていないメンバをもつことができます。これを、

クラス全体に関連づけられている

ということがあります。クラスに関連づけられているフィールドを**クラス変数**（class variable)、メソッドを**クラスメソッド**（class method）といいます。

クラス変数・クラスメソッドとはどのようなものなのでしょうか？

これらのフィールドやメソッドは、宣言、定義するときに**static**という修飾子をつけることになっています。次のスタイルをみてください。

構文 クラス変数の宣言

```
class クラス名
{
    static 型名 クラス変数名;
    ...
}
```

クラス変数にはstaticをつけます

構文 クラスメソッドの定義

```
static 戻り値の型 クラスメソッド名(引数リスト)
{
    文;
    ...
}
```

クラスメソッドにはstaticをつけます

クラス変数とクラスメソッドを、実際にコードを入力しながら学ぶことにしましょう。次のコードをみてください。

Sample8.java ▶ クラス変数・クラスメソッドを記述する

```
//車クラス
class Car
{
   public static int sum = 0;    ← クラス変数です

   private int num;
   private double gas;

   public Car()
   {
      num = 0;
      gas = 0.0;
      sum++;    ← コンストラクタが呼び出されたときに クラス変数sumの値を1増やします
      System.out.println("車を作成しました。");
   }
   public void setCar(int n, double g)
   {
      num = n;
      gas = g;
      System.out.println("ナンバーを" + num + "にガソリン量を"
         + gas + "にしました。");
   }
   public static void showSum()    ← クラスメソッドです
   {
      System.out.println("車は全部で" + sum + "台あります。");
   }
   public void show()
   {
      System.out.println("車のナンバーは" + num + "です。");
      System.out.println("ガソリン量は" + gas + "です。");
   }
}

class Sample8
{
   public static void main(String[] args)
   {
      Car.showSum();    ← クラスメソッドを呼び出します

      Car car1 = new Car();    ← オブジェクトを作成します
      car1.setCar(1234, 20.5);

      Car.showSum();    ← もう一度クラスメソッドを呼び出します
```

```
        Car car2 = new Car();
        car2.setCar(4567, 30.5);

        Car.showSum();
    }
}
```

Sample8の実行画面

```
車は全部で0台あります。
車を作成しました。
ナンバーを1234にガソリン量を20.5にしました。
車は全部で1台あります。
車を作成しました。
ナンバーを4567にガソリン量を30.5にしました。
車は全部で2台あります。
```

クラスメソッドからの出力は0台です

オブジェクトが作成されると・・・

クラスメソッドからの出力は1台になります

ここでは、フィールドsumにstaticをつけてクラス変数としています。

```
public static int sum = 0;
```

クラス変数にはstaticをつけます

このクラス変数は0で初期化されています。そして「車」オブジェクトが1つ作成されるたびに、コンストラクタの中で「sum++;」という文が処理され、1つずつ値が増やされるようにしています。つまりsumは、

クラス全体で何台の車（いくつのオブジェクト）が存在しているか

をあらわすフィールドとなっているのです。このように**クラス全体で扱うデータを格納しておくフィールド**がクラス変数です。クラス変数は各オブジェクトから共有されるフィールドとなります。

次に、クラスメソッドであるshowSum()メソッドの定義をみてください。

```
public static void showSum()
{
    System.out.println("車は全部で" + sum + "台あります。");
}
```

クラスメソッドにはstaticをつけます

クラスメソッドは、

そのクラスからオブジェクトが作成されていなくても、
メソッドを呼び出すことができる

というしくみをもつメソッドです。インスタンスメソッドのようにオブジェクトに関連づけられたメソッドではありません。

クラスメソッドは、クラス変数を出力したり、クラス全体にかかわる処理を行うものです。クラスメソッドは、オブジェクトが作成されていなくても呼び出せるように、次のように呼び出します。

クラスメソッドの呼び出し

```
クラス名.クラスメソッド(引数リスト);
```

上のコードでは、次のようにクラスメソッドを呼び出しています。

```
Car.showSum();
```

クラス名をつけて呼び出します

このクラスメソッドでは、クラス変数sumの値を出力します。sumの値は最初は0ですが、オブジェクトを1つ作成したあとにもう一度呼び出すと、1になっていることがわかります。

クラス変数とクラスメソッドを使って、クラス全体で車が何台あるのかを管理することができました。

クラスに関連づけられているフィールドをクラス変数という。
クラスに関連づけられているメソッドをクラスメソッドという。

図9-10 クラス変数とクラスメソッド
クラス変数とクラスメソッドは、クラスに関連づけられたメンバです。

クラスに関連づけられるメンバ

通常のメンバのように、メンバがオブジェクトに関連づけられるようになっていると、プログラムの独立した部品として役立つクラスが設計できます。けれども車オブジェクトの台数を管理する場合のように、そうしたしくみだけでは不便なこともあるでしょう。クラスに関連づけられたメンバは、オブジェクトの間でデータや機能を共有するために役立てられるしくみとなっています。

なお、代表的なクラスメソッドとしてmain()メソッドがあります。第2章で紹介したようにプログラムの処理はmain()メソッドからはじまります。この**main()メソッドは、staticがつけられたクラスメソッド**ということになります。

クラスメソッドについての注意

ところで、第8章では「クラス内ではメンバに『this.』という指定をつけることができる」ということを説明しました。

```
public void show()
{
    System.out.println("車のナンバーは" + this.num + "です。");
    System.out.println("ガソリン量は" + this.gas + "です。");
}
```

インスタンスメソッド内では・・・

this.を使うことができます

実は、この「this.」をつけることができる場所は、インスタンスメソッドの中に限られています。

クラスメソッドは特定のオブジェクトに関連づけられていないため、その内部では、特定のオブジェクト自身をあらわす「this.」という言葉を使うことができないのです。つまり、次のコードは誤っていることになります。

```
public static void showSum()
{
    //誤り
    //System.out.println("車は全部で" + this.sum + "台あります。");
}
```

クラスメソッド内では・・・

this.を使うことはできません

さらに、クラスメソッド内では、インスタンス変数・インスタンスメソッドにアクセスすることができません。クラスメソッドは、特定のオブジェクトに関連づけられたものではないからです。

クラスメソッドは、オブジェクトが作成されていなくても呼び出される場合があります。そこで、特定のオブジェクトに関連づけられているインスタンス変数・メソッドにアクセスすることができないのです。

つまり、次のコードは誤りとなります。

```
public static void showSum()
{
    //誤り
    //System.out.println("車のナンバーは" + num + "です。");
}
```

クラスメソッド内では・・・

インスタンス変数にアクセスできません

ローカル変数

ここで学んだインスタンス変数・クラス変数に対して、第7章までのメソッド内で宣言した変数を、**ローカル変数** (local variable) といいます。メソッド内で使われる仮引数もローカル変数の一種です。

一般的な慣習としてインスタンス変数・クラス変数では、変数の内容がわかりやすい長い変数名を使うことが多くなっています。これに対してローカル変数は内容をコンパクトにあらわした短い変数名を使うことがあります。

```
class Car
{
   int num;                 ← インスタンス変数です
   static int sum;          ← クラス変数です
   void setCar(int n)       ← ローカル変数（仮引数）です
   {
      int a;                ← ローカル変数です
      ...
   }
}
```

ローカル変数は、それを宣言したメソッド以外の場所では使えません。ローカル変数が値を格納していられるのは、そのメソッドが終了するまでの間となっています。ローカル変数はメソッドが呼び出されるたびに初期化されます。

9.6 レッスンのまとめ

この章では、次のようなことを学びました。

- privateメンバには、クラスの外からアクセスすることはできません。
- publicメンバには、クラスの外からアクセスすることができます。
- カプセル化によって、誤りのおきにくいプログラムを作成することができます。
- メソッド名が同じで引数の型・数の異なる複数のメソッドをオーバーロードすることができます。
- コンストラクタは、オブジェクトを作成するときに呼び出されます。
- 引数の型・数の異なる複数のコンストラクタをオーバーロードすることができます。
- 個々のオブジェクトに関連づけられたメンバを、インスタンス変数・インスタンスメソッドと呼びます。
- クラスに関連づけられたメンバを、クラス変数・クラスメソッドと呼びます。

クラスにはさまざまな機能があります。publicメンバやprivateメンバを使いわけることによって、カプセル化の機能を実現することができます。コンストラクタの定義も、クラスには欠かすことができません。クラス変数・クラスメソッドの特徴もおさえておくようにしましょう。

練習

1. 次の項目について、○か×で答えてください。

① publicメンバには、クラスの外からアクセスできる。
② privateメンバには、クラスの外からアクセスできない。
③ クラス変数には、オブジェクトが作成されていないとアクセスできない。
④ インスタンス変数には、オブジェクトが作成されていなくてもアクセスできる。

2. 次のクラスはどこかまちがっていますか？ 誤りがあれば、指摘してください。

```
class Car
{
   public static int sum = 0;

   private int num;
   private double gas;

   public Car()
   {
      num = 0;
      gas = 0.0;
      sum++;
      System.out.println("車を作成しました。");
   }
   public void setCar(int n, double g)
   {
      num = n;
      gas = g;
      System.out.println("ナンバーを" + num +
         "にガソリン量を" + gas + "にしました。");
   }
   public static void showSum()
   {
      System.out.println("車は全部で" + sum +
         "台あります。");
      show();
   }
```

```
    public void show()
    {
        System.out.println("車のナンバーは" + num + "です。");
        System.out.println("ガソリン量は" + gas + "です。");
    }
}
```

3. 次のコードに関する項目について、○か×で答えてください。

① フィールドaにはクラスAの外からアクセスできない。

② フィールドbにはクラスAの外からアクセスできない。

③ メソッドdにはクラスAの外からアクセスできる。

```
class A
{
    public static int a = 0;

    private int b;

    public A()
    {
        ...
    }
    public void d(int n)
    {
        b = n;
        ...
    }
}
```

4. 次のコードの実行結果の①～③に入れるべき数値を答えてください。

```
class A
{
    A()
    {
        System.out.println("引数0のコンストラクタです。");
    }
    A(int a)
    {
```

```
        this();
        System.out.println("引数1のコンストラクタです。");
    }
}
class SampleP4
{
    public static void main(String[] args)
    {
        A a1 = new A();
        A a2 = new A(10);
    }
}
```

```
引数【①】のコンストラクタです。
引数【②】のコンストラクタです。
引数【③】のコンストラクタです。
```

5. 次のように、整数値の座標をあらわすMyPointクラスを作成してください。ただし、座標軸の範囲は0～100となるようにしてください。

フィールド
  private int x; (X座標)
  private int y; (Y座標)
メソッド
  public void setX(int px); (X座標を設定する)
  public void setY(int py); (Y座標を設定する)
  public int getX(); (X座標を得る)
  public int getY(); (Y座標を得る)
コンストラクタ
  public MyPoint();(初期座標を (0,0) とする)
  public MyPoint(int px,int py); (初期座標を指定する)

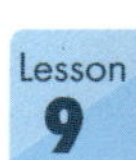

クラスの利用

これまでの章では、クラスとその強力な機能をみてきました。この章ではクラスを実際に活用していく方法を学ぶことにします。クラスを活用すると、実践的なプログラムを作成することができます。この章では、バリエーションにとんだプログラムを作成していくことにしましょう。

Check Point!

- クラスライブラリ
- 文字列を扱うクラス
- クラスメソッドをもつクラス
- クラス型の変数
- オブジェクトの配列

10.1 クラスライブラリ

クラスライブラリのしくみを知る

第8章、第9章では、クラスの基本について学びました。これまで私たちは、次のような手順でクラスを使ったプログラムを作成してきたことを思い出してみてください。

❶クラスを設計するコードを書く

➡ クラスを宣言する

❷クラスを利用するコードを書く

➡ オブジェクトを作成してインスタンス変数・インスタンスメソッドを使う
あるいは

➡ クラス変数・クラスメソッドを使う

しかし、私たちはいつもこのようなコードをすべて自分で書かなければならないわけではありません。

たとえば、だれかがすでに「車」に関するクラスを設計していたとしましょう。すると、**私たちは車を管理するプログラムを、❷の手順から作成することができるのです。**これまで設計されてきた既存のクラスをプログラムの部品として活かし、より大規模なプログラム開発に取り組んでいくことができるようになります。

Javaの標準的な開発環境であるJDKには、よく使われる機能をまとめたクラスライブラリ（class library）と呼ばれるクラスの集まりが添付されています。私たちが❷の手順からコードを記述できるように、すでに設計されたクラスが用意されているのです。この章では、この標準の「クラスライブラリ」をとりあげていくことにしましょう。

図10-1 **クラスライブラリの利用**
クラスライブラリを利用すると、高度なプログラムをかんたんに作成できます。

これまで使ったクラスを知る

実は私たちはこれまでにも、クラスライブラリ中のクラスをたくさん使っています。たとえば、キーボードからの入力を受けつける次のコードをみてください。

```
import java.io.*;

class Sample
{
   public static void main(String[] args) throws IOException
   {
      System.out.println("整数を入力してください。");

      BufferedReader br =
       new BufferedReader(new InputStreamReader(System.in));

      String str = br.readLine();
      int num = Integer.parseInt(str);
      System.out.println(num + "が入力されました。");
   }
}
```

クラスライブラリのクラスを使っています

この中で使っている、

IOException
BufferedReader
InputStreamReader
System
String
Integer

などが、クラスライブラリで提供されているクラスです。ずいぶんたくさんのクラスを利用していますね。

上のコードでは、これらのクラスから次のような変数を宣言して使っています。

br → BufferedReaderクラスの変数
str → Stringクラスの変数

さらに、次のようなメソッドを呼び出して、クラスの機能を利用してきました。

br.readLine(); → BufferedReaderクラスのインスタンスメソッドを呼び出す
Integer.parseInt(str); → Integerクラスのクラスメソッドを呼び出す

つまり、私たちは、

これらのクラスの仕様（クラス宣言）について記述しなくても
クラスの機能を利用することができた

というわけです。私たちはさまざまなクラスをプログラムの部品としてすでに利用しています。クラスライブラリはたいへん便利なものなのです。

10.2 文字列を扱うクラス

文字列を扱うクラス

それでは、クラスライブラリのクラスをいくつか利用してみることにしましょう。通常、JDKが正しくインストールされていれば、基本的なクラスはすぐに利用できるようになっています。そこで、まず文字列を扱うために設計されているStringクラスを使ってみることにします。

Stringクラスは文字列（string）の概念をクラスとしたものです。"Hello"や"こんにちは"といった具体的な文字列は、このクラスから作成されたオブジェクトということになっています。

「文字列」の概念 ⟶ クラス
"Hello"　"こんにちは"・・・ ⟶ オブジェクト

Stringクラスは、これまでにもキーボードから入力をするコードで利用しています。このクラスには、表10-1のようなメソッドが定義されています。これらのメソッドを呼び出せば、私たちはStringクラス内でどんな処理が行われているのかを知らなくても、文字列をかんたんに扱うことができるのです。

表10-1　Stringクラスの主なメソッド

メソッド名	機能
char charAt(int index)	引数の位置にある文字を返す
boolean endsWith(String suffix)	引数の文字列で終わるかどうかを判断する
boolean equals(Object anObject)	引数の文字列かどうかを判断する
boolean equalsIgnoreCase(String anotherString)	引数の文字列かどうかを大文字・小文字の区別なしに判断する
int indexOf(int ch)	引数の文字が最初に出現する位置を返す
int indexOf(String str)	引数の文字列が最初に出現する位置を返す
int lastIndexOf(int ch)	引数の文字が最後に出現する位置を返す

メソッド名	機能
int lastIndexOf(String str)	引数の文字列が最後に出現する位置を返す
int length()	文字列の長さを返す
String substring(int beginIndex)	引数の位置から最後までの部分文字列を返す
String substring(int beginIndex, int endIndex)	引数の開始位置から最終位置までの部分文字列を返す
boolean startsWith(String prefix)	引数の文字列ではじまるかどうかを判断する
String toLowerCase()	文字列を小文字に変換した結果を返す
String toUpperCase()	文字列を大文字に変換した結果を返す

文字列の長さと文字をとり出す

それでは、Stringクラスを利用するコードを入力してみましょう。表10-1にもあげている、charAt()メソッドとlength()メソッドを呼び出してみます。

Sample1.java ▶ 文字列の長さと文字をとり出す

```
class Sample1
{
    public static void main(String[] args)
    {
        String str = "Hello";

        char ch1 = str.charAt(0);   // 1番目の文字をとり出します
        char ch2 = str.charAt(1);   // 2番目の文字をとり出します

        int len = str.length();   // 文字列の長さを返します

        System.out.println(str + "の1番目の文字は" + ch1
           + "です。");
        System.out.println(str + "の2番目の文字は" + ch2
           + "です。");
        System.out.println(str + "の長さは" + len + "です。");
    }
}
```

Sample1 の実行画面

```
Helloの1番目の文字はHです。
Helloの2番目の文字はeです。
Helloの長さは5です。
```

charAt()メソッドは、

引数で指定した位置にある文字を返す

という処理を行うメソッドです。

たとえば、0という引数を渡すと、文字列の最初の文字を戻り値として返してくれます。そこで、この値をch1という変数に格納して出力しました。ただし、1番目の文字が「0番目」、2番目の文字が「1番目」というふうに、0から数えていることに注意してください。

また、length()メソッドは、

文字列の長さを返す

という処理を行うメソッドです。文字列中の文字の数を調べることができます。

StringクラスのcharAt()メソッドは、指定位置の文字を返す。
Stringクラスのlength()メソッドは、文字列の長さを返す。

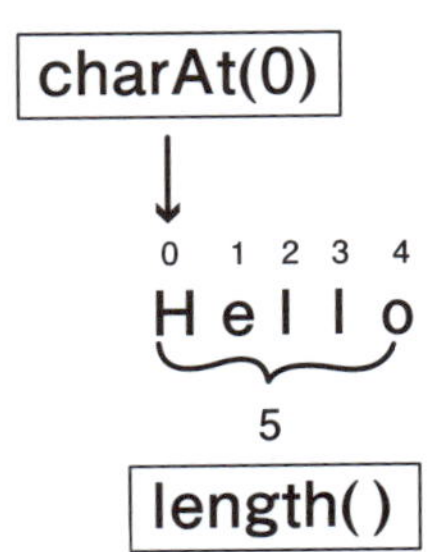

図10-2 文字列を調べる
Stringクラスのchar At()メソッドは、指定した位置の文字を返します。length()メソッドは、文字列の長さを返します。

文字列オブジェクトを作成するときの注意

ところで、第8章では、「new」という演算子を使ってオブジェクトを作成することを学びました。しかし、Stringクラスのオブジェクトはたいへんよく使われるため、newを使わないで作成することができるようになっています。

Sample1でもnewを使わず、" "でくくった文字列（文字列リテラル）だけでオブジェクトを作成してさし示すことができます。

```
String str = "Hello";
```

Stringクラスのオブジェクトをさし示すことができます

いままでに学んだオブジェクトの作成方法を使うときには、次のようになります。

```
String str = new String("Hello");
```

この書きかたもまちがいではありませんが、最初のほうがかんたんですし、効率のよい処理となります。

大文字と小文字の変換をする

もうひとつ、Stringクラスを利用するコードを記述してみましょう。今度は、文字列を大文字または小文字に変換する2つのメソッドを呼び出してみます。

Sample2.java ▶ 大文字と小文字に変換する

```
import java.io.*;

class Sample2
{
   public static void main(String[] args) throws IOException
   {
      System.out.println("英字を入力してください。");
```

```
        BufferedReader br =
         new BufferedReader(new InputStreamReader(System.in));

        String str = br.readLine();

        String stru = str.toUpperCase();  ← 大文字に変換します
        String strl = str.toLowerCase();  ← 小文字に変換します

        System.out.println("大文字に変換すると" + stru + "です。");
        System.out.println("小文字に変換すると" + strl + "です。");
    }
}
```

Sample2の実行画面

```
英字を入力してください。
Hello ↵
大文字に変換するとHELLOです。
小文字に変換するとhelloです。
```

Stringクラスの toUpperCase()メソッドと toLowerCase()メソッドは、文字列をそれぞれ大文字と小文字に変換するメソッドです。入力した"Hello"という文字列が、大文字と小文字に変換されているのがわかります。

Lesson 10

StringクラスのtoUpperCase()メソッドは、大文字に変換する。
StringクラスのtoLowerCase()メソッドは、小文字に変換する。

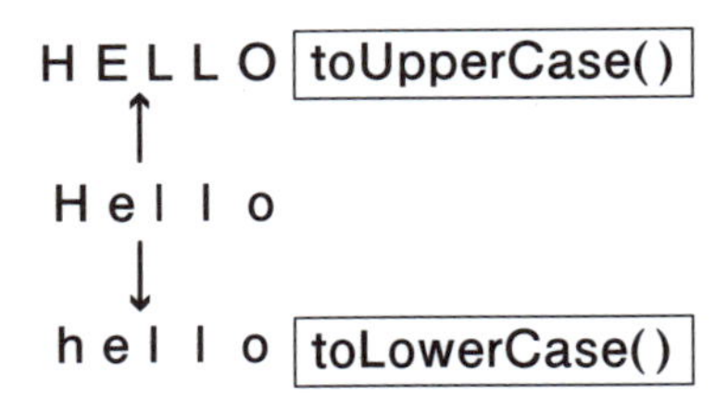

図10-3　大文字と小文字の変換
StringクラスのtoUpperCase()メソッドとtoLowerCase()メソッドは、それぞれ大文字と小文字に変換した文字列を返します。

文字を検索する

最後に、文字列の中から指定した文字を検索するコードを記述してみましょう。今度は、indexOf()メソッドを使います。次のコードをみてください。

Sample3.java ▶ 文字を検索する

```
import java.io.*;

class Sample3
{
   public static void main(String[] args) throws IOException
   {
      System.out.println("文字列を入力してください。");

      BufferedReader br =
       new BufferedReader(new InputStreamReader(System.in));

      String str1 = br.readLine();      // 検索される文字列を入力させます

      System.out.println("検索文字を入力してください。");

      String str2 = br.readLine();      // 検索する文字を入力させます
      char ch = str2.charAt(0);

      int num = str1.indexOf(ch);       // 文字を検索します

      if(num != -1)
         System.out.println(str1 + "の" + (num+1)
            + "番目に「" + ch +"」がみつかりました。");   // みつかった文字の位置を出力します
      else
         System.out.println(str1 + "に「" + ch
            + "」はありません。");   // 文字がみつからなかったときの処理です
   }
}
```

Sample3の実行画面

```
文字列を入力してください。
こんにちは ↵
検索文字を入力してください。
に ↵
```

```
こんにちはの3番目に「に」がみつかりました。
```

StringクラスのindexOf()メソッドは、文字列から文字を検索して、最初にあらわれる位置を返します。ただし、最初の文字が0番目と数えられるので、ここでは「num+1」番目として、1つ大きい番号を出力しています。

なお、文字がみつからない場合は「-1」という値が返されます。そこで、条件判断文を使って、みつからなかった場合の処理も記述しました。

StringクラスのindexOf()メソッドは、文字を検索して位置を返す。

indexOf()

こんにちは

図10-4 文字列の検索
StringクラスのindexOf()メソッドは、文字列から文字を検索し、位置を返します。

文字列を追加する

クラスライブラリには、Stringクラスのほかにも文字列を扱うクラスが用意されています。実は、Stringクラスは、いったん作成したオブジェクトの内容（文字列）を変更することができません。そこで、文字列中の文字を変更する場合には、別のStringBufferクラスというものを使うのです。さっそくためしてみることにしましょう。

Sample4.java ▶ 文字列を追加する

```
import java.io.*;

class Sample4
{
    public static void main(String[] args) throws IOException
    {
        System.out.println("文字列を入力してください。");

        BufferedReader br =
         new BufferedReader(new InputStreamReader(System.in));

        String str1 = br.readLine();

        System.out.println("追加する文字列を入力してください。");

        String str2 = br.readLine();

        StringBuffer sb = new StringBuffer(str1);
        sb.append(str2);

        System.out.println(str1 + "に" + str2 + "を追加すると"
           + sb + "です。");
    }
}
```

追加される文字列を入力させます

追加する文字列を入力させます

文字列を追加します

Sample4の実行画面

```
文字列を入力してください。
こんにちは ↵
追加する文字列を入力してください。
さようなら ↵
こんにちはにさようならを追加するとこんにちはさようならです。
```

StringBufferクラスのオブジェクトは、文字列を引数として渡して作成することができます。このクラスには、文字列を追加する処理を行うappend()メソッドがあります。追加したい文字列を引数に指定してみてください。文字列が追加されることがわかります。

StringBufferクラスには、そのほか表10-2のような便利なメソッドが用意されています。

Stringクラスは文字列の内容を変更することができない。
StringBufferクラスは文字列の内容を変更することができる。

表10-2　StringBufferクラスの主なメソッド

メソッド名	機能
StringBuffer append(char c)	引数の文字を追加する
StringBuffer append(String str)	引数の文字列を追加する
StringBuffer deleteCharAt(int index)	引数の位置の文字を削除する
StringBuffer insert(int offset, char c)	引数の位置に文字を追加する
StringBuffer insert(int offset, String str)	引数の位置に文字列を追加する
int length()	文字数を返す
StringBuffer replace(int start, int end, String str)	引数の位置の文字列を引数の文字列で置換する
StringBuffer reverse()	文字順を逆にする
void setCharAt(int index, char ch)	引数の位置の文字を引数の文字にする
String toString()	Stringクラスのオブジェクトに変換する

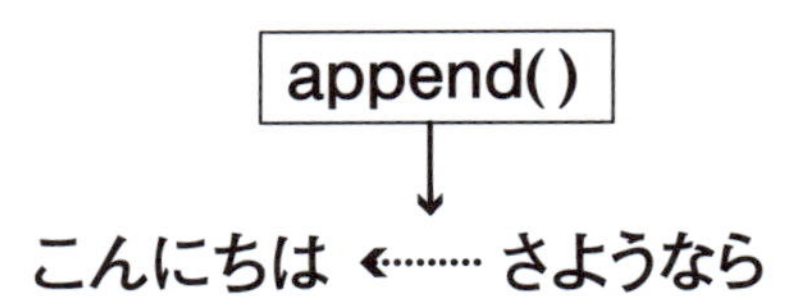

図10-5　StringBufferクラス
StringBufferクラスのappend()メソッドを使うと、文字列を追加することができます。

10.3 そのほかのクラス

Integerクラスを使う

今度は、文字列以外のクラスをみていくことにしましょう。キーボードから整数を入力するときに使ったIntegerクラスを紹介します。

Integerクラスは、第3章で説明した「int型」に関するさまざまな機能を提供するクラスです。基本型に関するクラスは、ラッパクラス（wrapper class）とも呼ばれます。ラップ（wrap）とは、「何かをつつむ」という意味です。ラッパクラスは基本型をつつんで、それにかかわる機能を提供しているクラスなのです。

ラッパクラスには、Integerクラスのほかに次のようなものがあります。

表10-3　ラッパクラス

ラッパクラス	扱っている基本型
Byte	byte
Character	char
Short	short
Integer	int
Long	long
Float	float
Double	double

ラッパクラスは、第9章で説明したクラスメソッドをもっています。

次のコードをみてください。これは、キーボードからの入力を受けとって整数に変換するコードです。これまで、このスタイルのコードをよく使ってきましたね。

```
...
String str = br.readLine();
int num = Integer.parseInt(str);
System.out.println(num + "が入力されました。");
...
```

渡された文字列を整数に変換するクラスメソッドです

parseInt()メソッドは、Integerクラスのクラスメソッドです。つまり、Integerクラスのオブジェクトを作成しないでも、「Integer.parseInt();」というふうに、クラス名をつけて呼び出すことができるメソッドとなっています。

このメソッドは、Stringクラスのオブジェクトを引数として渡すと、int型の値を返してくれます。このため、キーボードから入力した文字列を整数に変換するときに、このメソッドを使ってきたのです。

表10-4 Integerクラスの主なクラスメソッド

メソッド名	機能
static int parseInt(String s)	引数の文字列を整数にして返す
static Integer valueOf(String s)	引数の文字列の値で初期化されたIntegerオブジェクトを返す

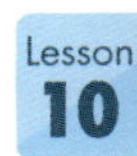

Mathクラスを使う

Integerクラス以外で、クラスメソッドをもつクラスをとりあげておきましょう。たとえば、数学的な計算を行う機能をまとめたMathクラスというものがあります。Mathクラスは、クラスメソッドを多数もっています。

表10-5 Mathクラスの主なクラスメソッド

メソッド名	機能
static double abs(double a)	double型の引数の絶対値を返す
static int abs(int a)	int型の引数の絶対値を返す
static double ceil(double a)	double型の引数以上で最も小さい整数値をdouble型で返す
static double cos(double a)	引数の角度のコサイン値を返す
static double floor(double a)	double型の引数以下で最も大きい整数値をdouble型で返す

メソッド名	機能
static double max(double a, double b)	2つのdouble型の引数のうち大きい値を返す
static int max(int a, int b)	2つのint型の引数のうち大きい値を返す
static double min(double a, double b)	2つのdouble型の引数のうち小さい値を返す
static int min(int a, int b)	2つのint型の引数のうち小さい値を返す
static double pow(double a, double b)	1番目の引数を2番目の引数で累乗した結果を返す
static double random()	0.0～1.0未満の乱数を返す
static double rint(double a)	double型の引数に最も近い整数値を返す
static double sin(double a)	引数の角度のサイン値を返す
static double sqrt(double a)	double型の引数の平方根を返す
static double tan(double a)	引数の角度のタンジェント値を返す

例として、max()メソッドを利用してみましょう。次のコードを入力してみてください。

Sample5.java ▶ 最大値を調べる

```
import java.io.*;

class Sample5
{
   public static void main(String[] args) throws IOException
   {
      System.out.println("整数を2つ入力してください。");

      BufferedReader br =
       new BufferedReader(new InputStreamReader(System.in));

      String str1 = br.readLine();
      String str2 = br.readLine();

      int num1 = Integer.parseInt(str1);
      int num2 = Integer.parseInt(str2);

      int ans = Math.max(num1, num2);

      System.out.println(num1 + "と" + num2 + "のうち大きいほうは"
         + ans + "です。");
   }
}
```

整数を2つ用意します

最大値を調べます

Sample5の実行画面

```
整数を2つ入力してください。
5 ↵
10 ↵
5と10のうち大きいほうは10です。
```

max()メソッドは、引数として渡した2つの数のうち、最大値を戻すメソッドです。ここでは、int型の値を2つ受けとるmax()メソッドが呼び出されます。

表からわかるように、Mathクラスのmax()メソッドはいくつか種類があります。つまり、このメソッドはオーバーロードされています。呼び出しのときに渡す引数がint型かdouble型かによって、適切な型のmax()メソッドが呼び出されるしくみになっているのです。

```
Math.max(5, 10);
Math.max(12.5, 20.5);
```

それぞれ適切な型のmax()メソッドが呼び出されます

このほかにもMath()クラスでは、**random()メソッド**を使えるようになると便利です。このメソッドを使うと、**乱数**（random number）と呼ばれるランダムな数値を得ることができます。Mathクラスのrandom()メソッドは0.0 ～ 1.0未満の数値を返すため、必要な数値を得るにはかけ算・たし算などの変換を行います。たとえば、サイコロの目のように1 ～ 6の整数値を得るためには、次のようにします。

```
int num = (int) (Math.random()*6)+1;
```

1～6の整数値を得ます

クラスライブラリのクラス

標準のクラスライブラリには、このほかにもさまざまなクラスが用意されています。クラスライブラリを使いこなすと、複雑で高度な処理をするプログラムをかんたんに作成できるのです。

これらのクラスについてはクラスライブラリのリファレンスから確認することができます。リファレンスを参照しながら勉強をすすめていくとよいでしょう。

■ **Javaの標準クラスライブラリ（Java 8）**
http://docs.oracle.com/javase/jp/8/docs/api/

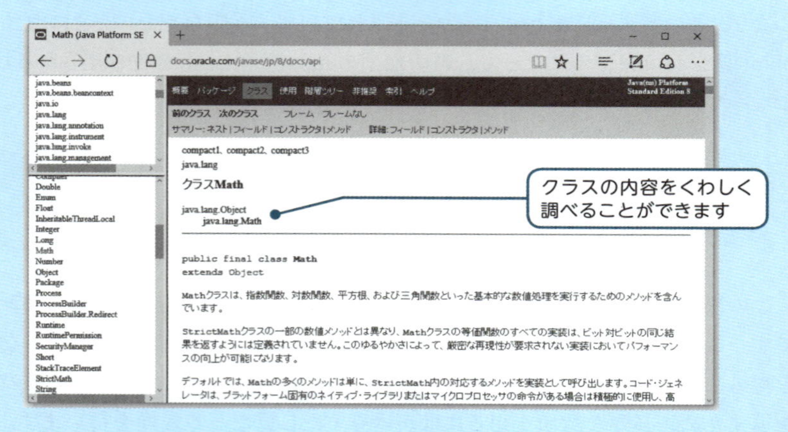

ただし、これまで説明した基本的なクラス以外を利用するときには、「インポート」という作業をする場合があります。この手順については、第13章で説明することにします。

10.4 クラス型の変数

クラス型の変数に代入する

クラスライブラリに慣れたところで、この節から「クラス型の変数」のしくみについてくわしく学んでいくことにします。クラスライブラリの中のStringクラスなどを使っていきますので、これまでの説明も参考にしてみてください。

さて、第8章では次のようにオブジェクトを作成していました。

```
Car car1;
car1 = new Car();
```

Car型の変数car1です

car1のようにオブジェクトをさす変数を、Car型の変数と呼びました。さらに、newを使ってオブジェクトを作成し、クラス型の変数に「代入」をしています。

実は**クラス型の変数には、オブジェクトを作成するときでなくても、「代入」をすることができます**。次のコードを入力してみてください。

Sample6.java ▶ クラス型の変数に代入する

```
//車クラス
class Car
{
   private int num;
   private double gas;

   public Car()
   {
      num = 0;
      gas = 0.0;
      System.out.println("車を作成しました。");
   }
```

```
    public void setCar(int n, double g)
    {
        num = n;
        gas = g;
        System.out.println("ナンバーを" + num + "にガソリン量を"
            + gas + "にしました。");
    }
    public void show()
    {
        System.out.println("車のナンバーは" + num + "です。");
        System.out.println("ガソリン量は" + gas + "です。");
    }
}

class Sample6
{
    public static void main(String[] args)
    {
        Car car1;
        System.out.println("car1を宣言しました。");
        car1 = new Car();
        car1.setCar(1234, 20.5);

        Car car2;
        System.out.println("car2を宣言しました。");

        car2 = car1;
        System.out.println("car2にcar1を代入しました。");

        System.out.print("car1がさす");
        car1.show();
        System.out.print("car2がさす");
        car2.show();
    }
}
```

car1を宣言しました

1つのオブジェクトを作成してcar1に代入しました

car2を宣言しました

car2にcar1を代入しました

Sample6の実行画面

```
car1を宣言しました。
車を作成しました。
ナンバーを1234にガソリン量を20.5にしました。
car2を宣言しました。
car2にcar1を代入しました。
```

```
car1がさす車のナンバーは1234です。
ガソリン量は20.5です。
car2がさす車のナンバーは1234です。
ガソリン量は20.5です。
```

car2からはcar1と同じ出力が行われます

このコードでは、オブジェクトを1つ作成して、Car型の変数car1に代入しています。ここまでは、いままでのコードと同じですね。

次に、もうひとつCar型のcar2という変数の宣言だけをしました。そして「car2=car1;」という代入をしています。つまり、クラス型の変数には、

同じクラス型の変数を代入する

ことができるようになっているのです。

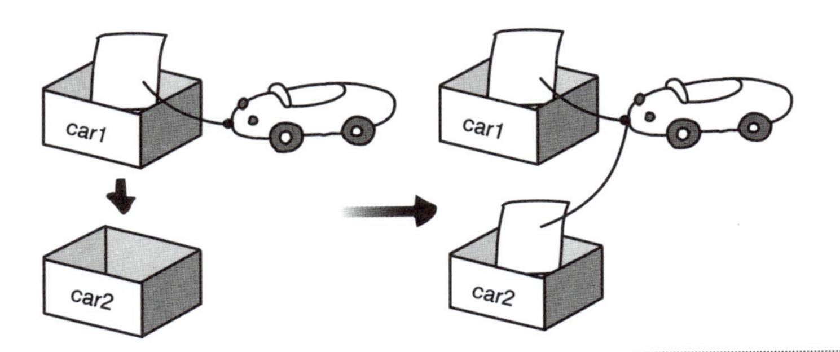

図10-6　クラス型の変数への代入
クラス型の変数を宣言し、同じクラス型の変数を代入することができます。

さて、実行画面をみると、car1とcar2から同じ出力が行われています。まるで同じ「車」オブジェクトが2つ存在するようにみえますね。しかし、実際にはオブジェクトが2つ存在するわけではありません。このことをたしかめてみましょう。

Sample7.java ▶ オブジェクトを変更する

```
//車クラス
class Car
{
   private int num;
```

```
    private double gas;

    public Car()
    {
        num = 0;
        gas = 0.0;
        System.out.println("車を作成しました。");
    }
    public void setCar(int n, double g)
    {
        num = n;
        gas = g;
        System.out.println("ナンバーを" + num + "にガソリン量を"
            + gas + "にしました。");
    }
    public void show()
    {
        System.out.println("車のナンバーは" + num + "です。");
        System.out.println("ガソリン量は" + gas + "です。");
    }
}

class Sample7
{
    public static void main(String[] args)
    {
        Car car1;
        System.out.println("car1を宣言しました。");
        car1 = new Car();
        car1.setCar(1234, 20.5);

        Car car2;
        System.out.println("car2を宣言しました。");

        car2 = car1;
        System.out.println("car2にcar1を代入しました。");

        System.out.print("car1がさす");
        car1.show();
        System.out.print("car2がさす");
        car2.show();

        System.out.println("car1がさす車に変更を加えます。");
        car1.setCar(2345, 30.5);

        System.out.print("car1がさす");
```

「car1」を使ってオブジェクトに変更を加えました

```
        car1.show();
        System.out.print("car2がさす");
        car2.show();
    }
}
```

Sample7の実行画面

```
car1を宣言しました。
車を作成しました。
ナンバーを1234にガソリン量を20.5にしました。
car2を宣言しました。
car2にcar1を代入しました。
car1がさす車のナンバーは1234です。
ガソリン量は20.5です。
car2がさす車のナンバーは1234です。
ガソリン量は20.5です。
car1がさす車に変更を加えます。
ナンバーを2345にガソリン量を30.5にしました。
car1がさす車のナンバーは2345です。
ガソリン量は30.5です。
car2がさす車のナンバーは2345です。
ガソリン量は30.5です。
```

car1からの出力が変更されます

car2からの出力も変更されています

変数car1を使って、「車」オブジェクトのナンバーとガソリン量を変更しました。そのあと、car1とcar2を使ってナンバーとガソリン量を出力してみると、どちらも同じように変更されているのがわかります。つまり、

変数car1とcar2は異なる2つのオブジェクトではなく、
同じ1つのオブジェクトをさしている

のです。クラス型の変数に代入するということは、

代入された変数が、もう一方の変数のさしているオブジェクトをさすようになる

ということを意味します。このしくみには十分注意しておいてください。

1つのオブジェクトを、2つ以上の変数でさし示すことがある。

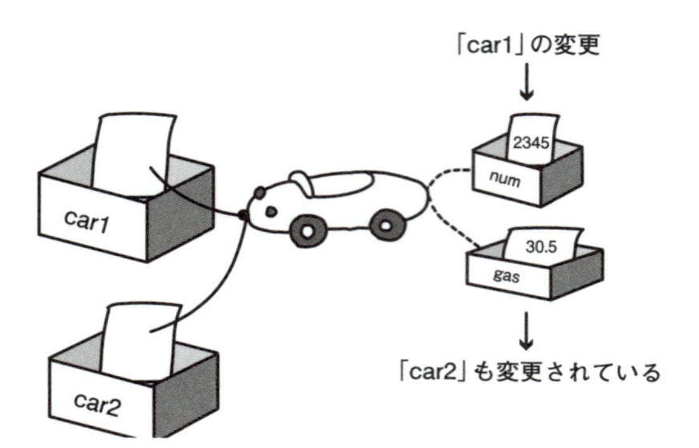

図10-7 **オブジェクトの変更**
クラス型の変数に代入すると、代入された変数（左辺）は、代入した変数（右辺）がさしているオブジェクトをさすようになります。一方の変数からオブジェクトに変更を加えると、もう一方にも影響が及びます。

nullのしくみを知る

クラス型の変数について、もうひとつ重要なことをおぼえておきましょう。この変数にnullという値を代入すると、その変数はオブジェクトをさし示さなくなります。

```
class Sample
{
   public static void main(String[] args)
   {
      Car car1;
      car1 = new Car();

      car1 = null;
      ...
   }
```

```
}
```

nullを代入すると、変数car1は**どのオブジェクトもあらわさなくなる**のです。もし、そのオブジェクトがどの変数からも扱われなくなった場合は、Javaの判断によってオブジェクトが破棄され、メモリがオブジェクトを作成する前の状態に戻ることになっています。このしくみのことを**ガーベッジコレクション**（garbage collection）と呼びます。

nullを代入すると、変数がオブジェクトをさし示さなくなる。

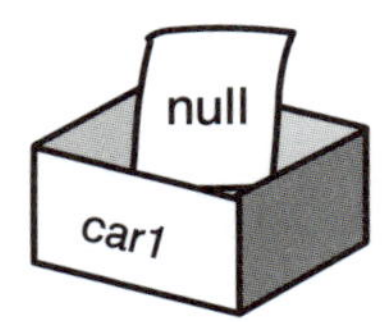

図10-8 null
nullを代入すると、変数はオブジェクトをさし示さなくなります。

ただし、2つの変数が同じオブジェクトをさしていたときには、一方にnullを代入しただけでは、オブジェクトは破棄されることはありません。

```
class Sample
{
   public static void main(String[] args)
   {
      Car car1;
      car1 = new Car();

      Car car2;
      car2 = car1;

      car1 = null;
      ...
   }
}
```

car1とcar2は同じオブジェクトをさします

car1にnullを代入しても、まだcar2がさすオブジェクトは存在しています

finalize()メソッド

オブジェクトが作成されるときには、コンストラクタが自動的に呼び出されたことを思い出してください。これと逆に、オブジェクトが破棄されるときには、**finalize()**というメソッドが自動的に呼び出されます。さまざまなコンピュータ上の資源を利用するプログラムの場合には、このメソッドを定義して、正しい終了処理が行われるようにしておくことがあります。

ただし、ガーベッジコレクションが行われるタイミングはJavaの判断にまかされています。このため、finalize()メソッドを定義しても、それが呼び出されるタイミングを管理することはできません。

メソッドの引数として使う

クラス型の変数は、さまざまな場所で使われます。たとえば、クラス型の変数をクラス宣言の中でフィールドにすることもできます。次のクラスの宣言をみてください。

```
class Car
{
   private int num;
   private double gas;
   private String name;
   ...
}
```

- private int num; / private double gas; … 基本型の変数を使ったフィールドです
- private String name; … クラス型の変数を使ったフィールドです

このクラスでは、String型の変数nameをフィールドとしています。クラス型の変数は、基本型の変数と同じように、フィールドとすることができるのです。

また、メソッドやコンストラクタの引数として、クラス型の変数を使うこともできます。実際にコードを記述してみましょう。

Sample8.java ▶ 引数にクラス型の変数を使う

```
//車クラス
class Car
{
   private int num;
   private double gas;
   private String name;

   public Car()
   {
      num = 0;
      gas = 0.0;
      name = "名無し";
      System.out.println("車を作成しました。");
   }
   public void setCar(int n, double g)
   {
      num = n;
      gas = g;
      System.out.println("ナンバーを" + num + "にガソリン量を"
         + gas + "にしました。");
   }
   public void setName(String nm)
   {
      name = nm;
      System.out.println("名前を" + name + "にしました。");
   }
   public void show()
   {
      System.out.println("車のナンバーは" + num + "です。");
      System.out.println("ガソリン量は" + gas + "です。");
      System.out.println("名前は" + name + "です。");
   }
}

class Sample8
{
   public static void main(String[] args)
   {
      Car car1;
      car1 = new Car();

      car1.show();

      int number = 1234;
```

クラス型の変数を使ったフィールドです

クラス型の変数を仮引数とするメソッドです

```
        double gasoline = 20.5;
        String str = "1号車";

        car1.setCar(number, gasoline);
        car1.setName(str);

        car1.show();
    }
}
```

文字列オブジェクトをさす変数を実引数として指定します

Sample8の実行画面

```
車を作成しました。
車のナンバーは0です。
ガソリン量は0.0です。
名前は名無しです。
ナンバーを1234にガソリン量を20.5にしました。
名前を1号車にしました。
車のナンバーは1234です。
ガソリン量は20.5です。
名前は1号車です。
```

メソッド内で文字列オブジェクトが処理されています

ここでは、String型の変数をメソッドの引数としています。このため、メソッドに車の名前をあらわす文字列を渡すことができます。実引数strが、仮引数nmに代入されるように渡されるのです。この結果、メソッド内で車の名前が出力されているのがわかります。

```
class Car
{
    public void setName(String nm)
    {
        name = nm;
        ...
    }
}
```

```
class Sample8
{
   public static void main(String[] args)
   {
      String str = "1号車";
      car1.setName(str);
   }
}
```


図10-9 クラス型の変数を使った引数
クラス型の変数を引数にもつメソッドを定義することができます。

値渡しと参照渡し

ただし、メソッドの引数にクラス型の変数と基本型の変数を使った場合の違いに気をつけてください。次の図10-10（上）をみてみましょう。setName()メソッドのように、**クラス型の変数を引数としたときには、呼び出し先の変数がさすオブジェクトと、呼び出し元の変数がさすオブジェクトは、同じものを意味しています。**

この節の最初で説明したように、クラス型の変数に代入が行われると、代入された変数は代入した変数と同じオブジェクトをさすようになるからです。このとき、オブジェクトがコピーされて2つに増えるわけではありません。

一方、setCar()メソッドのように、**基本型の変数を引数とした場合には、その呼び出し先と呼び出し元の変数は異なるものを意味します。**図10-10（下）のように、仮引数と実引数には、基本型の値がコピーされて呼び出し先に渡されるからです。

このようにして引数が渡されることを、

オブジェクトは参照渡しにされる
基本型は値渡しにされる

ということがあります。このしくみをおさえておくことがたいせつです。

```
class Car
{
   public void setName(Name nm)
   {
      name = nm;
      ・・・
   }
}
```

```
class Sample8
{
   public static void main(String[] args)
   {

      Name str = new Name("1号車");

      car1.setName(str);

   }
}
```

nm

str

1号車

呼び出し元がさすオブジェクトと
呼び出し先がさすオブジェクトは
同じものとなる

＝ 参照渡し

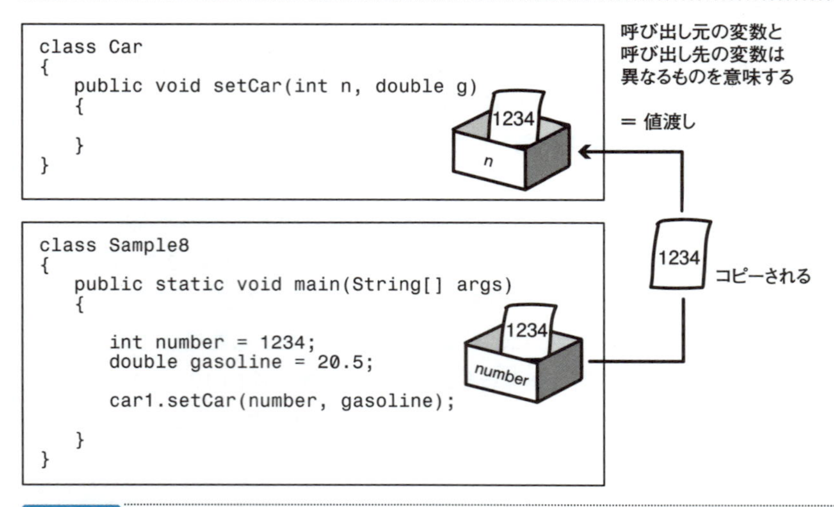

図10-10 値渡しと参照渡し

オブジェクトは参照渡しにされ、呼び出し元と呼び出し先で同じものを意味することになります。基本型は値渡しにされ、呼び出し元と呼び出し先で異なるものを意味することになります。

10.5 オブジェクトの配列

オブジェクトを配列で扱う

最後のこの節では、応用として、複数のオブジェクトをまとめて扱う方法をおぼえることにしましょう。第7章では、次のようにint型の値を格納する配列を扱いましたね。

```
int[] test;
test = new int[5];

test[0] = 80;
test[1] = 60;
...
```

これと同じように、

オブジェクトをまとめて扱う配列

というものを作成することができます。次のコードを入力してみてください。

Sample9.java ▶ オブジェクトを配列で扱う

```
class Car
{
   private int num;
   private double gas;

   public Car()
   {
      num = 0;
      gas = 0.0;
      System.out.println("車を作成しました。");
```

```
    }
    public void setCar(int n, double g)
    {
        num = n;
        gas = g;
        System.out.println("ナンバーを" + num + "にガソリン量を"
            + gas + "にしました。");
    }
    public void show()
    {
        System.out.println("車のナンバーは" + num + "です。");
        System.out.println("ガソリン量は" + gas + "です。");
    }
}

class Sample9
{
    public static void main(String[] args)
    {
        Car[] cars;                      ─ 配列を準備します
        cars = new Car[3];

        for(int i=0; i<cars.length; i++){
            cars[i] = new Car();         ─ オブジェクトを3つ作成して配列要素に代入します
        }

        cars[0].setCar(1234, 20.5);
        cars[1].setCar(2345, 30.5);
        cars[2].setCar(3456, 40.5);

        for(int i=0; i<cars.length; i++){
            cars[i].show();
        }
    }
}
```

Sample9の実行画面

```
車を作成しました。
車を作成しました。
車を作成しました。
ナンバーを1234にガソリン量を20.5にしました。
ナンバーを2345にガソリン量を30.5にしました。
ナンバーを3456にガソリン量を40.5にしました。
```

```
車のナンバーは1234です。
ガソリン量は20.5です。
車のナンバーは2345です。
ガソリン量は30.5です。
車のナンバーは3456です。
ガソリン量は40.5です。
```

3台の車の情報を出力しています

オブジェクトを配列で扱うには、まず最初に**配列を準備する**ことが必要です。

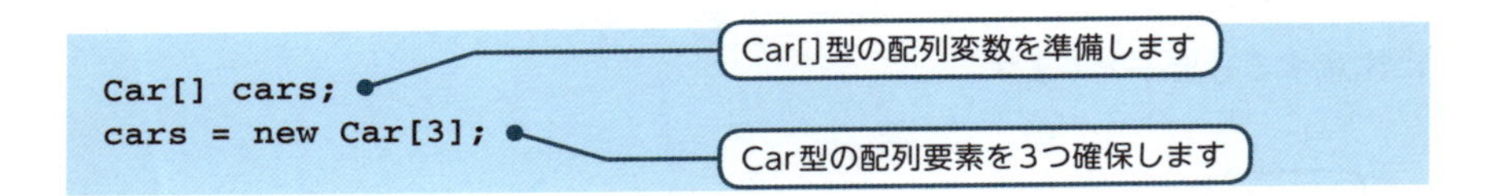


```
Car[] cars;
cars = new Car[3];
```

int型の配列を準備する方法を思い出してください。「int」と記述していた部分に、「Car」というクラス名を記述していますね。オブジェクトを配列でまとめて扱う場合も、基本型の配列を準備する方法と同じです。

しかし、オブジェクトを扱う配列の場合はこれだけで準備が終わったわけではありません。さらに、

実際のオブジェクトを作成し、配列要素がそのオブジェクトをさすように代入する

という作業が必要となります。オブジェクトを1つずつ作成して、配列要素に代入します。これで、配列要素を使ってオブジェクトを扱うことができるようになります。

```
for(int i=0; i<cars.length; i++){
    cars[i] = new Car();
}
```

Carクラスのオブジェクトを3つ作成します

上では繰り返し文を記述しましたが、これは

```
cars[0] = new Car();
cars[1] = new Car();
cars[2] = new Car();
```

という3つのオブジェクトを作成することと同じです。

ここではこのようにして複数のオブジェクトを配列で扱い、3台の車のナンバーやガソリン量を出力しているのです。

オブジェクトを配列として扱うには、ここで行った2つの作業を忘れないようにしてください。つまり、

❶ 配列を準備する

❷ オブジェクトを作成して、配列要素がそれらをさすように代入する

という2つの作業です。どちらの作業でもnewが使われるので、まちがえないように注意する必要があります。

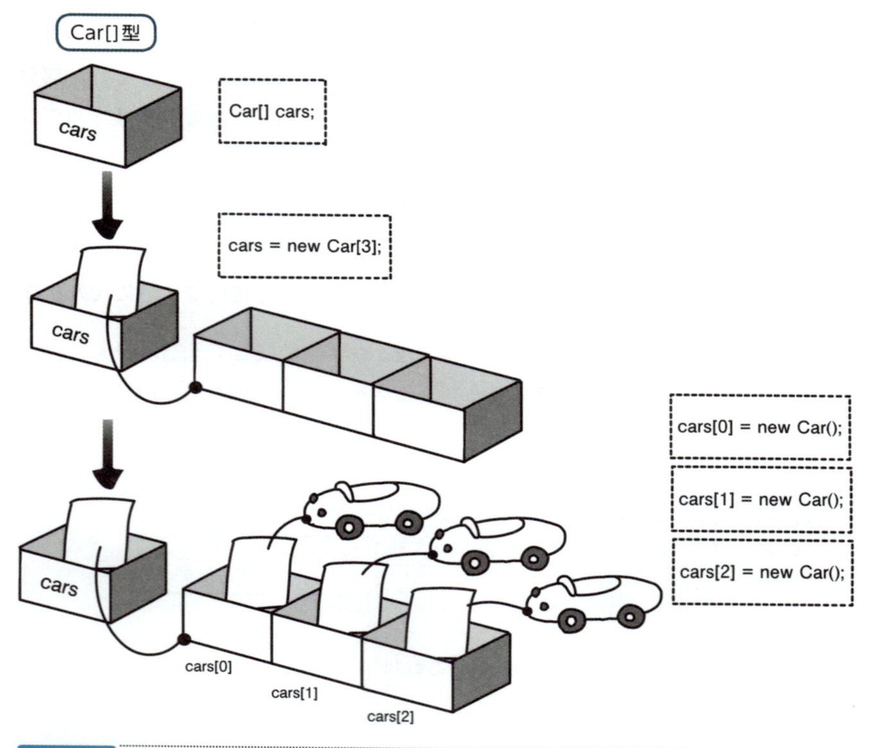

図10-11 **オブジェクトの配列**
オブジェクトを配列で扱うことができます。

コレクション

配列はオブジェクトをまとめて扱う場合に便利な機能です。ただし、配列は作成時に要素となるオブジェクトの数をあらかじめ決めておく必要があるなどの制約があります。このためクラスライブラリには、オブジェクトをより強力にまとめて扱うための**コレクションクラス**と呼ばれるクラスが用意されています。代表的なコレクションクラスには次の種類があります。

- **リスト** …… 要素を順序づけて扱う
- **セット** …… 要素の順序を決めずに扱う
- **マップ** …… キーとなる値を使って要素を扱う

コレクションクラスを使うと、オブジェクトの集まりにオブジェクトを追加・削除する処理を簡単に行えます。コレクションクラスについてはシリーズの『やさしいJava 活用編』で紹介しています。

10.6 レッスンのまとめ

この章では、次のようなことを学びました。

- クラスライブラリのクラスを使うと、コードをかんたんに作成できます。
- クラス型の変数には、同じクラスの変数を代入することができます。
- クラス型の変数にnullを代入すると、その変数はオブジェクトをささなくなります。
- フィールドにクラス型の変数を使うことができます。
- メソッドの仮引数としてクラス型の変数を使うことができます。
- オブジェクトを配列で扱うことができます。

この章では、クラスの応用方法について学びました。クラスライブラリのクラスを使うと、高度な機能をかんたんに実現することができます。また、クラス型の変数のしくみやオブジェクトを扱う配列は、クラスを扱うコードに欠かせない知識です。しっかりとおさえておくことにしましょう。

練習

1. 次の項目について、○か×で答えてください。

① 2つ以上の変数が同時に同じオブジェクトをさすことはできない。
② オブジェクトをさす変数にnullを代入することができる。

2. StringBufferクラスのreverse()メソッドを使って、次のように出力されるコードを記述してください。

```
文字列を入力してください。
Hello ↵
Helloを逆順にするとolleHです。
```

3. StringBufferクラスのいずれかのメソッドを使って、次のように出力されるコードを記述してください。

```
文字列を入力してください。
Hello ↵
aの挿入位置を整数で入力してください。
2 ↵
Healloになりました。
```

4. Mathクラスのいずれかのメソッドを使って、次のように出力されるコードを記述してください。

```
整数を2つ入力してください。
5 ↵
10 ↵
5と10のうち小さいほうは5です。
```

新しいクラス

第8章から第10章では、クラスのさまざまな機能を学んできました。Javaでは、すでに設計したクラスを使って、新しいクラスを効率よく作成することができます。既存のクラスを利用して、プログラムを効率的に作成していくことができるのです。この章では、新しいクラスの作成方法を学んでいきましょう。

Check Point!

- 継承
- スーパークラス
- サブクラス
- super()
- protectedメンバ
- オーバーライド
- final
- Objectクラス

11.1 継承

継承のしくみを知る

これまでの章では、「車」の機能をまとめたクラスを使って、プログラムを作成してきました。この章では、さらに新しいプログラムを作成していくことにしましょう。

今度は、たとえば、

競技用のレーシングカー

という特殊な車を扱うプログラムを作成することを考えてみてください。レーシングカーは車の一種ですから、車とレーシングカーには多くの共通点があります。

プログラムを開発する際には、既存の資産を拡張しながら開発をすすめていくことがあります。Javaでは、**すでに作成したクラスをもとにして、新しいクラスを作成することができる**ようになっています。これまでの車をあらわす「Carクラス」をもとにして、レーシングカーをあらわす「RacingCarクラス」を作成できるようになっているのです。

このように、新しいクラスを作成することを、

クラスを拡張する(extends)

といいます。

新しいクラスは、既存のクラスのメンバを「受け継ぐ」しくみになっています。既存のクラスに新しく必要となる性質や機能(メンバ)をつけたすように、コードを書いていくことができるのです。これはプログラム開発のスピードをあげていくことにもつながります。

次の記述をみてください。新しいクラスを作成するということは、おおよそこのような感じになります。

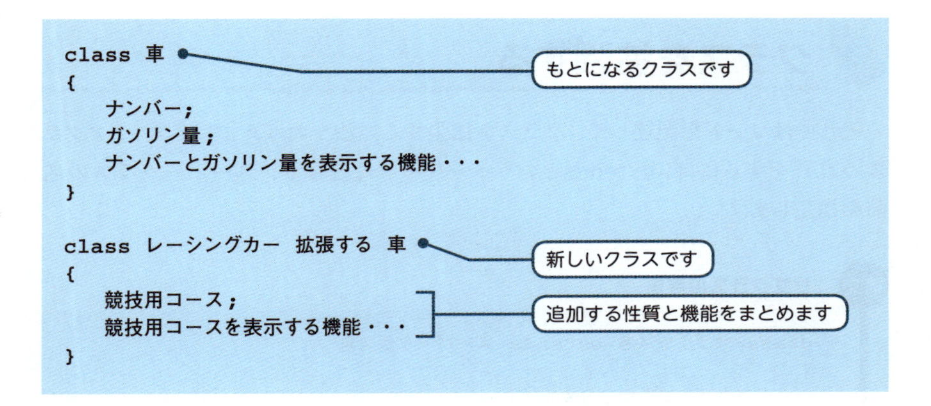

「車」クラスのあとに、「レーシングカー」クラスをまとめてみました。レーシングカークラスは車クラスのメンバを受け継ぎます。このため、車クラスにあるメンバをコード中にもう一度書く必要はありません。レーシングカー独自の機能だけを書けばよいのです。

このように、新しく拡張したクラスが既存のクラスのメンバを受け継ぐことを、**継承**（inheritance）と呼びます。このとき、もとになる既存のクラスは**スーパークラス**（superclass）、新しいクラスは**サブクラス**（subclass）と呼ばれます。つまりここでは、

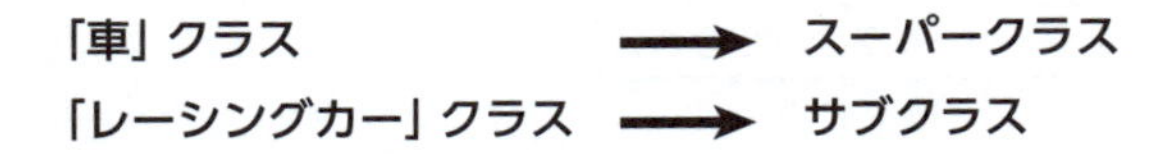

となっているわけです。

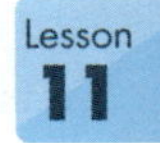

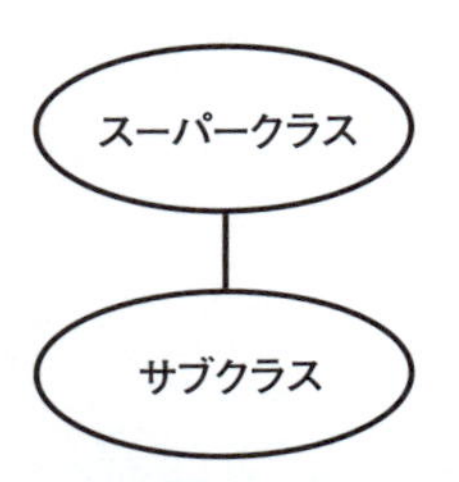

図11-1 **クラスの拡張**
既存のクラス（スーパークラス）から新しいクラス（サブクラス）を作成することができます。

クラスを拡張する

それではコードを記述して、クラスを拡張する方法をおぼえましょう。サブクラスの宣言をするには、extendsというキーワードに続けて、スーパークラスの名前を指定します。

構文 サブクラスの宣言

```
class サブクラス名 extends スーパークラス名
{
   サブクラスに追加するメンバ・・・
   サブクラスのコンストラクタ(引数リスト)
   {
      ...
   }
}
```

サブクラスは次のようになります。実際のコードをみてください。

Sample1.java前半 ▶ クラスを拡張する

```
//車クラス
class Car
{
   private int num;
   private double gas;

   public Car()
   {
      num = 0;
      gas = 0.0;
      System.out.println("車を作成しました。");
   }
   public void setCar(int n, double g)
   {
      num = n;
      gas = g;
      System.out.println("ナンバーを" + num + "にガソリン量を"
         + gas + "にしました。");
   }
```

スーパークラスの宣言です

```
    public void show()
    {
        System.out.println("車のナンバーは" + num + "です。");
        System.out.println("ガソリン量は" + gas + "です。");
    }
}
//レーシングカークラス
class RacingCar extends Car
{
    private int course;

    public RacingCar()
    {
        course = 0;
        System.out.println("レーシングカーを作成しました。");
    }
    public void setCourse(int c)
    {
        course = c;
        System.out.println("コース番号を" + course + "にしました。");
    }
}

・・・(後半に続く)
```


スーパークラスCarとサブクラスRacingCarの宣言を記述しました。RacingCarクラスはCarクラスのメンバを継承します。このため、RacingCarクラス内では、受け継いだメンバについて特に記述する必要はありません。Carクラスにはない、独自のメンバだけを書けばよいのです。これがcourseフィールドとsetCourse()メソッドとなっています。

スーパークラスを拡張してサブクラスを宣言することができる。

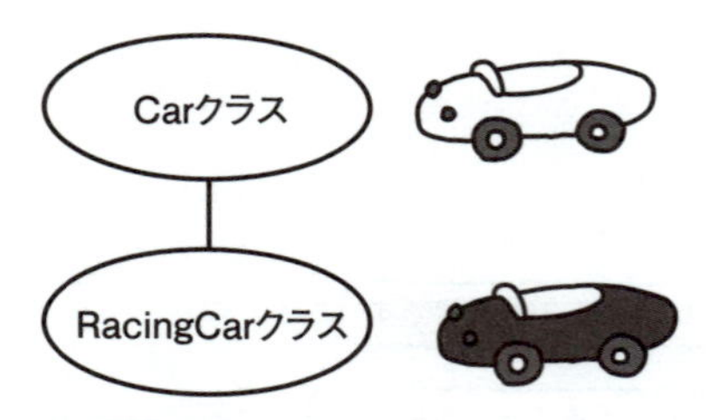

図11-2 CarクラスとRacingCarクラス
スーパークラスCarを拡張してサブクラスRacingCarを宣言することができます。

サブクラスのオブジェクトを作成する

それでは、Sample1の前半に続けて、サブクラスのオブジェクトを作成するコードを入力しましょう。オブジェクトを作成する方法は、これまでに学んだものとかわりありません。newを使って作成すればよいのです。

Sample1.java後半 ▶ サブクラスのオブジェクトを作成する

```
・・・(前半から続く)
class Sample1
{
   public static void main(String[] args)
   {
      RacingCar rccar1;
      rccar1 = new RacingCar();        ← サブクラスのオブジェクトを作成します

      rccar1.setCar(1234, 20.5);       ← ❶継承したメソッドを呼び出しています
      rccar1.setCourse(5);             ← ❷追加したメソッドを呼び出しています
   }
}
```

Sample1の実行画面

```
車を作成しました。
レーシングカーを作成しました。
ナンバーを1234にガソリン量を20.5にしました。
コース番号を5にしました。
```

どちらのメソッドも同じように呼び出せます

Sample1では、オブジェクトを作成したあと、次のようにメソッドを呼び出していますね。

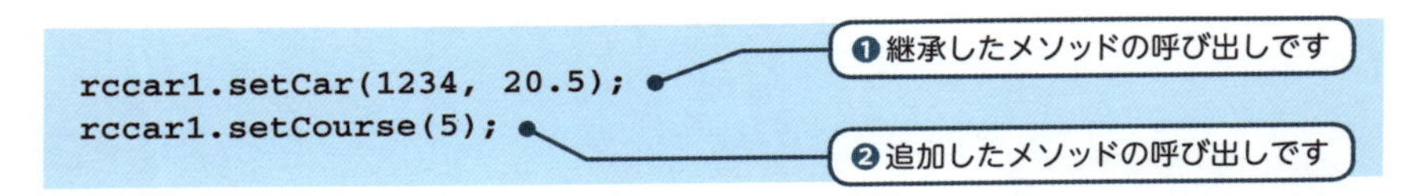

setCar()メソッド（❶）はスーパークラスで定義されているメソッドです。このメンバはサブクラスに継承されていますので、これまでと同じようにサブクラスのオブジェクトで呼び出すことができます。

また、サブクラスで新しく追加したsetCourse()メソッド（❷）も同じように呼び出すことができます。

サブクラスでは、継承したメンバと追加したメンバをどちらも同じように呼び出すことができるのです。このようにクラスを拡張することで、すでに設計したクラスから効率よく新しいクラスを作成することができます。つまり、プログラムを効率的に作成できる、というわけです。

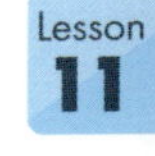

サブクラスはスーパークラスのメンバを継承する。

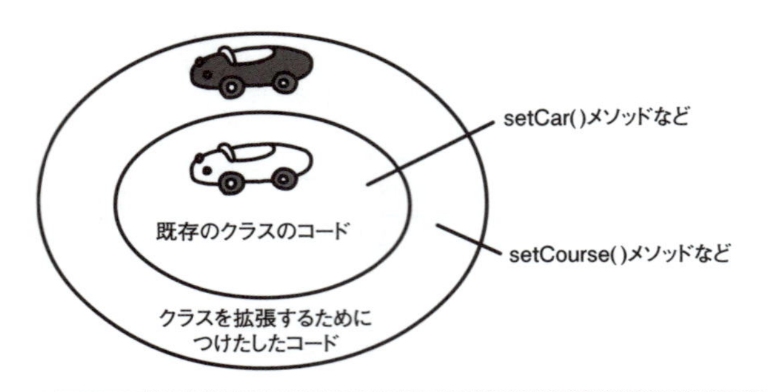

図11-3 **クラスの拡張**
クラスを拡張すると、効率よくプログラムを作成することができます。

クラスの機能

ここで説明した**継承**と、第9章で説明した**カプセル化**・**多態性**という3つの機能は、Javaのクラスがもつ強みとなっています。これらの機能によって、クラスは安全で独立性をもったプログラムの部品として組み合わせられ、活用されることになります。クラスによって、誤りの少ないプログラムを効率的に作成していくことができるのです。3つの機能はオブジェクト指向の原則となっています。これらの機能はJavaには欠かせないものとなっています。

スーパークラスのコンストラクタを呼び出す

さて、次のSample1の実行結果をよくみてください。

Sample1の実行画面

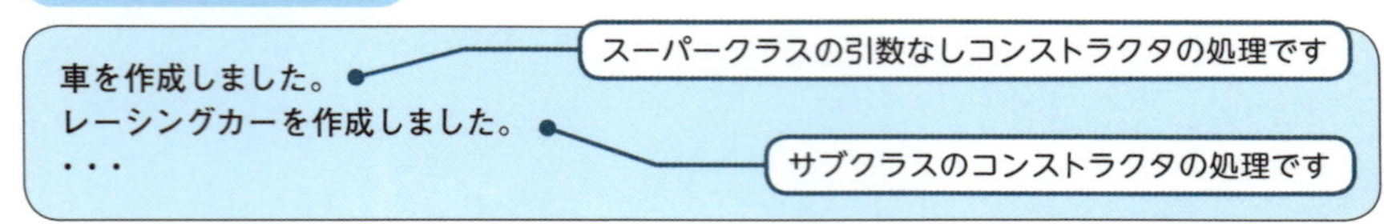

最初に「車を作成しました。」と出力されていることから、サブクラスのオブジ

ェクトを作成したときには、スーパークラスのコンストラクタの処理が先に行われていることがわかりますね。

このように特に何も指定しないと、サブクラスのオブジェクトが作成されたときには、

サブクラスのコンストラクタ内の先頭で、
スーパークラスの引数のないコンストラクタが呼び出される

ということになっています。

スーパークラスのコンストラクタは、サブクラスに継承されません。そのかわり、このようにスーパークラスの引数なしのコンストラクタが自動的に呼び出されることになっています。こうして、スーパークラスから継承したメンバの初期化が無事に行われるしくみになっています。

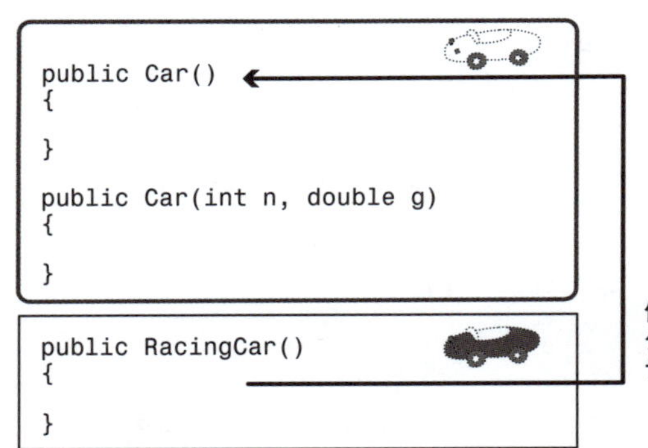

図11-4 コンストラクタに何も指定しない場合
サブクラスのコンストラクタ内の処理の先頭で、スーパークラスの引数のないコンストラクタが呼び出されます。

スーパークラスのコンストラクタを指定する

このように、コンストラクタに特に何も指定しないと、最初にスーパークラスの「引数なしのコンストラクタ」が呼び出されることがわかりました。

しかし、スーパークラスにコンストラクタが複数ある場合には、呼び出されるコンストラクタをはっきりと自分で指定したい場合もあります。

このとき、サブクラスのコンストラクタの先頭で、super()という呼び出しをすることができます。次のコードをみてください。

Sample2.java ▶ super()を呼び出す

```
//車クラス
class Car
{
   private int num;
   private double gas;

   public Car()
   {
      num = 0;
      gas = 0.0;
      System.out.println("車を作成しました。");
   }
   public Car(int n, double g)
   {
      num = n;
      gas = g;
      System.out.println("ナンバー" + num + "ガソリン量" + gas
         + "の車を作成しました。");
   }
   public void setCar(int n, double g)
   {
      num = n;
      gas = g;
      System.out.println("ナンバーを" + num + "にガソリン量を"
         + gas + "にしました。");
   }
   public void show()
   {
      System.out.println("車のナンバーは" + num + "です。");
      System.out.println("ガソリン量は" + gas + "です。");
   }
}
//レーシングカークラス
class RacingCar extends Car
{
   private int course;

   public RacingCar()
   {
      course = 0;
```

```
        System.out.println("レーシングカーを作成しました。");
    }
    public RacingCar(int n, double g, int c)
    {
        super(n, g);
        course = c;
        System.out.println("コース番号" + course
            + "のレーシングカーを作成しました。");
    }
    public void setCourse(int c)
    {
        course = c;
        System.out.println("コース番号を" + course + "にしました。");
    }
}

class Sample2
{
    public static void main(String[] args)
    {
        RacingCar rccar1 = new RacingCar(1234, 20.5, 5);
    }
}
```

スーパークラスの引数2個のコンストラクタが呼び出されるようにします

サブクラスの引数3個のコンストラクタが呼び出されるようにします

Sample2の実行画面

```
ナンバー1234ガソリン量20.5の車を作成しました。
コース番号5のレーシングカーを作成しました。
```

スーパークラスの引数2個のコンストラクタの処理です

Lesson 11

ここでは、サブクラスの引数3個のコンストラクタの先頭で次のように記述していますね。

```
super(n, g);
```

スーパークラスの引数2個のコンストラクタが呼び出されるようにします

すると、今度は「引数のないコンストラクタ」ではなく、「引数2個のコンストラクタ」が最初に呼び出されていることがわかります。つまり、

super()を記述すると、
スーパークラスのどのコンストラクタを呼び出すかを自分で指定する

ことができるのです。

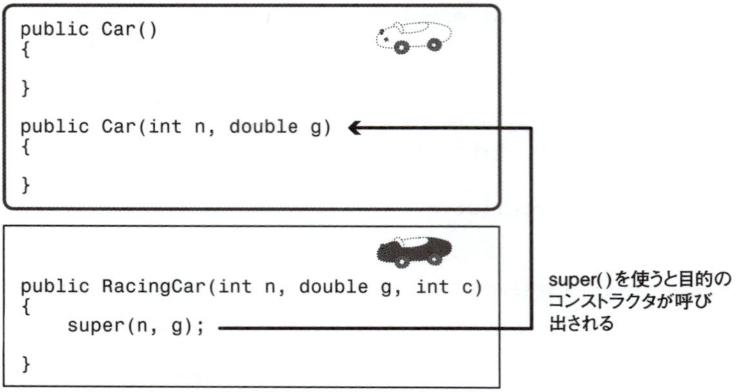

```
public Car()
{

}

public Car(int n, double g)
{

}
```

```
public RacingCar(int n, double g, int c)
{
    super(n, g);

}
```

super()を使うと目的のコンストラクタが呼び出される

図11-5 super()

サブクラスのコンストラクタ内で、スーパークラスのコンストラクタを処理したい場合には、super()を使います。

this()とsuper()

第9章では、コンストラクタ内でthis()という記述を使って、同じクラスの別のコンストラクタが呼び出されるようにする方法を学びました。つまり、コンストラクタ内では、次のようにsuper()とthis()とを使うことができるわけです。

this()　：　**そのクラスの別のコンストラクタを呼び出す**
super()　：　**そのクラスのスーパークラスのコンストラクタを呼び出す**

どちらも、コンストラクタ内の先頭に記述しなければならないので注意してください。このため、this()とsuper()を、同じコンストラクタ内に同時に記述することはできません。

また、コンストラクタがオーバーロードされている場合は、this()やsuper()にさまざまな引数を与えることによって、目的の形式のコンストラクタが呼び出されます。

11.2 メンバへのアクセス

サブクラス内からアクセスする

第9章では、privateやpublicを指定して、メンバへのアクセスをコントロールする方法を学びました。このしくみによって、誤りのおきにくいプログラムを作成することができたわけです。

ここでは、サブクラスとスーパークラスという密接な関係にあるクラスについて、どのようなアクセスができるのかを学ぶことにしましょう。クラスを拡張したときにどのようにカプセル化が行われるのかを学ぶことにします。

まず、前の節で入力したコードをみてください。11.1節のコードでは、スーパークラスのフィールドをprivateメンバとしています。

しかし、privateメンバにはクラス外からアクセスすることができなかったことを思い出してください。**スーパークラスのprivateメンバには、サブクラスからもアクセスすることができない**ようになっています。

つまり、サブクラスであるRacingCarクラスにnewShow()などというメソッドを定義しても、Carクラスのprivateメンバであるnumやgasにはアクセスすることはできないのです。

```
//車クラス
class Car
{
    private int num;
    private double gas;
    ...
}
//レーシングカークラス
class RacingCar extends Car
{
    private int course;
    ...
```

スーパークラスのprivateメンバです

```
    public void newShow()
    {
        //このような記述は誤りです。
        //System.out.println("レーシングカーのナンバーは" + num
            + "です。");
        //System.out.println("ガソリン量は" + gas + "です。");
        System.out.println("コース番号は" + course + "です。");
    }
}
```

スーパークラスのprivateメンバにはアクセスできません

```
class Car
{
   private int num; ✗
   private double gas;
   ...
}
```

```
class RacingCar extends Car
{
   ...
   public void newShow()
   {
      //System.out.println("レーシングカーのナンバーは" + num + "です。");
      //System.out.println("ガソリン量は" + gas + "です。");
   }
}
```

図11-6 privateメンバ

スーパークラスのprivateメンバには、サブクラスからもアクセスすることはできません。

ただし、サブクラスとスーパークラスは密接な関係にありますから、このような制限が不便な場合もあります。

そこでスーパークラスでは、protectedという指定をすることができるようになっています。次のコードをみてください。Sample1のCarクラスのフィールドをprotectedメンバに書きかえると、RacingCarクラスからアクセスすることができます。

Sample3.java ▶ protectedメンバにアクセスする

```
//車クラス
class Car
{
```

```
    protected int num;
    protected double gas;

    public Car()
    {
        num = 0;
        gas = 0.0;
        System.out.println("車を作成しました。");
    }
    public void setCar(int n, double g)
    {
        num = n;
        gas = g;
        System.out.println("ナンバーを" + num + "にガソリン量を"
            + gas + "にしました。");
    }
    public void show()
    {
        System.out.println("車のナンバーは" + num + "です。");
        System.out.println("ガソリン量は" + gas + "です。");
    }
}
//レーシングカークラス
class RacingCar extends Car
{
    private int course;

    public RacingCar()
    {
        course = 0;
        System.out.println("レーシングカーを作成しました。");
    }
    public void setCourse(int c)
    {
        course = c;
        System.out.println("コース番号を" + course + "にしました。");
    }
    public void newShow()
    {
        System.out.println("レーシングカーのナンバーは" + num
            + "です。");
        System.out.println("ガソリン量は" + gas + "です。");
        System.out.println("コース番号は" + course + "です。");
    }
}
```

スーパークラスのメンバをprotectedにしました

スーパークラスのprotectedメンバにアクセスできます

```
class Sample3
{
   public static void main(String[] args)
   {
      RacingCar rccar1;
      rccar1 = new RacingCar();

      rccar1.newShow();
   }
}
```

Sample3の実行画面

```
車を作成しました。
レーシングカーを作成しました。
レーシングカーのナンバーは0です。
ガソリン量は0.0です。
コース番号は0です。
```

スーパークラスでprotectedを指定したメンバは、privateメンバと異なり、

サブクラスからアクセスすることができる

というしくみになっています。このようにprotectedメンバを使うと、誤りの起きにくいプログラムを作成しながらも、スーパークラスとサブクラスの間で柔軟なコードが記述しやすくなることがあります。

スーパークラスのprotectedメンバには、サブクラスからアクセスすることができる。

```
class Car
{
   protected int num;
   protected double gas;
   ...
}
```

```
class RacingCar extends Car
{
   ...
   public void newShow()
   {
      System.out.println("レーシングカーのナンバーは" + num + "です。");
      System.out.println("ガソリン量は" + gas + "です。");
   }
}
```

図11-7 **protectedメンバ**

サブクラスから、スーパークラスのprotectedメンバにアクセスすることができます。

protectedのアクセス

なお、Javaではprotectedの指定をすると、ここで紹介したサブクラスのほか、同じパッケージに属するクラスからもアクセスできるようになっています。パッケージについては第13章で紹介します。

11.3 オーバーライド

メソッドをオーバーライドする

この章では、新しくメンバをつけ加えるようにサブクラスを拡張してきました。ところで、サブクラスで新しくメソッドを記述するときには、実は、

スーパークラスとまったく同じメソッド名・引数の数・型をもつメソッドを定義することができる

ようになっています。

たとえば、すでに設計したCarクラスのメンバには、show()という名前のメソッドがあります。このとき、**サブクラスであるRacingCarクラスにも、同じメソッド名・引数の数・型をもつshow()メソッドを定義することができる**のです。次のコードをみてください。

```
//車クラス
class Car
{
   ...
   public void show()        ←スーパークラスのshow()メソッドです
   {
      System.out.println("車のナンバーは" + num + "です。");
      System.out.println("ガソリン量は" + gas + "です。");
   }
}
//レーシングカークラス
class RacingCar extends Car
{
   ...
   public void show()        ←サブクラスのshow()メソッドです
   {
      System.out.println("レーシングカーのナンバーは" + num
         + "です。");
```

```
      System.out.println("ガソリン量は" + gas + "です。");
      System.out.println("コース番号は" + course + "です。");
   }
}・・・
```

2つのクラスの2つのshow()メソッドは、まったく同じ引数の型・数・メソッド名をもっていますね。

ところで、サブクラスはスーパークラスのメンバを継承することを学びました。では、次のような使いかたをした場合は、どちらのshow()メソッドが呼び出されることになるのでしょうか？ 次のコードをみてください。

Sample4.java ▶ メソッドをオーバーライドする

```
//車クラス
class Car
{
   protected int num;
   protected double gas;

   public Car()
   {
      num = 0;
      gas = 0.0;
      System.out.println("車を作成しました。");
   }
   public void setCar(int n, double g)
   {
      num = n;
      gas = g;
      System.out.println("ナンバーを" + num + "にガソリン量を"
         + gas + "にしました。");
   }
   public void show()        スーパークラスのshow()メソッドです
   {
      System.out.println("車のナンバーは" + num + "です。");
      System.out.println("ガソリン量は" + gas + "です。");
   }
}
//レーシングカークラス
class RacingCar extends Car
{
```

Lesson 11

```
    private int course;

    public RacingCar()
    {
        course = 0;
        System.out.println("レーシングカーを作成しました。");
    }
    public void setCourse(int c)
    {
        course = c;
        System.out.println("コース番号を" + course + "にしました。");
    }
    public void show()    ●── サブクラスのshow()メソッドです
    {
        System.out.println("レーシングカーのナンバーは" + num
           + "です。");
        System.out.println("ガソリン量は" + gas + "です。");
        System.out.println("コース番号は" + course + "です。");
    }
}

class Sample4
{
    public static void main(String[] args)
    {
        RacingCar rccar1;
        rccar1 = new RacingCar();

        rccar1.setCar(1234, 20.5);
        rccar1.setCourse(5);

        rccar1.show();    ●── show()メソッドを呼び出すと・・・
    }
}
```

Sample4の実行画面

```
車を作成しました。
レーシングカーを作成しました。
ナンバーを1234にガソリン量を20.5にしました。
コース番号を5にしました。
レーシングカーのナンバーは1234です。 ┐
ガソリン量は20.5です。               ├── サブクラスのshow()メソッドが呼び出されています
コース番号は5です。                  ┘
```

サブクラスのオブジェクトを作成し、show()メソッドを呼び出してみました。すると、**サブクラスのshow()メソッドが呼び出されている**ことがわかります。

メソッド名・引数の数・型がまったく同じである場合は、**サブクラスで新しく定義したほうのメソッドが呼び出される**のです。

このように、サブクラスのメソッドが、スーパークラスのメンバにかわって機能することを**オーバーライド**（overriding）と呼んでいます。

サブクラスのメソッドが、スーパークラスのメソッドにかわって機能することをオーバーライドという。

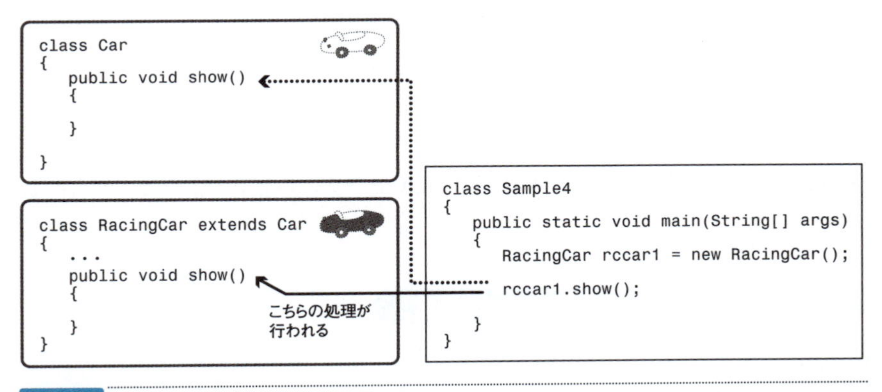

図11-8　オーバーライド
オーバーライドとは、サブクラスのメソッドがスーパークラスのメソッドにかわって機能することです。

スーパークラスの変数でオブジェクトを扱う

ところでこの章では、サブクラスの変数を用意して、オブジェクトをさすようにしましたね。

```
RacingCar rccar1;
rccar1 = new RacingCar();
```

サブクラスの変数でオブジェクトを扱っています

実は、

サブクラスのオブジェクトはスーパークラスの変数で扱うこともできる

ようになっています。つまり、次のような記述ができるのです。

```
Car car1;                  ← スーパークラスの変数で扱うこともできます
car1 = new RacingCar();
```

これは、サブクラスのオブジェクトは、スーパークラスのオブジェクトでもあるといえるためです。レーシングカーは車の機能を受け継いでいますから、レーシングカーは車の一種であるといえます。このためサブクラスのオブジェクトを、スーパークラスの変数で扱うことができるのです。

そこで、今度はサブクラスのオブジェクトをさしているスーパークラスの変数を使って、show()メソッドを呼び出すコードを記述してみることにします。今度はどちらのクラスのshow()メソッドが呼び出されるのでしょうか？　次のコードを入力してみてください。CarクラスとRacingCarクラスの宣言は、Sample4と同じです。

Sample5.java ▶ スーパークラスの変数を使う

```
...
class Sample5
{
   public static void main(String[] args)
   {
      Car car1;                  ← スーパークラスの変数でサブクラスのオブジェクトを扱います
      car1 = new RacingCar();

      car1.setCar(1234, 20.5);

      car1.show();               ← show()メソッドを呼び出すと・・・
   }
}
```

Sample5の実行画面

```
車を作成しました。
レーシングカーを作成しました。
ナンバーを1234にガソリン量を20.5にしました。
レーシングカーのナンバーは1234です。
ガソリン量は20.5です。
コース番号は0です。
```

今度もサブクラスのshow()メソッドが呼び出されています

実行画面の最後の部分から、今度もやはりオーバーライドが行われていることがわかります。つまりJavaでは、

オブジェクトをさす変数のクラスに関係なく、
オブジェクト自身のクラスによって、適切なメソッドが呼び出される

というしくみになっているのです。レーシングカーは「車」として扱われた場合にも、「レーシングカー」の表示機能が呼び出されるのです。ただし、スーパークラスの変数で扱った場合には、setCourse()メソッドのような、サブクラスで新しく定義したメソッドをそのまま呼び出すことはできません。つまり、レーシングカー独自の機能を呼び出すことはできません。

スーパークラスの変数を使って、サブクラスのオブジェクトを扱うことができる。

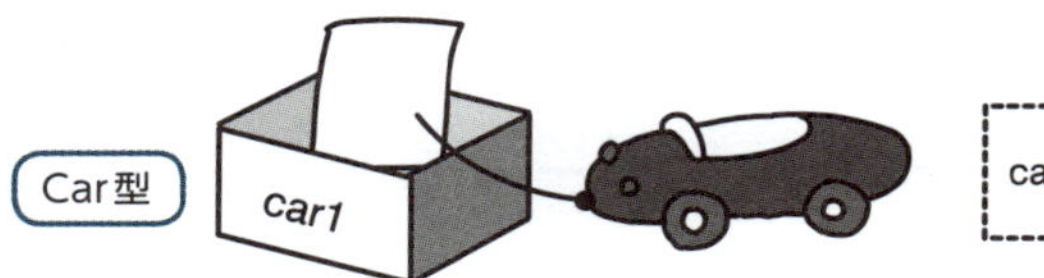

図11-9 スーパークラスの変数
サブクラスのオブジェクトは、スーパークラスの変数で扱うこともできます。

Lesson 11

オーバーライドの重要性を知る

さて、これらの知識をもとに、ここでオーバーライドの重要性についてみておくことにしましょう。

コードの中では、さまざまなクラスのオブジェクトを管理しなければならないことがあります。このとき、次のようにスーパークラスの配列変数を準備してオブジェクトを扱うことがあります。CarクラスとRacingCarクラスの宣言は、Sample4と同じです。

Sample6.java ▶ スーパークラスの配列を利用する

```
...
class Sample6
{
   public static void main(String[] args)
   {
      Car[] cars;
      cars = new Car[2];

      cars[0] = new Car();
      cars[0].setCar(1234, 20.5);

      cars[1] = new RacingCar();
      cars[1].setCar(4567, 30.5);

      for(int i=0; i< cars.length; i++){
         cars[i].show();
      }
   }
}
```

スーパークラスの配列を準備します

スーパークラスのオブジェクトを作成します

サブクラスのオブジェクトを作成します

どちらも同じスーパークラスの配列で扱うことができます

Sample6の実行画面

```
車を作成しました。
ナンバーを1234にガソリン量を20.5にしました。
車を作成しました。
レーシングカーを作成しました。
ナンバーを4567にガソリン量を30.5にしました。
車のナンバーは1234です。
ガソリン量は20.5です。
```

スーパークラスのshow()メソッドが呼び出されます

```
レーシングカーのナンバーは4567です。
ガソリン量は30.5です。
コース番号は0です。
```

サブクラスのshow()メソッドが呼び出されます

ここではスーパークラスの配列変数を使って、スーパークラスやサブクラスのオブジェクトを一緒に扱っています。

それらのクラスでは、「表示する」という一般的な機能が、show()メソッドという名前で定義されているとします。すると、配列で扱われているオブジェクトがどのクラスのものであっても、

```
cars[i].show();
```

と呼び出すことで、**そのオブジェクトのクラスに対応した処理が適切に行われることになります**。車は車の表示が行われ、レーシングカーはレーシングカーの表示が行われます。このとき、オブジェクトのクラスで場合わけしてコードを記述したり、たくさんのメソッド名をおぼえたりする必要はありません。

このように、**オーバーライドが行われることによって、オブジェクトをまとめて扱うことができます**。車やレーシングカーを一緒に取り扱うことができるわけです。

第9章でも紹介したように、1つのメソッド名がその状況に応じていろいろなはたらきをすることを、**多態性**（ポリモーフィズム：polymorphism）と呼びます。オーバーライドはわかりやすいプログラムを作成するために欠かせない多態性のしくみのひとつとなっています。

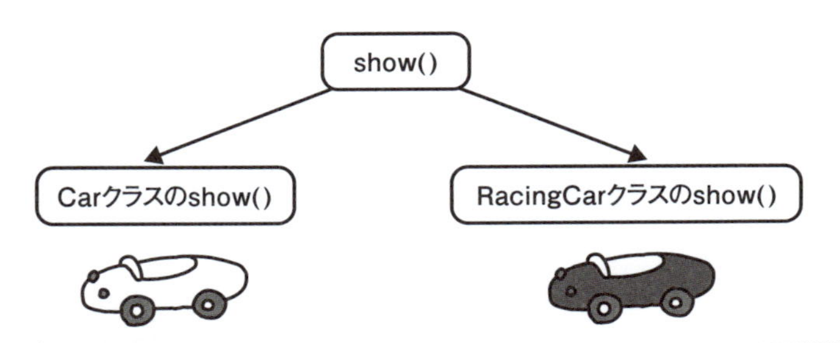

図11-10 オーバーライドの利点
1つのメソッド名を使うことによって、そのオブジェクトのクラスに応じた適切な処理が行われます。

オーバーライドとオーバーロード

本書では、多態性を実現する機能として「オーバーライド」と「オーバーロード」があることを学びました。第9章で学んだオーバーロードは、

メソッド名が同じで引数の形式が異なるメソッドを定義すること

です。
一方、この章で学んだオーバーライドは、

サブクラスで、スーパークラスのメソッドとメソッド名・引数の形式がまったく同じであるメソッドを定義すること

です。まぎらわしいので違いに気をつけてください。

スーパークラスと同じ名前のメンバを使う

サブクラスを拡張するとき、オーバーライドはたいへんよく利用されるしくみとなっています。このとき、サブクラス内でスーパークラスから継承した同じ名前のメソッドを呼び出せると、便利な場合があります。次のコードをみてください。

```
class RacingCar extends Car
{
   ...
   public void show()
   {
      super.show();
      System.out.println("コース番号は" + course + "です。");
   }
}
```

スーパークラスのshow()メソッドを呼び出します

サブクラス内でsuper.をつけてメソッドを呼び出すと、スーパークラスのメソッドを呼び出すことができます。こうすれば、スーパークラスのメソッドの定義を利用して、サブクラスのメソッドを記述することができます。独自の処理をつけ加えてオーバーライドを行いたいだけの場合に、コードを楽に記述することができます。

また、super.は、フィールドにもつけることができます。スーパークラスとサブクラスのフィールドに同じ名前のものがあるとき、スーパークラスのほうの変数にアクセスしたい場合に、super.をつけるのです。

```
class Car
{
   int x;
   ...
}
class RacingCar extends Car
{
   int x;
   ...
   public void show()
   {
      x = 10;
      super.x = 20;
   }
}
```


このように、スーパークラスのメソッド名やフィールド名が同じであるとき、サブクラス内でスーパークラスのメンバ（メソッドやフィールド）にアクセスする場合には、super.という指定をつけます。

サブクラスからスーパークラスの同じ名前のメンバにアクセスする場合には、super.をつける。

this.とsuper.

ここでは、スーパークラスとサブクラスのフィールド名が重複するときにsuper.が使えることを説明しました。ところで、クラス内でインスタンス変数とローカル変数の名前が重複する場合には、第8章で学んだ「this.」という指定を使って区別することができます。

```
class Car
{
    int x;
    public void show(int x)
    {
        this.x = x;
    }
}
```


メソッド内では、this.をつけるとインスタンス変数、つけないとローカル変数を意味することになります。

finalをつける

この節ではオーバーライドの重要性を説明してきました。しかし、中にはサブクラスによってオーバーライドされたくないメソッドもあるかもしれません。そこで、ここではオーバーライドをしないようにする方法を紹介しておくことにしましょう。

まず、スーパークラスのメソッドの先頭にfinalをつけると、オーバーライドされないようにすることができます。次のコードをみてください。

```
//車クラス
class Car
{
    public final void show()
    {
        ...
```

```
    }
}
//レーシングカークラス
class RacingCar extends Car
{
    //public final void show()
    //{
    //    ...
    //}
}
```

サブクラスでshow()メソッドを定義できません

finalをつけると、サブクラスでそのメソッドをオーバーライドすることができなくなります。

また、オーバーライドだけでなく、サブクラス自体を拡張してほしくないクラスを設計することもあるかもしれません。このとき、**クラスの先頭にfinalをつけておく**ことができます。

```
//車クラス
final class Car
{
    ...
}
//レーシングカークラス
//class RacingCar extends Car
//{
//    public void show()
//    {
//        ...
//    }
//}
```

finalをクラスに指定すると・・・

サブクラスを宣言できません

finalをつけたクラスは、サブクラスを拡張することができなくなります。このように、finalは「それ以上変更できない」という意味をあらわす修飾子になっています。

最後に、**finalをフィールドの先頭につけた場合**をみてみましょう。

```
//車クラス
class Car
```

```
{
    static final int NUM_TIRE = 4;
    ...
}
```

finalをフィールドに指定すると・・・

値を変更できなくなります

フィールドにつけたfinalは、「フィールドの値を変更することができない」という意味になります。このフィールドは、宣言したときに必ず初期化しなければなりません。この決まった数をあらわすフィールドを、**定数**（constant）といいます。

つまり、上のようなクラスを宣言した場合には、「Car.NUM_TIRE」という記述によって、「4」という決まった数をあらわすことができます。

メソッドにfinalをつけると、サブクラスでオーバーライドができなくなる。
フィールドにfinalをつけると、値を変更できなくなる。
クラスにfinalをつけると、クラスを拡張できなくなる。

finalを使ったクラスの例

ここではfinalを使ったクラス・メソッドを設計する方法を紹介しました。このようなクラスには第10章で紹介した数学関連の計算を行うMathクラスなどがあります。Mathクラスにはfinalがつけられているので拡張することができません。また、Mathクラスのフィールドには定数として定義された円周率「PI」があります。

11.4 Objectクラスの継承

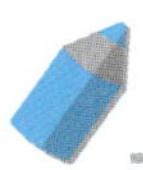

クラスの階層をつくる

この章では、クラスを拡張する方法をみてきました。Javaでは、さまざまなかたちでクラスを拡張していくことができます。ここでは、そのかたちやおおもととなるクラスについて紹介していきましょう。

まずJavaでは、1つのスーパークラスを拡張して複数のサブクラスを宣言することができます。このとき、クラスどうしの関係は次の図のようになっています。

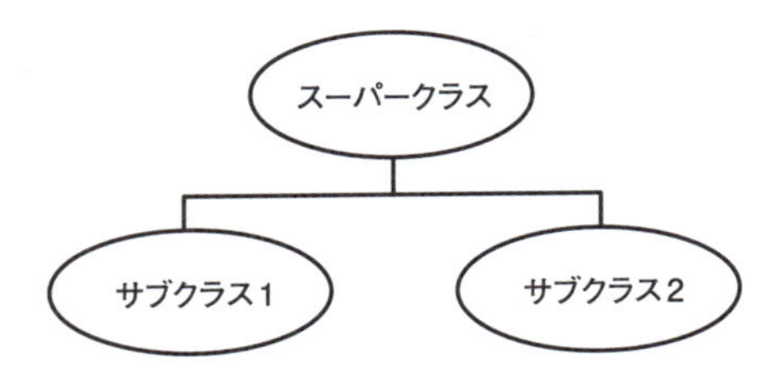

また、サブクラスをさらに拡張して、さらに新しいサブクラスを作成することもできます。最初のサブクラスは次に拡張したサブクラスからみれば、スーパークラスとなります。そして、サブクラス1-1、1-2には、サブクラス1のメンバとして、おおもとのスーパークラスのメンバも継承されることになります。

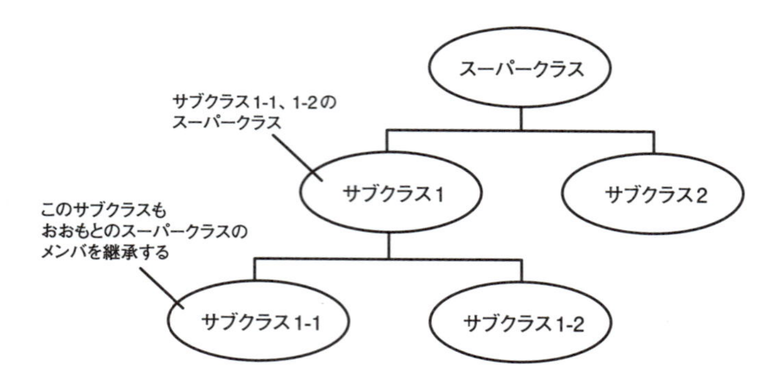

ただし、Javaでは、**複数のスーパークラスのメンバを1つのサブクラスで継承することはできません**。次の図のような継承を行うことはできないのです。

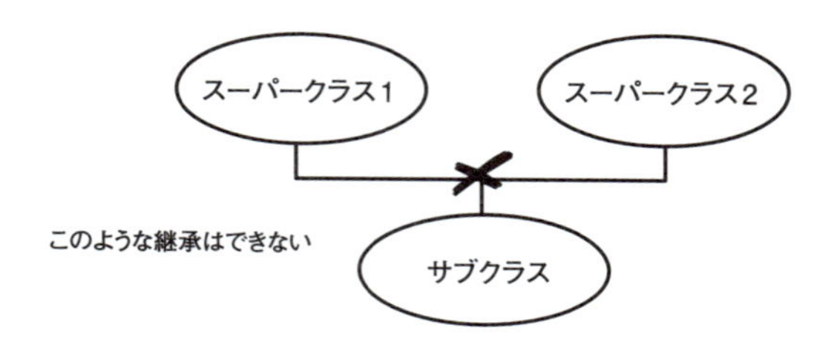

複数のスーパークラスを継承する

複数のスーパークラスを1つのサブクラスで継承することはできません。しかし、この継承は、**インターフェイス** (interface) というしくみによって擬似的に行うことができます。この方法は、第12章でみることにします。

Objectクラスのしくみを知る

ところでこれまでの章では、スーパークラスを指定しないクラスを宣言することがありましたね。実はJavaでは、クラスを作成するときにスーパークラスを指定しない場合、

そのクラスは、Objectクラスというクラスをスーパークラスにもつ

というきまりになっています。次のようなクラスは、実はObjectクラスをスーパークラスとしたサブクラスとなっていたのです。

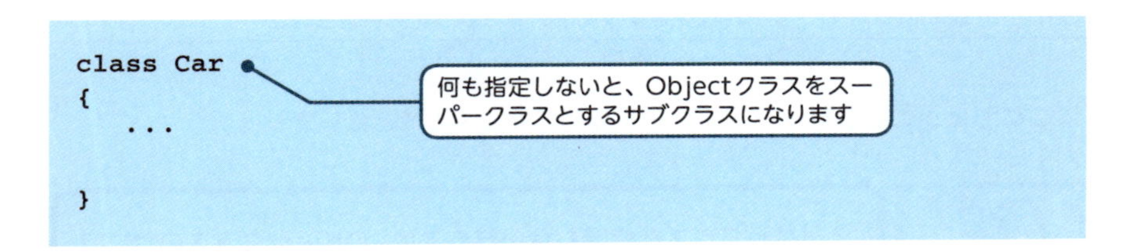

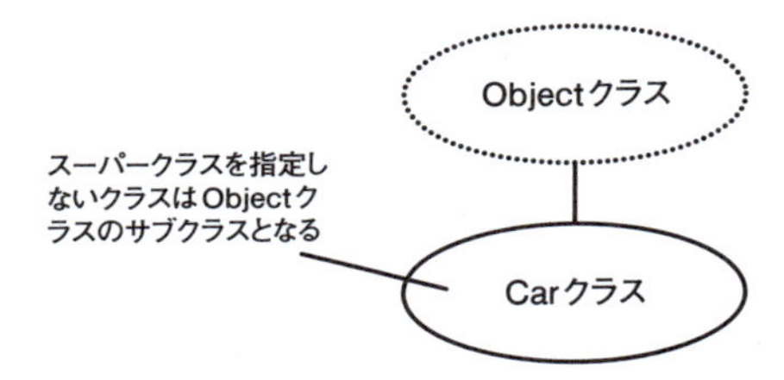

このため、Javaのクラスはすべて、Objectクラスのメンバを継承していることになっています。ObjectクラスはJavaのクラスの基本となっています。

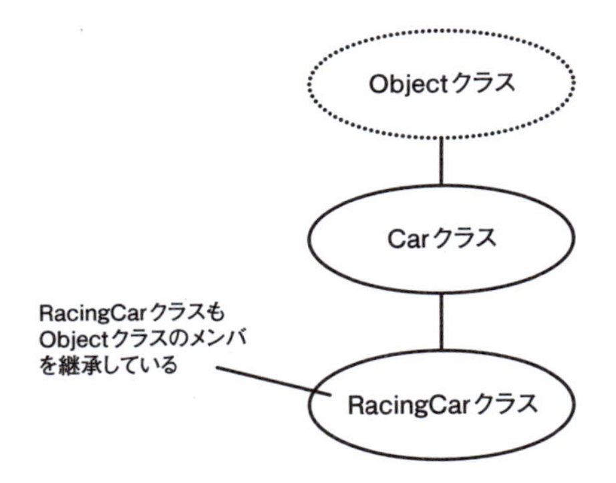

それでは、Objectクラスとはどのようなメンバをもつクラスなのでしょうか。Objectクラスのメソッドは表11-1のようになっています。

表11-1　Objectクラスの主なメソッド

メソッド名	機能
boolean equals(Object obj)	オブジェクトが引数と同じものであるかどうかを調べる
Class getClass()	オブジェクトのクラスを返す
String toString()	オブジェクトをあらわす文字列を返す

ここでは、この表のメソッドをとりあげてみておくことにしましょう。

スーパークラスを指定しないクラスは、Objectクラスのサブクラスとなる。

toString()メソッドを定義する

最初にObjectクラスのtoString()メソッドについてみてみましょう。このメソッドは、

オブジェクトを文字列であらわしたものを戻り値として返す

と、定義されています。オブジェクトの出力処理をするときには、このメソッドが呼び出されることになっています。

```
System.out.println(car1);
```

car1を出力するときにtoString()メソッドが呼び出されます

特に何も準備せずに上のコードを記述すると、Objectクラスから継承したtoString()メソッドが呼び出されます。そして、このtoString()メソッドの戻り値となっている「Car@数値」という文字列が画面に出力されるようになっているのです。

さて、**toString()メソッドは、自分で設計したクラスで定義しておく**（オーバーライドする）とより便利です。「Car@数値」よりももっとわかりやすい文字列を返すようにすることができるからです。

実際にやってみましょう。次のコードをみてください。

Sample7.java ▶ toString()メソッドをオーバーライドする

```
//車クラス
class Car
{
   protected int num;
   protected double gas;

   public Car()
   {
      num = 0;
      gas = 0.0;
      System.out.println("車を作成しました。");
   }
   public void setCar(int n, double g)
   {
      num = n;
      gas = g;
      System.out.println("ナンバーを" + num + "にガソリン量を"
         + gas + "にしました。");
   }
   public String toString()
   {
      String str = "ナンバー:" + num + "ガソリン量:" + gas;
      return str;
   }
}

class Sample7
{
   public static void main(String[] args)
   {
      Car car1 = new Car();
      car1.setCar(1234, 20.5);

      System.out.println(car1);
   }
}
```

toString()メソッドを定義します

この文字列を戻り値とします

toString()メソッドの戻り値が使われます

Sample7の実行画面

```
車を作成しました。
ナンバーを1234にガソリン量を20.5にしました。
ナンバー:1234 ガソリン量:20.5
```

定義した戻り値が出力されます

このコードでは、toString()メソッドを定義して、ナンバーとガソリン量の値を戻り値としました。オブジェクトをさす変数を出力してみると、戻り値のとおりに出力されていることがわかります。

このように、**toString()メソッドをオーバーライドすると、オブジェクトをあらわす文字列を定めることができます**。オブジェクトをひんぱんに出力する場合などには、オーバーライドしておくと便利です。

ObjectクラスのtoString()メソッドをオーバーライドすると、オブジェクトをあらわす文字列を定めることができる。

図11-11 toString()メソッド
Objectクラスのto String()メソッドは、オブジェクトをあらわす文字列を定めています。

equals()メソッドを使う

今度は、equals()メソッドをみてみましょう。このメソッドは、

2つの変数がさしているオブジェクトが同じである場合に、
trueを戻り値として返す

という処理をします。2つの変数が異なるオブジェクトをさしている場合は、falseを返します。

次のコードをみてください。

Sample8.java ▶ equals()メソッドを使う

```
class Car
{
    protected int num;
    protected double gas;

    public Car()
    {
        num = 0;
        gas = 0.0;
        System.out.println("車を作成しました。");
    }
}

class Sample8
{
    public static void main(String[] args)
    {
        Car car1 = new Car();
        Car car2 = new Car();

        Car car3;
        car3 = car1;

        boolean bl1 = car1.equals(car2);
        boolean bl2 = car1.equals(car3);

        System.out.println("car1とcar2が同じか調べたところ" + bl1
            + "でした。");
        System.out.println("car1とcar3が同じか調べたところ" + bl2
            + "でした。");
    }
}
```

car1とcar2は、異なるオブジェクトをさします

car1とcar3は、同じオブジェクトをさします

Sample8の実行画面

```
車を作成しました。
車を作成しました。
```

```
car1とcar2が同じか調べたところfalseでした。
car1とcar3が同じか調べたところtrueでした。
```

equals()メソッドの戻り値が出力されました

ここでは、Carクラスのオブジェクトを2つ作成し、変数car1とcar2で扱っています。一方、変数car3にはcar1を代入して、car1と同じオブジェクトをさすようにしました。

equals()メソッドを呼び出してみると、渡した変数がcar1と同じオブジェクトをさす場合にtrue、異なる場合にfalseという戻り値が返されているのがわかります。**equals()メソッドは複数のオブジェクトが同じものであるかどうかを調べたい場合に便利です。**

Javaのクラスはすべてコbjectクラスのメンバを継承していますので、equals()メソッドを記述しなくても、このメソッドを呼び出すことができるわけです。

Objectクラスのequals()メソッドで、オブジェクトが同じかどうか調べることができる。

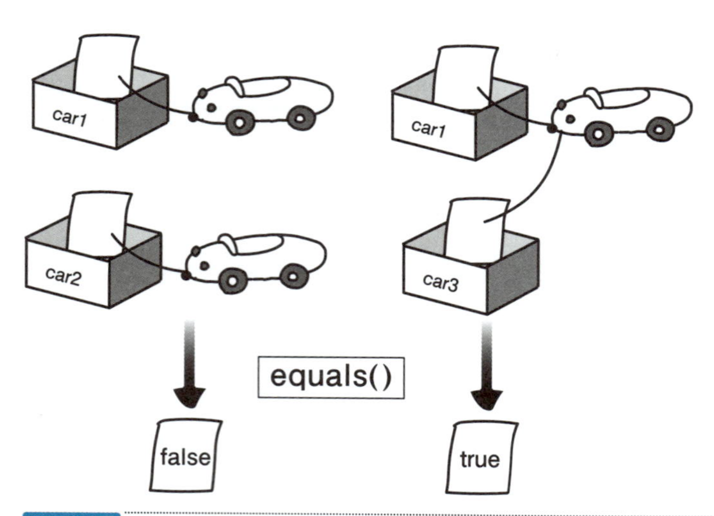

図11-12 equals()メソッド
Objectクラスのequals()メソッドは、オブジェクトが同じであるかどうかを調べる処理を定義しています。

Stringクラスのequals()メソッド

equals()メソッドは、そのクラスに適した内容となるように定義しなおされている（オーバーライドされている）場合もあります。

たとえば、クラスライブラリのStringクラスでは、equals()メソッドは「2つのオブジェクトが同じかどうか」を調べるのではなく、「2つのオブジェクトがあらわしている文字列の内容が同じかどうか」を調べるように定義されています。下の図のように、2つのオブジェクトが異なるものであったとしても、それがあらわしている文字列の内容が同じである場合には、「同じである」と判断できるように定義しなおしているのです。

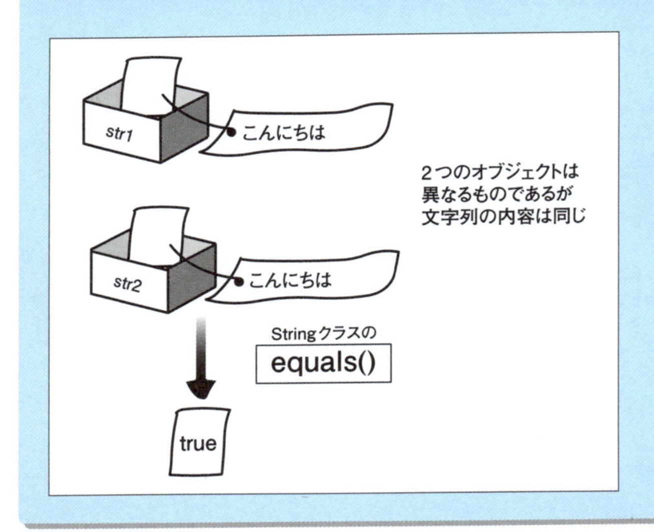

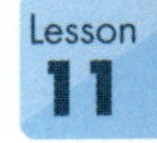

getClass()メソッドを使う

最後に、getClass()メソッドを使ってみましょう。このメソッドは、

オブジェクトが属するクラスの情報を返す

という処理をします。コードをみてください。

Sample9.java ▶ getClass()メソッドを使う

```
//車クラス
class Car
{
   protected int num;
   protected double gas;

   public Car()
   {
      num = 0;
      gas = 0.0;
      System.out.println("車を作成しました。");
   }
}
//レーシングカークラス
class RacingCar extends Car
{
   private int course;

   public RacingCar()
   {
      course = 0;
      System.out.println("レーシングカーを作成しました。");
   }
}

class Sample9
{
   public static void main(String[] args)
   {
      Car[] cars;
      cars = new Car[2];

      cars[0] = new Car();
      cars[1] = new RacingCar();

      for(int i=0; i<cars.length; i++){
         Class cl = cars[i].getClass();
         System.out.println((i+1) + "番目のオブジェクトのクラスは"
            + cl + "です。");
      }
   }
}
```

1番目のオブジェクトはCarクラスです

2番目のオブジェクトはRacingCarクラスです

getClass()メソッドはClassオブジェクトを返します

Sample9の実行画面

```
車を作成しました。
車を作成しました。
レーシングカーを作成しました。
1番目のオブジェクトのクラスはclass Carです。
2番目のオブジェクトのクラスはclass RacingCarです。
```

オブジェクトのクラスに関する情報がわかります

getClass()メソッドでは、そのオブジェクトが属するクラスに関する情報をまとめた

Classクラスのオブジェクト

というものが返されることになっています。そこで、Class型の変数clにその結果を代入し、出力しています。オブジェクトのクラスに関する情報を知るときに便利なメソッドといえるでしょう。

Objectクラスのgetclass()メソッドで、オブジェクトのクラス情報を知ることができる。

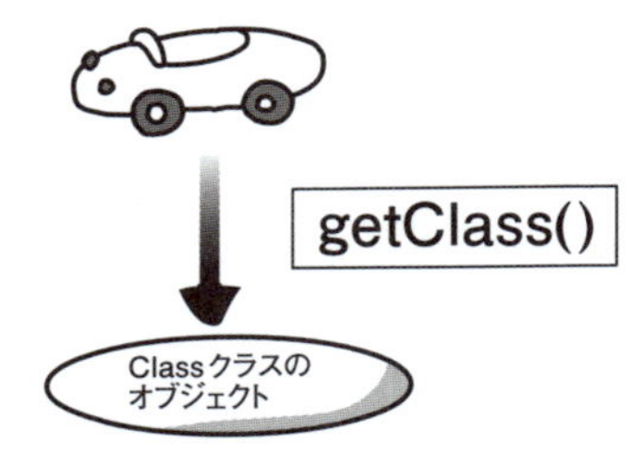

図11-13 getClass()メソッド

Objectクラスのgetclass()メソッドは、オブジェクトが属するクラスの情報をClassクラスのオブジェクトとして返します。

11.5 レッスンのまとめ

この章では、次のようなことを学びました。

- スーパークラスからサブクラスを拡張することができます。
- サブクラスは、スーパークラスのメンバを継承します。
- スーパークラスのprotectedメンバに、サブクラスからアクセスすることができます。
- スーパークラスと同じメソッド名・引数の型・数をもつメソッドをサブクラスで定義して、オーバーライドすることができます。
- スーパークラスを指定しないクラスは、Objectクラスのサブクラスとなります。

この章では、既存のクラスから、新しいクラスを作成する方法を学びました。すでに設計したクラスを継承すると、より効率的にプログラムを作成していくことができます。既存のコードにつけたすように、新しいコードを記述していくことができるからです。「継承」は、クラスの強力な機能のひとつとなっています。

練習

1. 次の項目について、○か×で答えてください。

① スーパークラスから拡張できるクラスの数は決まっている。
② 2つ以上のスーパークラスを継承したサブクラスを宣言することができる。
③ サブクラスでは、スーパークラスと同じ名前のメソッドを定義することができる。
④ スーパークラスの変数でサブクラスのオブジェクトを扱うことができる。

2. 次のコードを説明した項目について、○か×で答えてください。

① クラスAはクラスBからみて、スーパークラスにあたる。
② クラスBに、cという名前のフィールドが定義されている必要がある。
③ クラスBに、dという名前のメソッドが定義されていなくてもよい。

```
class A extends B
{
   private int c;

   public void d()
   {
      ...
   }
}
```

3. 次のコードの実行結果の①～⑧に入るべきアルファベットか数値を答えてください。

```
class A
{
   A()
   {
      System.out.println("Aの引数0のコンストラクタです。");
   }
```

```
    A(int a)
    {
        System.out.println("Aの引数1のコンストラクタです。");
    }
}
class B extends A
{
    B()
    {
        System.out.println("Bの引数0のコンストラクタです。");
    }
    B(int b)
    {
        super(b);
        System.out.println("Bの引数1のコンストラクタです。");
    }
}

class SampleP3
{
    public static void main(String[] args)
    {
        B b1 = new B();
        B b2 = new B(10);
    }
}
```

```
【①】の引数【②】のコンストラクタです。
【③】の引数【④】のコンストラクタです。
【⑤】の引数【⑥】のコンストラクタです。
【⑦】の引数【⑧】のコンストラクタです。
```

4. Carクラスのオブジェクトが「ナンバー●ガソリン量○の車」という文字列で表現されるようにしたうえで、次のように出力されるコードを記述してください。

```
車を作成しました。
ナンバーを1234にガソリン量を20.5にしました。
ナンバー1234ガソリン量20.5の車です。
```

インターフェイス

この章では、特殊なクラスについて学ぶことにします。この章で学んだ知識を使うと、数多くのクラスを扱いながら、一貫性のあるプログラミングができるようになります。ここでは、「抽象クラス」と「インターフェイス」という新しい知識を学んでいきましょう。

Check Point!

- 抽象クラス
- instanceof演算子
- インターフェイス
- 多重継承
- スーパーインターフェイス
- サブインターフェイス

12.1 抽象クラス

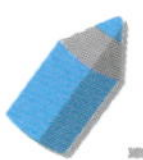

抽象クラスのしくみを知る

この章では、少しかわったクラスについて学んでいくことにします。次のクラスをみてください。

```
abstract class Vehicle
{
   protected int speed;
   public void setSpeed(int s)
   {
      speed = s;
      System.out.println("速度を" + speed + "にしました。");
   }
   abstract void show();
}
```

abstractをつけた抽象クラスです

このメソッドは処理を定義していません

このクラスは「のりもの（Vehicle）」というモノについてまとめたクラスです。クラスの先頭部分に、abstractというキーワード（修飾子）がついていることに注目してください。このキーワードがついたクラスは、抽象クラス（abstract class）と呼ばれています。

実は、この抽象クラスは、

オブジェクトを作成することができない

という特徴をもっています。つまり抽象クラスVehicleは、次のようにnew演算子を使ってオブジェクトを作成することができないクラスなのです。

```
public static void main(String[] args)
{
    ...
    Vehicle vc;
    // vc = new Vehicle();    ← 抽象クラスのオブジェクトは作成できません
    ...
}
```

Vehicleクラスの宣言をもう一度よくみてください。Vehicleクラスのshow()メソッドは内容が定義されていませんね。このように、抽象クラスは

処理内容が定義されていないメソッドをもっている

という特徴があります。このようなメソッドにも、abstractというキーワードをつけます。これは抽象メソッド（abstract method）と呼ばれています。

```
abstract class Vehicle
{
    ...
    abstract void show();    ← 抽象クラスは抽象メソッドをもちます
}
```

つまり、抽象クラスとは、通常、次のようなかたちとなります。抽象クラスのかたちをみておいてください。

構文　抽象クラスの宣言

```
abstract class クラス名
{
    フィールドの宣言;
    abstract 戻り値の型 メソッド名(引数リスト);
    ...
}
```

抽象クラスは、処理内容が定義されていないメソッドをもつ。
抽象クラスのオブジェクトを作成することはできない。

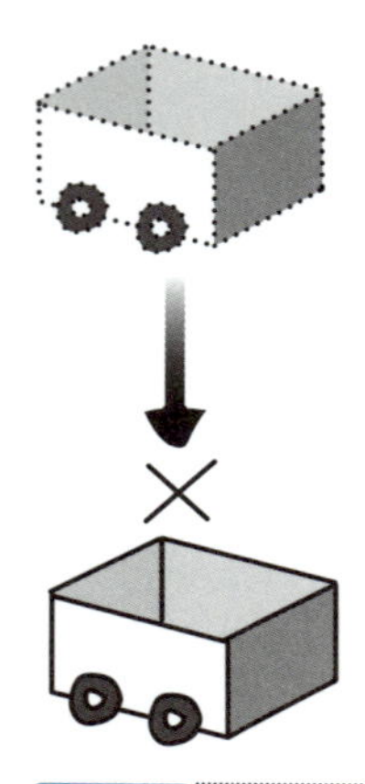

図12-1 抽象クラス
抽象クラスのオブジェクトを作成することはできません。

抽象クラスを利用する

さて、抽象クラスはなんのために必要なのでしょうか？ 順をおってみてみることにしましょう。

まず抽象クラスVehicleからは、これまでと同じように、サブクラスを拡張することができます。ただし、抽象クラスのサブクラスでオブジェクトを作成できるようにするためには、

抽象クラスから継承した抽象メソッドの内容を
サブクラスできちんと定義してオーバーライドする

という作業をしなければなりません。

抽象クラスはオブジェクトを作成することができませんでしたが、抽象メソッドの内容をサブクラスで定義しなければ、そのサブクラスでもオブジェクトを作成できないことになっているのです。

それでは、抽象クラスを使ったコードをみてみましょう。

Sample1.java ▶ 抽象クラスを利用する

```
//のりものクラス
abstract class Vehicle
{
   protected int speed;
   public void setSpeed(int s)
   {
      speed = s;
      System.out.println("速度を" + speed + "にしました。");
   }
   abstract void show();
}
//車クラス
class Car extends Vehicle
{
   private int num;
   private double gas;

   public Car(int n, double g)
   {
      num = n;
      gas = g;
      System.out.println("ナンバー" + num + "ガソリン量"
         + gas+ "の車を作成しました。");
   }
   public void show()
   {
      System.out.println("車のナンバーは" + num + "です。");
      System.out.println("ガソリン量は" + gas + "です。");
      System.out.println("速度は" + speed + "です。");
   }
}
//飛行機クラス
class Plane extends Vehicle
{
   private int flight;

   public Plane(int f)
   {
      flight = f;
      System.out.println("便" + flight +
         "の飛行機を作成しました。");
   }
   public void show()
```

抽象クラスです

抽象メソッドshow()です

抽象クラスを拡張しました

show()メソッドの処理を定義しました

抽象クラスを拡張しました

Lesson 12

```
    {
        System.out.println("飛行機の便は" + flight + "です。");
        System.out.println("速度は" + speed + "です。");
    }
}

class Sample1
{
    public static void main(String[] args)
    {
        Vehicle[] vc;
        vc = new Vehicle[2];

        vc[0] = new Car(1234, 20.5);
        vc[0].setSpeed(60);

        vc[1] = new Plane(232);
        vc[1].setSpeed(500);

        for(int i=0; i<vc.length; i++){
            vc[i].show();
        }
    }
}
```

show()メソッドの処理を定義しました

抽象クラスの配列を準備します

1番目のオブジェクトはCarクラスです

2番目のオブジェクトはPlaneクラスです

show()メソッドを呼び出すと・・・

Sample1の実行画面

```
ナンバー1234ガソリン量20.5の車を作成しました。
速度を60にしました。
便232の飛行機を作成しました。
速度を500にしました。
車のナンバーは1234です。
ガソリン量は20.5です。
速度は60です。
飛行機の便は232です。
速度は500です。
```

オブジェクトのクラスに対応したshow()メソッドが呼び出されます

抽象クラス「のりもの（Vehicle)」から2つのサブクラス「車（Car)」「飛行機(Plane)」を拡張しました。2つのサブクラスは、オブジェクトを作成できるように、それぞれのクラスに適したshow()メソッドの処理内容を定義しています。

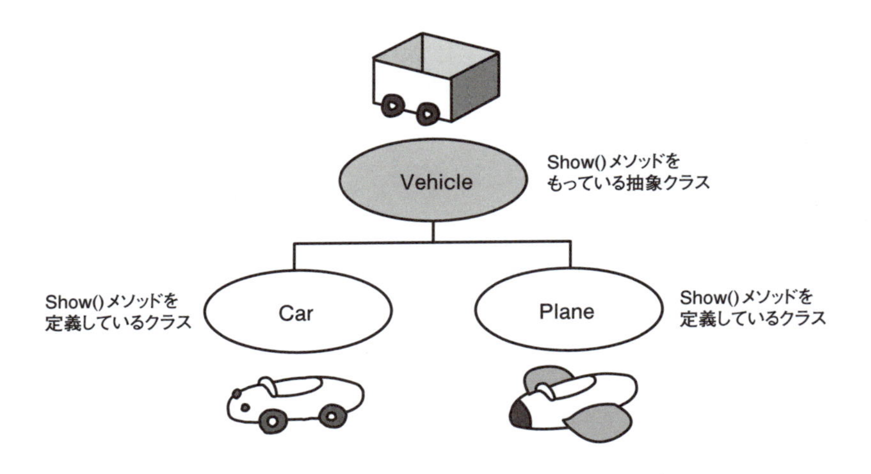

さて、main()メソッドでは、抽象クラス「のりもの（Vehicle）」の配列を準備しています。抽象クラスはオブジェクトを作成することはできませんが、そのクラスの変数や配列を準備して、サブクラスのオブジェクトをさすことができるようになっています。

そこで、ここでは配列を使って、車と飛行機のshow()メソッドを呼び出しているのです。抽象クラスのメソッドは必ずサブクラスでオーバーライドされますから、それぞれのオブジェクトのクラスに適したshow()メソッドが呼び出されていることがわかります。車は車として、飛行機は飛行機として機能しているわけです。まとめて車や飛行機のオブジェクトを操作することができていますね。

このようなことができるのは、

抽象クラスを拡張したサブクラスはどれも、
抽象クラスの抽象メソッド（show()メソッド）と同じ名前のメソッドを「必ず」もっている

からです。「車」と「飛行機」は「のりもの」の機能を必ずもっています。最初に説明したように、抽象クラスのサブクラスでは、必ず「show()」という名前のメソッドをもち、その処理内容が定義されていることになっています。

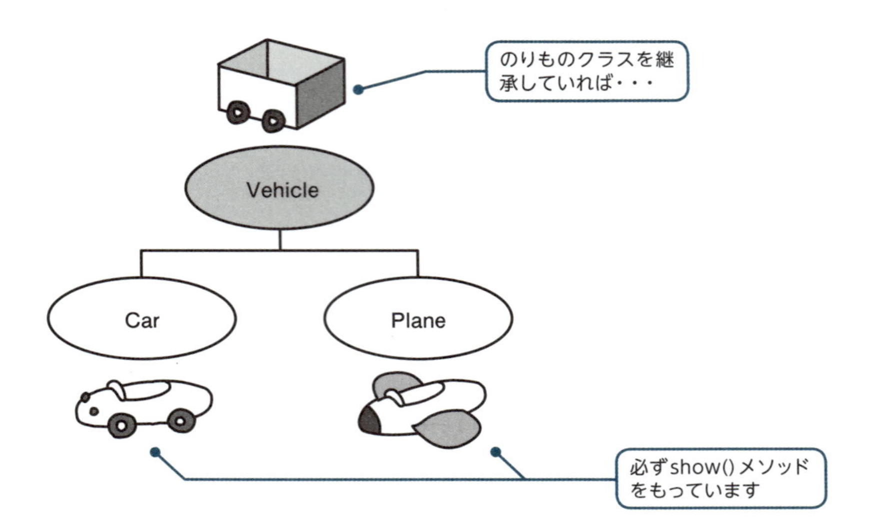

つまり**抽象クラスを使えば、そのサブクラスをまとめてかんたんに扱うことができます**。抽象クラスによって、わかりやすいコードを記述することができるのです。

抽象クラスのサブクラスでは、抽象メソッドの内容を定義する。
抽象クラスを使うと、わかりやすいコードを記述できる。

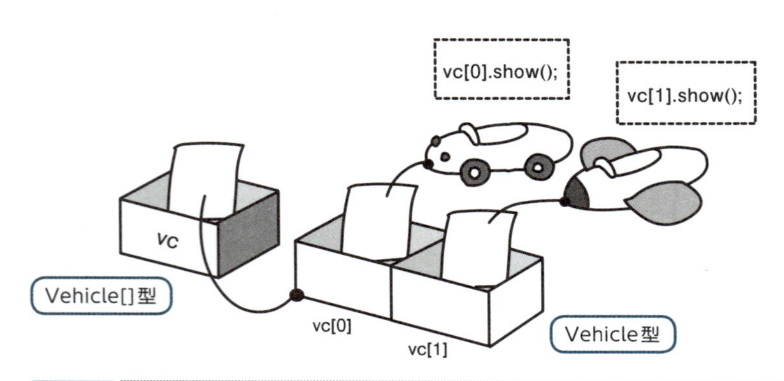

図12-2 **抽象クラスの使いかた**
抽象クラスとそのサブクラスによって、わかりやすいコードを記述することができます。

instanceof演算子

このように、抽象クラスを利用するコードでは、たくさんのサブクラスを扱う場合があります。このときにおぼえておくと便利なinstanceof演算子（instanceof operator）というものを紹介しておきましょう。この演算子を使うと、

オブジェクトのクラスを調べる

ということができます。さっそくコードを記述してみましょう。前半の各クラスの宣言には、Sample1と同じコードを使います。

Sample2.java ▶ instanceof演算子を使う

```
...
class Sample2
{
   public static void main(String[] args)
   {
      Vehicle[] vc;
      vc = new Vehicle[2];

      vc[0] = new Car(1234, 20.5);
      vc[1] = new Plane(232);

      for(int i=0; i<vc.length; i++){
         if(vc[i] instanceof Car)
           System.out.println((i+1)
              + "番目のオブジェクトはCarクラスです。");
         else
           System.out.println((i+1)
              + "番目のオブジェクトはCarクラスではありません。");
      }
   }
}
```

1番目のオブジェクトはCarクラスです

2番目のオブジェクトはPlaneクラスです

オブジェクトがCarクラスかどうか調べます

trueのとき処理されます

falseのとき処理されます

Sample2の実行画面

```
ナンバー1234ガソリン量20.5の車を作成しました。
便232の飛行機を作成しました。
1番目のオブジェクトはCarクラスです。
2番目のオブジェクトはCarクラスではありません。
```

オブジェクトのクラスを判別できます

Lesson 12

instanceof演算子を使うと、左辺の変数がさしているオブジェクトのクラスが、右辺と同じクラスであるかどうかを調べることができます。オブジェクトの種類を調べることができるわけです。特定のクラスのオブジェクトにだけ特別な処理をしなければならない場合などに、この演算子を使うと便利です。車や飛行機をまとめて扱っている場合に、車にだけ特定の処理を行うこともできるでしょう。

```
vc[i] instanceof Car
```

左辺の変数が右辺のクラスのオブジェクトをさしているか調べます

instanceof演算子を使って、オブジェクトのクラスを調べることができる。

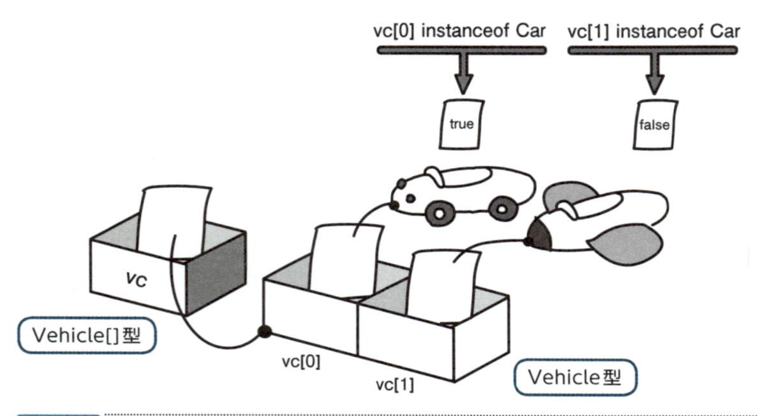

図12-3 **instanceof演算子**
instanceof演算子を使うと、変数がさすオブジェクトのクラスを知ることができます。

12.2 インターフェイス

インターフェイスのしくみを知る

Javaでは、抽象クラスと同じようなしくみを、インターフェイス（interface）というものを使ってあらわすことができます。インターフェイスとは、次のようなかたちをした記述のことをいいます。

```
interface iVehicle
{
   void show();
}
```

インターフェイスの宣言です
抽象メソッドをもちます

これをインターフェイスの宣言（declaration）といいます。インターフェイスの宣言では、「class」のかわりに「interface」を使いますが、クラス宣言にとてもよく似ています。

インターフェイスの宣言

```
interface インターフェイス名
{
   型名 フィールド名 = 式;
   戻り値の型 メソッド名();
}
```

フィールドは必ず初期化します
メソッドの処理は定義しません

インターフェイスは、フィールドとメソッドをもつことができます。ただし、コンストラクタはもちません。

通常、インターフェイスのメンバには何も修飾子をつけません。しかし何もつけなくても、フィールドにはpublic static final、メソッドにはabstractという修飾子をつけていることと同じになります。つまり、インターフェイスのフィールドは**定数**（第11章）で、メソッドは**抽象メソッド**（第12章）となっています。インターフェイスではフィールドを変更したり、メソッドの処理内容を定義したりすることができないようになっているのです。

また、インターフェイスはクラスによく似ているのですが、オブジェクトを作成することはできません。つまり、newを使ってオブジェクトを作成することはできないのです。

```
public static void main(String[] args)
{
    ...
    iVehicle ivc;
    // ivc = new iVehicle();
    ...
}
```

インターフェイス型の変数を宣言できますが・・・

オブジェクトを作成することはできません

ただし、インターフェイス型の変数・配列というものを宣言することはできます。上のコードでは、変数ivcがiVehicleインターフェイス型の変数ということになります。

インターフェイスを実装する

では、インターフェイスの使いかたをみてみましょう。インターフェイスはクラスと組みあわせて使うことになっています。インターフェイスをクラスと組みあわせることを、**インターフェイスを実装する**（implementation）といいます。

次のコードをみてください。

```
class Car implements iVehicle
{
    ...
}
```

インターフェイスを実装するCarクラスです

Carクラスでi Vehicleインターフェイスを実装するには、このように記述します。すると、CarクラスはiVehicleインターフェイスがもっているフィールド（定数）とメソッド名を受け継ぐことになります。

インターフェイスの実装

```
class クラス名 implements インターフェイス名
{
    ...
}
```

さて、このようなCarクラスのオブジェクトを作成するためには、

インターフェイスのメソッドをすべて定義する

という作業が必要になります。

ためしに、インターフェイスを宣言して実装するコードを記述してみましょう。

Sample3.java ▶ インターフェイスを実装する

```
//のりものインターフェイス
interface iVehicle          ← インターフェイスを宣言します
{
    void show();            ← 抽象メソッドです
}
//車クラス
class Car implements iVehicle     ← インターフェイスを実装します
{
    private int num;
    private double gas;

    public Car(int n, double g)
    {
        num = n;
        gas = g;
        System.out.println("ナンバー" + num + "ガソリン量" + gas
            + "の車を作成しました。");
    }
    public void show()
    {
        System.out.println("車のナンバーは" + num + "です。");
        System.out.println("ガソリン量は" + gas + "です。");
    }                       ← 抽象メソッドの処理を定義しました
}
//飛行機クラス
class Plane implements iVehicle
{
```

```
    private int flight;

    public Plane(int f)
    {
        flight = f;
        System.out.println("便" + flight + "の飛行機を作成しました。");
    }
    public void show()
    {
        System.out.println("飛行機の便は" + flight + "です。");
    }
}

class Sample3
{
    public static void main(String[] args)
    {
        iVehicle[] ivc;
        ivc = new iVehicle[2];

        ivc[0] = new Car(1234, 20.5);

        ivc[1] = new Plane(232);

        for(int i=0; i<ivc.length; i++){
          ivc[i].show();
        }
    }
}
```


Sample3の実行画面

```
ナンバー1234ガソリン量20.5の車を作成しました。
便232の飛行機を作成しました。
車のナンバーは1234です。
ガソリン量は20.5です。
飛行機の便は232です。
```

インターフェイス型の配列は、そのインターフェイスを実装しているサブクラスのオブジェクトをさすことができます。

そこで、この配列でオブジェクトを扱い、show()メソッドを呼び出しました。実行結果をみると、それぞれのオブジェクトのクラスのshow()メソッドが適切に呼び出されているのがわかります。インターフェイスと、それを実装したクラスたちを用いて、わかりやすいコードを記述することができました。

抽象クラスによって、サブクラスのオブジェクトをまとめて扱うことができたことを思い出してください。**インターフェイスもちょうど抽象クラスと同じようなはたらきをもつことがわかります。サブクラスをまとめて扱うことができるのです。**

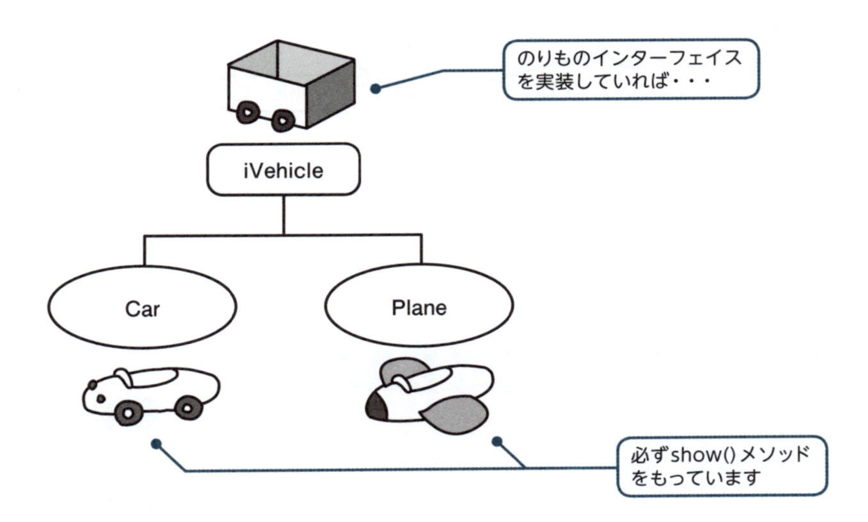

ただし、インターフェイスのフィールドはすべて定数で、メソッドはすべて抽象メソッドとなります。12.1節の抽象クラス（Vehicle）のように、値を変更できるフィールドspeedや、処理が定義されているsetSpeed()メソッドのようなメンバをもたせることはできないので、注意しておいてください。

インターフェイスをクラスで実装することができる。

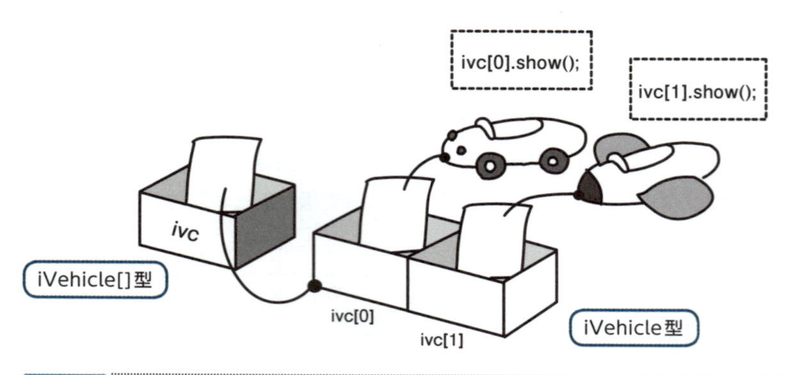

図12-4 **インターフェイス**

インターフェイスとそれを実装したクラスを使えば、わかりやすいコードを記述することができます。

オブジェクト指向によるプログラミング

ここまで紹介したように、スーパークラス・抽象クラス・インターフェイスの変数を使えば、それらの機能を継承するサブクラスのオブジェクトを扱うことができます。たとえば、「のりもの」のような抽象的なモノに着目したクラスを設計しておくことによって、この機能を継承する「車」「飛行機」などの具体的なクラスのオブジェクトを「のりもの」としてまとめて扱うことができるのです。**車や飛行機はのりものの一種ですから、現実の世界でものりものとしてまとめてとらえることができます。つまり、こうしたプログラムは、現実世界の「モノ」に対応したわかりやすいものとすることができるのです。**

このように、Javaではオブジェクト指向にしたがった継承・多態性のしくみによって、現実世界の「モノ」に対応する自然なプログラミングができるようになっています。

12.3 クラスの階層

多重継承のしくみを知る

これまでみてきたように、プログラムを作成していくときには、数多くのクラスやインターフェイスを組みあわせていくことになります。この節では、こうしたクラスやインターフェイスを組みあわせるときの注意について学びましょう。

プログラムを作成するとき、2つ以上のクラスを継承したサブクラスを使いたい場合があります。このような継承を**多重継承**（multiple inheritance）といいます。この場合には、どのようにクラスを組みあわせたらよいのでしょうか？

第11章でも説明したように、Javaでは2つ以上のスーパークラスをもつサブクラスをみとめていません。たとえば、次のようなサブクラスを宣言することはできないのです。

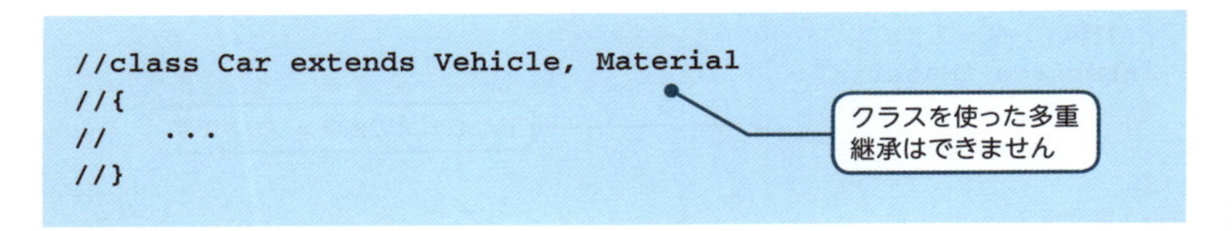

```
//class Car extends Vehicle, Material
//{
//    ...
//}
```


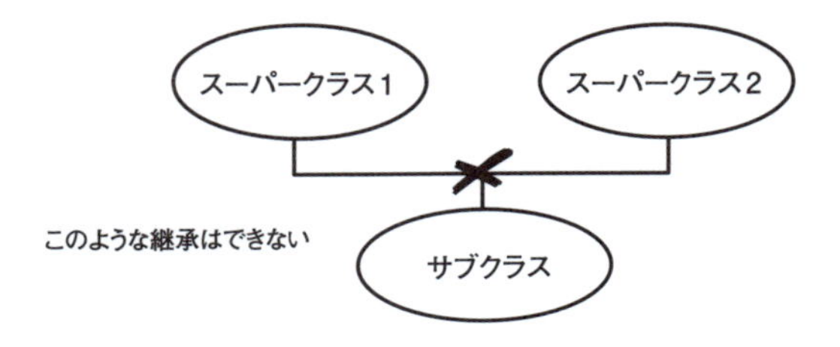

実はインターフェイスを使うと、多重継承のしくみの一部を実現することができます。

2つ以上のインターフェイスを実装する

クラスは、2つ以上のインターフェイスを実装することができます。次の記述をみてください。

2つ以上のインターフェイスの実装

```
class クラス名 implements インターフェイス名1, インターフェイス名2,・・・
{
    ・・・
}
```

2つ以上のインターフェイスを実装できます

実際に2つ以上のインターフェイスを実装するコードを記述してみましょう。

Sample4.java ▶ 2つ以上のインターフェイスを実装する

```
//のりものインターフェイス
interface iVehicle
{
   void vShow();
}
//材料インターフェイス
interface iMaterial
{
   void mShow();
}
//車クラス
class Car implements iVehicle, iMaterial
{
   private int num;
   private double gas;

   public Car(int n, double g)
   {
      num = n;
      gas = g;
      System.out.println("ナンバー" + num + "ガソリン量" + gas
         + "の車を作成しました。");
   }
   public void vShow()
```

iVehicleの抽象メソッドです

iMaterialの抽象メソッドです

2つ以上のインターフェイスを実装できます

```
    {
        System.out.println("車のナンバーは" + num + "です。");
        System.out.println("ガソリン量は" + gas + "です。");
    }
    public void mShow()
    {
        System.out.println("車の材質は鉄です。");
    }
}

class Sample4
{
    public static void main(String[] args)
    {
        Car car1 = new Car(1234, 20.5);
        car1.vShow();
        car1.mShow();
    }
}
```

iVehicleのメソッドを定義します

iMaterialのメソッドを定義します

Sample4の実行画面

```
ナンバー1234ガソリン量20.5の車を作成しました。
車のナンバーは1234です。
ガソリン量は20.5です。
車の材質は鉄です。
```

Carクラスでは、2つのインターフェイスを実装しています。そのため、Carクラスはどちらのインターフェイスのメソッドの処理内容も定義しなければなりません。

Javaではクラスの多重継承をみとめていませんが、2つ以上のインターフェイスを実装することによって、メソッドの名前を多重継承することができます。

2つ以上のインターフェイスを実装するクラスを宣言できる。

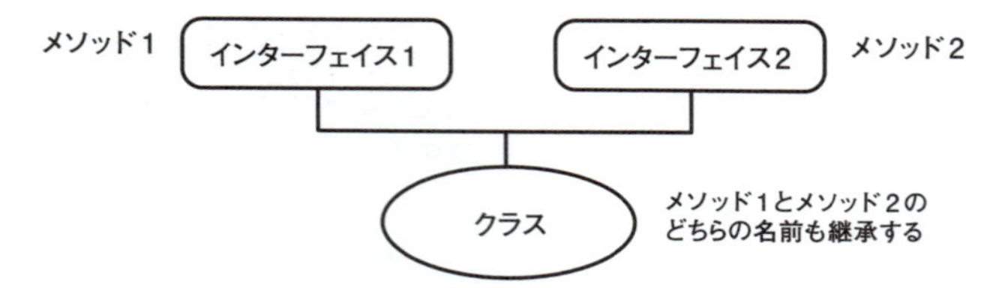

図12-5 **インターフェイスと多重継承**
2つ以上のインターフェイスを実装することによって、多重継承ができます。

インターフェイスを拡張する

最後に、インターフェイスの応用方法をみておくことにしましょう。

インターフェイスは、クラスと同じように拡張して新しいインターフェイスを宣言することができます。拡張されるほうを**スーパーインターフェイス**（superinterface)、拡張したほうを**サブインターフェイス**（subinterface）といいます。インターフェイスの拡張には、次のようにextendsを使います。

構文 インターフェイスの拡張

```
interface サブインターフェイス名 extends スーパーインターフェイス名1,
    スーパーインターフェイス名2,・・・
{
    ...
}
```

（インターフェイスを拡張できます）

たとえば、iMovableインターフェイスを拡張してiVehicleインターフェイスを宣言する場合は、次のようになります。

```
//動くものインターフェイス
interface iMovable
{
    ...
}
//のりものインターフェイス
interface iVehicle extends iMovable
{
```

（スーパーインターフェイスです）
（サブインターフェイスです）

```
    ...
}
//車クラス
class Car implements iVehicle
{
    ...
}
```

サブインターフェイスを実装するクラスです

スーパーインターフェイスを拡張して、サブインターフェイスを宣言することができる。

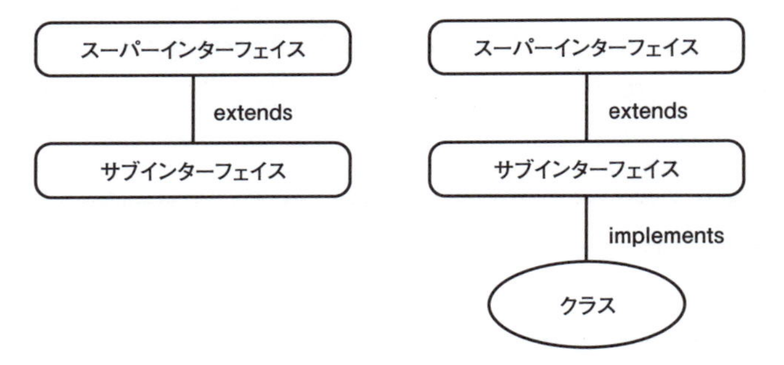

図12-6　**インターフェイスの拡張**
インターフェイスを拡張してサブインターフェイスを宣言することができます。

Lesson 12

なお、インターフェイスの拡張には「extends」を使いますが、これらのインターフェイスをクラスで実装するという場合には、やはり「implements」を使います。

もしiVehicleインターフェイスが、iMovableインターフェイスを拡張したサブインターフェイスであった場合、iVehicleインターフェイスを実装するCarクラスでは、iMovableインターフェイスのメソッドも定義しなければなりません。

クラス階層を設計する

さて、この章で学んだ抽象クラスやインターフェイスは、特に大規模なプログラムを作成するときに役立ちます。この章で紹介しているように、**抽象クラスやインターフェイスを使えば、多くのクラスをまとめて扱うことができるからです**。

たとえば、「のりもの」インターフェイスを設計しておけば、「車」クラスや「飛行機」クラスなどのオブジェクトをまとめて扱うことができるでしょう。「のりもの」インターフェイスを扱うプログラムを作成することで、「車」クラスも「飛行機」クラスも扱うことができるのです。「自転車」クラスなどを追加したり、差し替えたりすることも容易になります。**抽象クラスやインターフェイスを組みあわせたクラスの階層を設計していくことで、大規模なプログラムを作成していくことができる**のです。

また、この節で紹介したように、インターフェイスは多重継承の機能ももたせることができます。クラスだけではクラスの階層が設計できない場合に利用すると便利です。

抽象クラスやインターフェイスは、大規模なプログラムを作成するときに使われる。

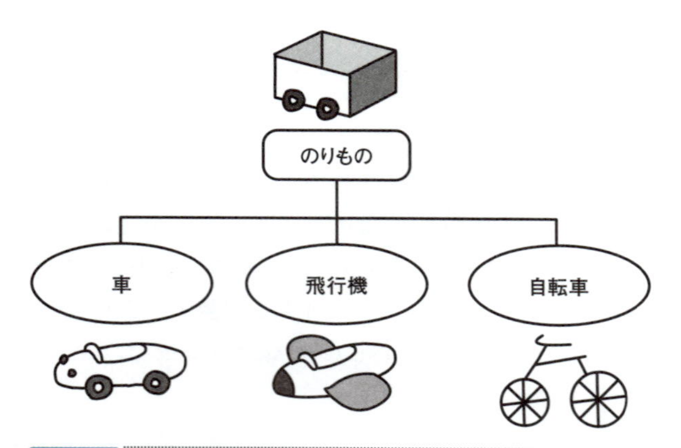

図12-7 クラス階層を設計する
大規模なプログラムを作成するには、クラス階層を設計していくことが必要になります。

私たちはこうしてクラス・インターフェイスを組みあわせていきます。大規模なプログラムの中で、クラス・インターフェイスをどのように活用していくかについては、さまざまな手法があります。本書で紹介したクラス・インターフェイスの性質をおさえることで、実践の場で生かすための基礎を身につけていってみてください。

さまざまなクラス階層

標準クラスライブラリのクラスも階層をもっています。クラスライブラリの階層関係は、第10章で紹介したクラスライブラリのリファレンスで調べることができます。クラスを利用する際に、「どんなクラスから拡張されているのか」「どんなインターフェイスを実装しているのか」について調べてみるとよいでしょう。

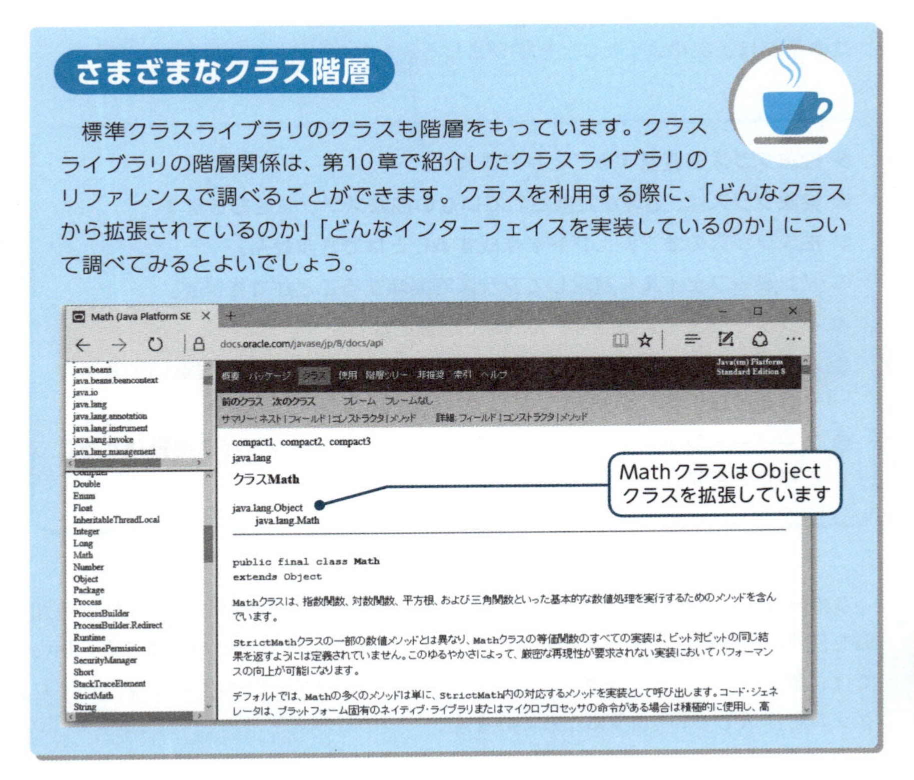

12.4 レッスンのまとめ

この章では、次のようなことを学びました。

- **抽象クラスを宣言することができます。**
- **抽象クラスは、処理が定義されていない抽象メソッドをもちます。**
- **抽象クラスのオブジェクトを作成することはできません。**
- **インターフェイスを宣言してクラスで実装することができます。**
- **インターフェイスのフィールドは、定数となります。**
- **インターフェイスのメソッドは、処理を定義することができない抽象メソッドとなります。**
- **スーパーインターフェイスを拡張し、サブインターフェイスを宣言することができます。**

この章では、抽象クラスとインターフェイスについて学びました。これらの知識を使うと、多態性によってわかりやすいコードを記述することができます。Javaでは、多くのクラスやインターフェイスを組みあわせて、効率よく大規模なプログラムを作成していくようになっています。

練習

1. 次の項目について、○か×で答えてください。

① 抽象クラスの変数を宣言することはできない。
② 抽象クラスのオブジェクトを作成することはできない。
③ インターフェイス型の変数を宣言することができる。
④ スーパーインターフェイスからサブインターフェイスを拡張するときは、implementsキーワードを使う。

2. 次の項目について、○か×で答えてください。

① クラスAはクラスBを拡張したサブクラスである。
② クラスAはインターフェイスCを実装している。
③ インターフェイスCはクラスDを拡張したサブインターフェイスである。

```
interface C extends D
{
   ...
}
...
class A extends B implements C
{
   ...
}
```

3. 次のクラスBのオブジェクトを作成できるようにしたい場合、【 】に入れるべきアルファベットを答えてください。

```
interface A
{
   void a();
}
class B implements A
{
   void 【 】()
```

```
   {
      ...
   }
   void b()
   {
      ...
   }
}
```

4. 次のコードはどこかまちがっていますか？　誤りがあれば、指摘してください。

```
abstract class Vehicle
{
   protected int speed;
   public void setSpeed(int s)
   {
      speed = s;
      System.out.println("速度を" + speed + "にしました。");
   }
   abstract void show();
}

class SampleP4
{
   public static void main(String[] args)
   {
      Vehicle vc;
      vc = new Vehicle();
      vc.setSpeed(500);
      vc.show();
   }
}
```

大規模なプログラムの開発

これまでの章では、小さなプログラムを数多く作成してきました。しかし、プログラムが大規模なものになると、コード中でさらにたくさんのクラスを扱っていくことが必要になるでしょう。この章では、大規模なプログラムを開発するために必要な知識を学ぶことにします。

Check Point!

- ファイルの分割
- パッケージ
- 名前空間
- サブパッケージ
- インポート

13.1 ファイルの分割

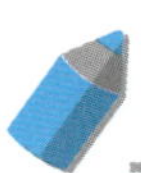

ファイルを分割する

大規模なプログラムを開発していく際には、複数の人間でプログラミングを分担していくことになります。すでに作成したクラスを利用して、より大きな新しいプログラムを開発していくことにもあります。このとき、これまでのように複数のクラスを同じファイルに記述していると不便です。たくさんのクラスについて、大勢の人間がさまざまなファイル上で作業していくことが必要になるでしょう。そこで、この章では最初に、

クラスを複数のファイルに分割して記述する

という方法を学ぶことにしましょう。まず最初に、次の2つのソースファイルを作成してみてください。

Car.java ▶ ファイルを分割する

```
//車クラス
class Car
{
   private int num;
   private double gas;

   public Car()
   {
      num = 0;
      gas = 0.0;
      System.out.println("車を作成しました。");
   }
   public void setCar(int n, double g)
   {
      num = n;
      gas = g;
```

```
        System.out.println("ナンバーを" + num + "にガソリン量を"
            + gas+ "にしました。");
    }
    public void show()
    {
        System.out.println("車のナンバーは" + num + "です。");
        System.out.println("ガソリン量は" + gas + "です。");
    }
}
```

Sample1.java

```
class Sample1
{
    public static void main(String[] args)
    {
        Car car1 = new Car();
        car1.show();
    }
}
```

Sample1は、これまでのCarクラスとほぼ同じものです。ただし、これまで1つのファイルに記述してきた2つのクラスを、2つのファイルに分割しました。

Car.java ⟶ Carクラス
Sample1.java ⟶ main()メソッドをもつSample1クラス

この2つのファイルをコンパイルするには、これまでどおり、次のように入力します。

Sample1のコンパイル方法

```
javac Sample1.java ↵
```

これまでと同じ方法でコンパイルできます

すると、Car.classとSample1.classという2つのファイルが作成されます。プログラムを実行するには、この2つのファイルを同じフォルダ内に置いたままで、次のように入力してください。

Sample1の実行方法

Sample1の実行画面

```
車を作成しました。
車のナンバーは0です。
ガソリン量は0.0です。
```

ファイルを分割しても、これまでとまったく同じ方法で実行できることがわかります。

このように、ファイルを分割すれば、大規模なプログラムを複数の人間で分担・作成していくことができます。たくさんのクラスを扱う大きなプログラムを作成する場合には、ファイルを分割することが不可欠です。

複数のクラスは、別ファイルに分割して書くことができる。

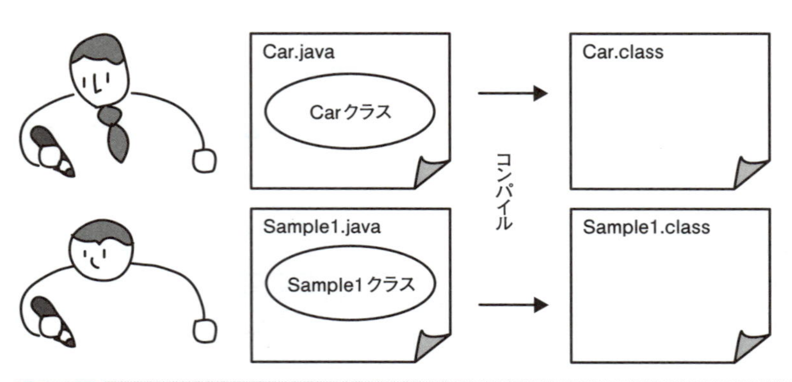

図13-1 ファイルの分割
複数のクラスは別々のファイルに記述することができます。

13.2 パッケージの基本

パッケージのしくみを知る

大規模なプログラムでは、ほかの人たちが設計したさまざまなクラスを利用する場合があります。ときには、いろいろな人が作成した同じ名前のクラスを、プログラムの中に混在させて使わなければならない場合もあるかもしれません。このとき、Javaでは**パッケージ**（package）というしくみを使ってクラス名を区別します。

クラスをパッケージに含める

という作業をしておくと、同じ名前であってもクラスの名前にパッケージの名前をつけて、区別することができるようになるのです。

ではまず、クラスをパッケージに含める方法をおぼえましょう。このためにはソースファイルの先頭に、次のように指定をします。

パッケージ

```
package パッケージ名;
```

ソースファイル上のクラスをパッケージに含めます

実際にやってみましょう。次のコードを入力してください。

Sample2.java ▶ パッケージに含める

```
package pa;
//車クラス
class Car
{
   private int num;
   private double gas;
```

- package pa; … パッケージに含めます
- class Car … このクラスはパッケージpaに含められます

Lesson 13

```
    public Car()
    {
        num = 0;
        gas = 0.0;
        System.out.println("車を作成しました。");
    }
    public void setCar(int n, double g)
    {
        num = n;
        gas = g;
        System.out.println("ナンバーを" + num + "にガソリン量を"
           + gas+ "にしました。");
    }
    public void show()
    {
        System.out.println("車のナンバーは" + num + "です。");
        System.out.println("ガソリン量は" + gas + "です。");
    }
}

class Sample2
{
    public static void main(String[] args)
    {
        Car car1 = new Car();
        car1.show();
    }
}
```

このクラスはパッケージpaに含められます

このプログラムをコンパイルするには、まず、自分のコンピュータの作業中のフォルダの中に、**パッケージ名と同じ「pa」という名前をつけたフォルダを作成**してください。そして、その「pa」ディレクトリ（フォルダ）の中に、上で入力したSample2.javaを保存します。

たとえば、「Cドライブの下のYJSampleディレクトリ内の13ディレクトリ」でプログラムの作成作業をしているものだとしましょう。ここでは「13」ディレクトリを「作業中ディレクトリ」と呼ぶことにします。このとき、次のように作業中ディレクトリ「13」の中に「pa」ディレクトリを作成し、Sample2.javaを保存するのです。

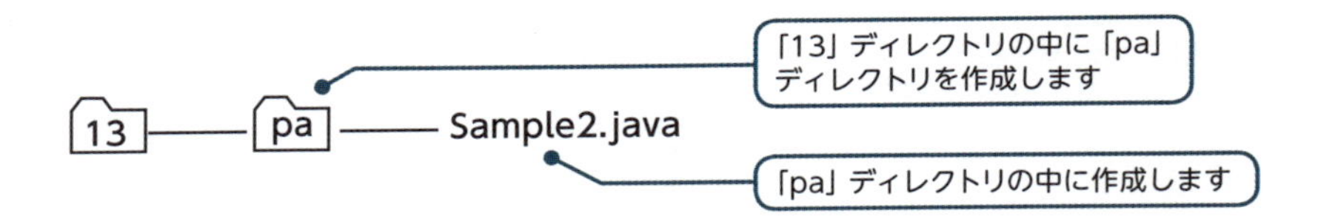

保存したら、作業中ディレクトリから次のようにコンパイルしてください。

Sample2のコンパイル方法

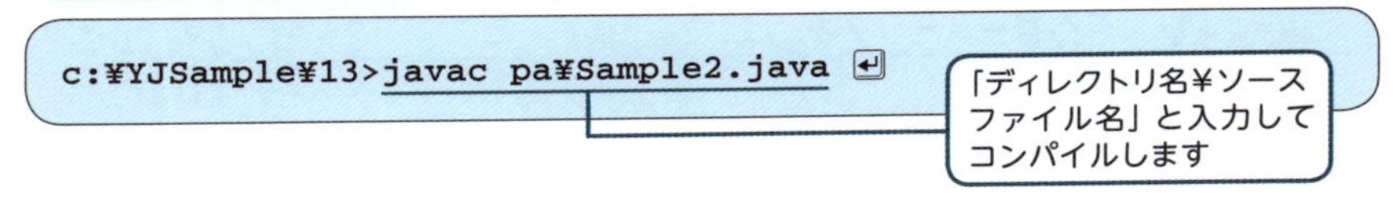

すると、paディレクトリの中に2つのクラスファイルが作成されます。

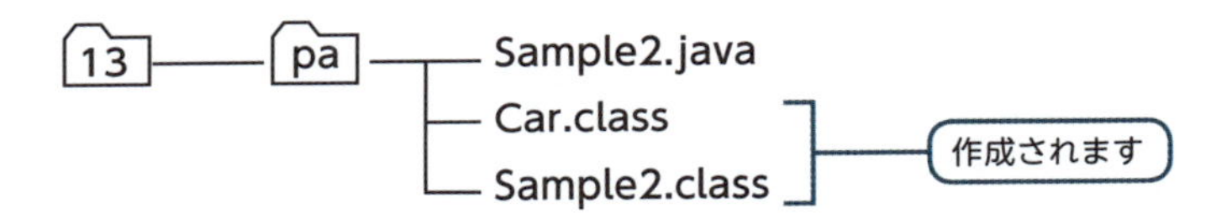

このあと、作業中ディレクトリで次のように入力すれば、プログラムを実行することができます。

Sample2の実行方法

いままでのコンパイル・実行方法より少し複雑ですので、注意してみてください。では、クラスをパッケージに含める作業手順をまとめておきましょう。

❶パッケージ名と同じディレクトリを作業中ディレクトリの下に作成して、ソースファイルを保存する

❷作業中ディレクトリから「javac ディレクトリ名¥ソースファイル名」と入力してコンパイルする

❸作業中ディレクトリから「java パッケージ名.クラス名」と入力して実行する

同じパッケージのクラスを利用する

それでは、もう一度Sample2のコードの先頭をみてください。

```
package pa;
```

パッケージに含めます

これは、

ファイルに記述した2つのクラスを「pa」という名前のパッケージに含める

という指定です。パッケージにクラスを含めるにはこのように書けばよいのです。

このように同じパッケージに含めたクラスは、パッケージについて特に意識することなく利用することができます。ここではパッケージの扱いかただけをおぼえておくことにしましょう。

複数のクラスを、パッケージに含めることができる。

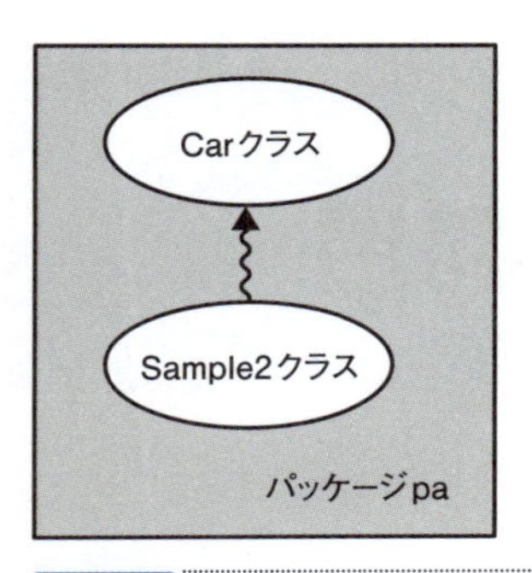

図13-2　パッケージ
同じパッケージに複数のクラスを含めることができます。

packageを指定しないと？

packageを指定しないソースファイルに記述したクラスは、「名前のないパッケージ」というものの中に含められます。つまり、これまでの章のクラスは、すべて名前のない同じパッケージに含められていたのです。

ここで説明したように、同じパッケージに含まれるクラスどうしは、パッケージについて特に意識する必要はありません。そこで、これまではパッケージについてふれてこなかったわけです。

13.3 パッケージの利用

同じパッケージに含める

それでは、パッケージの扱いかたをさらにみていきましょう。今度は

異なるファイルのクラスを、同じパッケージに含める

という作業をしてみます。次の2つのファイルをコンパイルしてみてください。

Car.java ▶ 同じパッケージに含める

```
package pa;   ← Carクラスをパッケージpaに含めます
//車クラス
class Car
{
    private int num;
    private double gas;

    public Car()
    {
        num = 0;
        gas = 0.0;
        System.out.println("車を作成しました。");
    }
    public void setCar(int n, double g)
    {
        num = n;
        gas = g;
        System.out.println("ナンバーを" + num + "にガソリン量を"
            + gas+ "にしました。");
    }
    public void show()
    {
        System.out.println("車のナンバーは" + num + "です。");
        System.out.println("ガソリン量は" + gas + "です。");
```

```
    }
}
```

Sample3.java

```
package pa;

class Sample3
{
    public static void main(String[] args)
    {
        Car car1 = new Car();
        car1.show();
    }
}
```

Sample3クラスをパッケージpaに含めます

今度の2つのクラスは、異なるファイルに書かれています。この2つのクラスをパッケージpaに含めるようにしてみました。2つのファイルを「pa」ディレクトリ（フォルダ）に保存して、作業中ディレクトリからコンパイル・実行してください。

Sample3のコンパイル方法

```
c:¥YJSample¥13>javac pa¥Sample3.java ↵
```

Sample3の実行方法

```
c:¥YJSample¥13>java pa.Sample3 ↵
```

Sample3の実行画面

```
車を作成しました。
車のナンバーは0です。
ガソリン量は0.0です。
```

このように、異なるファイルに書かれているクラスであっても、同じパッケージの中に含めることができます。同じパッケージに含まれるクラスどうしは、パッケージについて特に意識する必要はないのでした。そこで、ここでもやはりパッケージの指定以外は、これまでのコードとまったく同じように記述することができます。

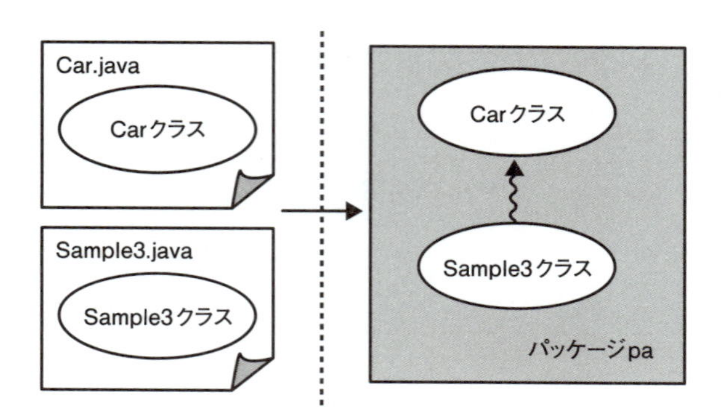

図13-3 同じパッケージに含める
同じパッケージに異なるファイルのクラスを含めることができます。

異なるパッケージにわける

さて、**異なるファイルに書いたクラスであれば、異なるパッケージに含める**こともできます。今度は、Sample4クラスのほうだけを、パッケージpbに含めてみることにしましょう。

Sample4.java ▶ 異なるパッケージにする

```
package pb;    ← Sample4クラスはパッケージpbに含めます

class Sample4
{
   public static void main(String[] args)
   {
      Car car1 = new Car();
      car1.show();
```

```
    }
}
```

Sample4のコンパイルをためす方法

```
c:¥YJSample¥13>javac pb¥Sample4.java ↵
```

正しくコンパイルできません

今度は、「Carクラス→パッケージpa」、「Sample4クラス→パッケージpb」に含めようとしています。ところが、このコードを正しくコンパイルすることはできません。どうしてなのでしょうか？

これは、Sample4クラスの中で「Car」という名前のクラスを利用しているためです。Sample4クラスの中で単純に「Car」と書くと、「同じパッケージの中のCarクラス」をさすことになっています。そこでSample4クラスと同じパッケージから「Carクラス」が探されるのですが、2つのクラスは異なるパッケージとなっているので、それをみつけることはできません。このため、コードを正しくコンパイルすることができないのです。

そこで、異なるパッケージを扱うプログラムを、正しく実行する方法を学ぶことにしましょう。

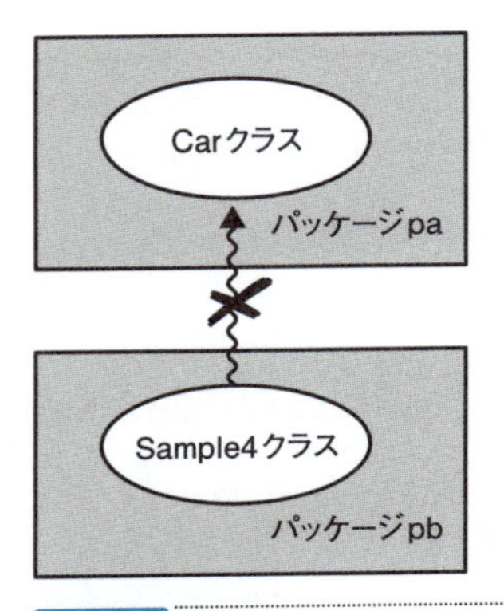

図13-4 異なるパッケージに含める
異なるパッケージのクラスは、そのままでは利用できません。

異なるパッケージ

同じソースファイル上のクラスを、異なるパッケージにわけることはできません。1つのファイルには、1つのpackage文しか指定できないようになっているからです。異なるパッケージに含めたいクラスは、別々のファイルに記述してください。

異なるパッケージのクラスを利用する

異なるパッケージのクラスを利用するためには、2つの作業が必要になります。

❶ 利用されるクラスの先頭にpublicをつける

❷ 利用するクラスの中では、利用されるクラス名にパッケージ名をつけて指定する

実際にやってみましょう。次の2つのコードを、これまでの方法にしたがってコンパイルしてみてください。

Car.java ▶ 異なるパッケージのクラスを利用する

```
package pc;
//車クラス
public class Car
{
    private int num;
    private double gas;

    public Car()
    {
        num = 0;
        gas = 0.0;
        System.out.println("車を作成しました。");
    }
    public void setCar(int n, double g)
    {
        num = n;
        gas = g;
        System.out.println("ナンバーを" + num + "にガソリン量を"
            + gas+ "にしました。");
    }
    public void show()
    {
        System.out.println("車のナンバーは" + num + "です。");
        System.out.println("ガソリン量は" + gas + "です。");
    }
}
```

Carクラスをパッケージpcに含めます

❶Carクラスをほかのパッケージのクラスから利用できるようにします

Sample5.java

```
package pb;

class Sample5
{
   public static void main(String[] args)
   {
      pc.Car car1 = new pc.Car();
      car1.show();
   }
}
```

Sample5クラスをパッケージpbに含めます

❷パッケージ名をつけて記述します

Sample5の実行方法

```
c:¥YJSample¥13>java pb.Sample5
```

今度は、パッケージpcにCarクラスを含めています。ただし、このクラスの先頭には、publicという指定がついていることに注意してください。これは、

このクラスを別のパッケージから利用できるようにする

ということを意味します（❶）。

さらに、Carクラスを利用するSample5クラスでは、Carクラスのパッケージ名をつけて次のように記述しています。

pc.Car

単純に「Car」と記述しているのではありません。「パッケージpcの中のCarクラス」という指定をしているのです。つまり、異なるパッケージのクラスを使うには、

パッケージ名を含めてクラス名を記述する

という作業が必要になるというわけです（❷）。Sample4では、このような作業をしなかったので、プログラムを実行することができなかったのです。この2つの作業をおぼえるようにしてください。

Lesson 13

クラスの先頭にpublicをつけると、異なるパッケージから利用できる。
異なるパッケージのクラスを利用するには、「パッケージ名.クラス名」と記述する。

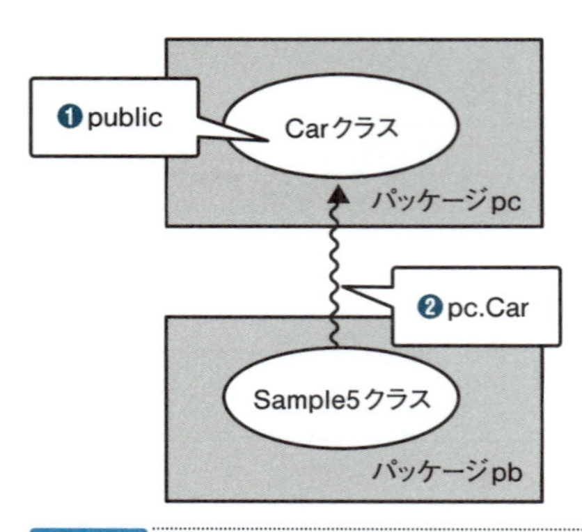

図13-5 **異なるパッケージのクラス**
異なるパッケージのクラスを利用するには、❶利用されるクラスにpublicを指定し、❷利用するときに「パッケージ名.クラス名」と記述します。

クラスにつけるpublic

クラスの先頭にpublicをつけた場合は、

異なるパッケージから使えるクラスとする

という意味があることをここで学びました。一方、publicを省略した場合は、

同じパッケージからしか使えないクラスとする

という意味になるのでおぼえておいてください。
なお、publicをつけたクラスは、1つのソースファイル中に1つだけしか記述することができません。そして、そのようなソースファイルの名前は、publicをつけたクラス名と同じものをつけなければならないことになっています。
さてこれまでには、public、protected、privateという修飾子が何度か出てきました。修飾子は、クラスやメンバなどにつけられます。ここで使いかたをまとめておくことにしましょう。

クラス・インターフェイスにつける修飾子	意味
無指定	同じパッケージからのみ使用できるようにする
public	異なるパッケージからも使用できるようにする

メンバ・コンストラクタにつける修飾子	意味
private	同じクラス内でのみアクセスできるようにする
無指定	同じパッケージからのみアクセスできるようにする
protected	同じパッケージのクラスと別パッケージのサブクラスからのみアクセスできるようにする
public	すべてのクラスからアクセスできるようにする（ただし、クラスがpublicでない場合は、同じパッケージからのみとなる）

パッケージ名でクラスを区別する

ところで、Sample3のpa.Carクラスと、Sample5のpc.Carクラスは、クラス名は同じでも、まったく異なるクラスを意味しています。パッケージ名が異なれば、同じクラス名でも別のクラスとなるのです。

たくさんのクラスを扱う大規模なプログラムを作成する場合には、別々の設計者によって同じ名前の複数のクラスが存在してしまうことがあるかもしれません。このようなとき、パッケージ名でクラス名を区別することがたいせつであることがわかるでしょう。パッケージによってわけられているクラスの名前の集まりは、**名前空間**（namespace）と呼ばれています。

図13-6 パッケージ名とクラス

同じクラス名でも、異なるパッケージに属するクラスは別のクラスとなっています。同じ名前のクラスが、異なる開発者によって設計されても問題がないようになっています。

パッケージ名のつけかた

名前空間は、開発者の属する組織のドメインを利用することが推奨されています。たとえば、「xxx.co.jp」という組織の場合は、「jp.co.xxx.・・・」と逆順にした名前を先頭にするパッケージ名を使います。

13.4 インポート

インポートのしくみを知る

前の節では、異なるパッケージのクラスを利用するために、クラス名にパッケージ名をつけて記述することを学びました。

```
pc.Car car1 = new pc.Car();
```

パッケージ名をつけて記述する必要があります

しかし、異なるパッケージのクラスをたくさん利用するとき、すべてのクラスにいちいちパッケージ名をつけるのは面倒です。そこで、ファイルの先頭で**インポート**（import）という作業を行うことができます。

構文 インポート

```
import パッケージ名.クラス名;
```

異なるパッケージのクラスをインポートします

このようにしておけば、コード中で異なるパッケージのクラスを利用するときにも、**パッケージ名をつけずにクラス名だけを記述すればよい**ことになっています。

```
import pc.Car;
...
Car car1 = new Car();
```

パッケージ名をつけないで記述できます

それでは、インポートをして、前の節のSample5で作成したpc.Carクラスを利用してみることにしましょう。

Lesson 13

Sample6.java ▶ import文を使う

```
package pb;
import pc.Car;

class Sample6
{
    public static void main(String[] args)
    {
        Car car1 = new Car();
        car1.show();
    }
}
```

インポートすると・・・

パッケージ名をつけないで使うことができます

ファイルの先頭で、pc.Carクラスをインポートしました。すると、パッケージ名を指定しないでpc.Carクラスを使うことができます。コードが読みやすくなるので、たいへん便利です。

インポートをすると、パッケージ名をつけずにクラスを利用できる。

サブパッケージをつくる

パッケージには、さらに便利な使いかたがあります。

パッケージに階層をつくる

ということができるのです。パッケージに階層をつくると、たくさんのクラスを機能別に分類することができます。パッケージの下の階層につくるパッケージを、**サブパッケージ**（subpackage）と呼びます。

さっそくサブパッケージを作成してみることにしましょう。まず、自分のコンピュータの環境で、「pa」ディレクトリ（フォルダ）の下に新しく「sub」ディレクトリ（フォルダ）を作成します。その中に次のSample7.javaを保存してください。

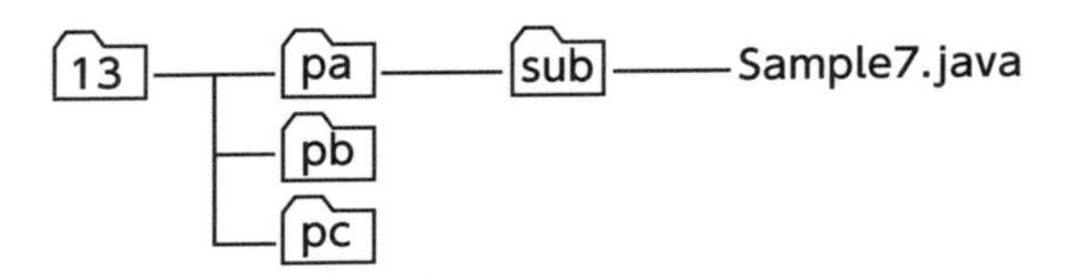

Sample7.java ▶ サブパッケージをつくる

```
package pa.sub;
//車クラス
class Car
{
   private int num;
   private double gas;

   public Car()
   {
      num = 0;
      gas = 0.0;
      System.out.println("車を作成しました。");
   }
   public void setCar(int n, double g)
   {
      num = n;
      gas = g;
      System.out.println("ナンバーを" + num + "にガソリン量を"
         + gas+ "にしました。");
   }
   public void show()
   {
      System.out.println("車のナンバーは" + num + "です。");
      System.out.println("ガソリン量は" + gas + "です。");
   }
}

class Sample7
{
   public static void main(String[] args)
   {
      Car car1 = new Car();
      car1.show();
   }
}
```

サブパッケージに含めます

Lesson 13

Sample7のコンパイル方法

```
c:¥YJSample¥13>javac pa¥sub¥Sample7.java ↵
```

Sample7の実行方法

```
c:¥YJSample¥13>java pa.sub.Sample7 ↵
```

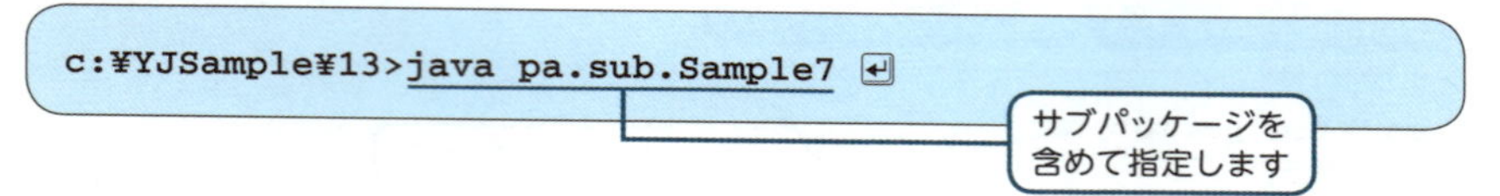

これまでのパッケージの使いかたとほとんど同じです。ただし、サブパッケージは、さらにピリオド（.）で区切って指定します。

サブパッケージを作成すれば、役割の似たクラスを階層化されたパッケージに分類して、わかりやすくプログラムを作成していくことができます。

ただし、パッケージ（pa）とサブパッケージ（pa.sub）は、コード上でまったく異なるパッケージとして扱われることに注意してください。サブパッケージは、パッケージをわかりやすく分類するためにだけ使われるのです。

パッケージを階層化することができる。

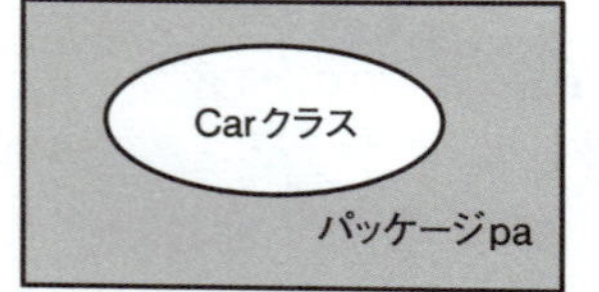

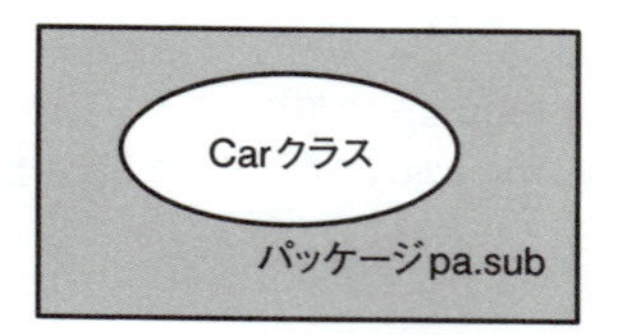

図13-7 サブパッケージ

パッケージの下にサブパッケージを作成することができます。ただし、上の階層のパッケージとはまったく異なるパッケージとして扱われます。

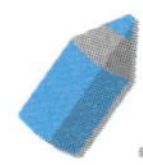

クラスライブラリのパッケージ

ところで、第10章で紹介したJavaのクラスライブラリを思い出してください。実は、クラスライブラリのクラスも、パッケージで分類されたクラスとなっています。クラスライブラリの主なパッケージは表13-1のようになっています。

表13-1　クラスライブラリのパッケージ

パッケージ名	パッケージに含まれるクラス
java.applet	アプレット関連のクラス
java.awt	ウィンドウ部品関連のクラス
java.awt.event	イベント関連のクラス
java.awt.Image	イメージ関連のクラス
java.lang	基本的なクラス
java.io	入出力関連のクラス
java.net	ネットワーク関連のクラス
java.util	ユーティリティ関連のクラス
java.math	数値の演算に関するクラス
java.text	数値や日付などの国際化に関するクラス

クラスライブラリのクラスを利用するには、パッケージ名を指定しなくてよいように、通常はファイルの先頭でインポートをします。たとえば、次のようにして利用します。

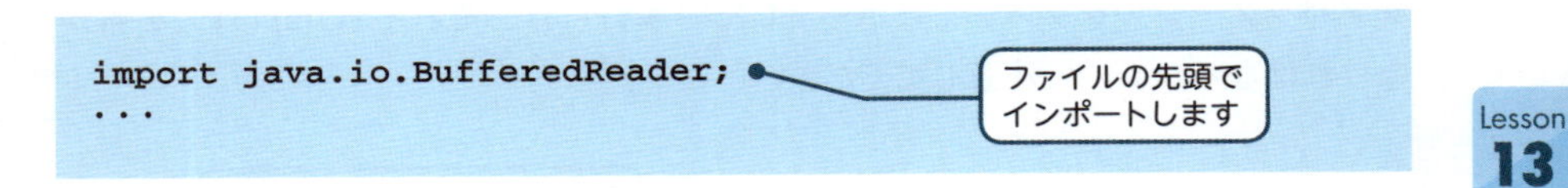

```
import java.io.BufferedReader;
...
```


ただし、java.langパッケージだけは、インポートしなくても、クラス名を記述するだけで使えるようになっています。このため、このパッケージに含まれるStringクラスなどを使う場合には、インポートをしなくても、そのままクラス名だけで使うことができたのです。

複数のクラスをインポートする

ところで、同じパッケージ中の複数のクラスをインポートするときには、次のように名前をいちいち指定しなければなりません。

```
import java.io.BufferedReader;
import java.io.IOException;
...
```

たくさんのクラスをとり込むのは面倒です

しかし、同じパッケージ内のクラスを多く使う場合には、これはたいへん面倒です。このとき、

パッケージ内の複数のクラスをすべてインポートする

という記述を使うと便利です。このためには、インポートしたいパッケージを指定し、最後に *（アスタリスク）をつけてください。

```
import java.io.*
```

パッケージjava.ioのクラスがすべてとり込まれます

すると、指定したパッケージに含まれるすべてのクラスがインポートされることになっています。

ただし、この指定では、サブパッケージのクラスまでとり込むことはできません。サブパッケージのクラスもインポートしたい場合には、それぞれimport文を書かなければならないので注意してください。

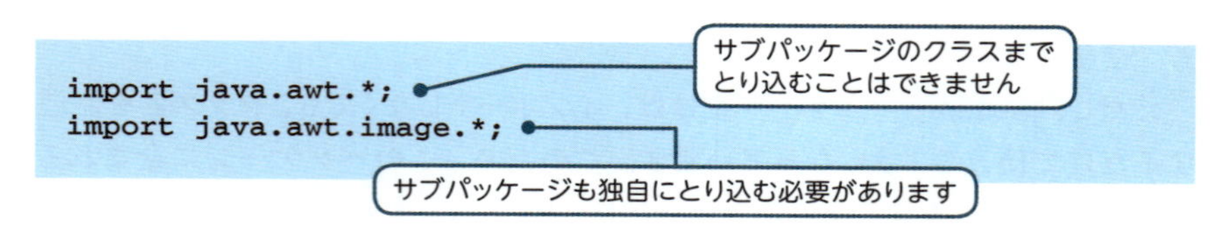

同じパッケージのクラスをすべてインポートするには、*記号を使う。

13.5 レッスンのまとめ

この章では、次のようなことを学びました。

- ファイルを分割してコンパイルすることができます。
- クラスをパッケージに含めるにはpackage文を使います。
- クラスを異なるパッケージから利用できるようにするには、publicを指定します。
- 異なるパッケージのクラスを利用するには、「パッケージ名.クラス名」と記述します。
- 異なるパッケージのクラスを、import文を使ってインポートすることができます。
- クラスライブラリのクラスは、パッケージ内に分類されています。
- 同じパッケージのクラスをすべてインポートするには、import文で * を指定します。

この章では、大きなプログラムを作成する際に必要な知識を学びました。パッケージのしくみをとり入れることによって、より大規模なプログラムを開発することができるようになります。

練習

1. 次の項目について、○か×で答えてください。

① 異なるソースファイルのクラスは、同じパッケージに含めることができる。

② 同じソースファイルのクラスは、異なるパッケージに含めることができる。

③ サブクラスは、スーパークラスと同じパッケージに含めなくてもよい。

④ publicメソッドは、publicクラスのメンバでなくても異なるパッケージのクラスから呼び出すことができる。

2. 次の項目について、○か×で答えてください。

① クラスAはパッケージdに含められる。

② クラスBはパッケージcに含められる。

③ このソースファイル名はB.javaとする必要がある。

```
package d;
import c;
class A
{
   ...
}
public class B
{
   ...
}
```

3. 次のパッケージに含まれるクラスがあるとき、①～③の文について、インポートされるクラスをそれぞれすべて答えてください。

パッケージ	クラス
ppp	A、B
ppp.sss	C、D

① import ppp.A;
② import ppp.*;
③ import ppp.sss.*;

4. 次のSampleP4.javaの誤りを指摘してください。

```
package p;

class Car
{
   private int num;
   private double gas;

   public Car()
   {
      num = 0;
      gas = 0.0;
      System.out.println("車を作成しました。");
   }
   public void setCar(int n, double g)
   {
      num = n;
      gas = g;
      System.out.println("ナンバーを" + num +
         "にガソリン量を" + gas+ "にしました。");
   }
   public void show()
   {
      System.out.println("車のナンバーは" + num + "です。");
      System.out.println("ガソリン量は" + gas + "です。");
   }
}

public class SampleP4
{
   public static void main(String[] args)
   {
      pc.Car car1 = new pc.Car();
      car1.show();
   }
}
```

Lesson 13

例外と入出力処理

プログラムを実行したときには、さまざまなエラーがおきる場合があります。Javaは、このプログラム実行時のエラーに対応するため、「例外処理」というしくみをそなえています。この章では、例外処理について学びましょう。また、データの読み書きを行うための「入出力処理」についても学ぶことにします。

Check Point!

- 例外
- 例外処理
- 例外の送出
- 入出力処理
- ストリーム
- コマンドライン引数

14.1 例外の基本

例外のしくみを知る

プログラムを実行したときには、さまざまなエラーがおきる場合があります。たとえば、私たちは次のような状況に出会うことがあります。

- ファイルを処理するプログラムを実行した。しかし、指定したファイルがみつからなかった。
- ユーザーが入力した文字列を整数に変換するプログラムを実行した。しかし、ユーザーは整数以外の値を入力してしまった。
- 配列を扱うプログラムを実行した。しかし、配列要素の数をこえて値の代入を行ってしまった。

これらは、コードをコンパイルするときにはみつけることができない誤りです。プログラムを実行してはじめてエラーがあることがわかります。

Javaでは、このような実行時のエラーを適切に処理するため、**例外**（exception）というしくみをそなえています。この章では、「例外」について学んでいくことにしましょう。

まず、例外とはどのようなものなのかをみていくことにします。次のコードを入力してみてください。

Sample1.java ▶ 配列要素の数をこえて代入する

```
class Sample1
{
   public static void main(String[] args)
   {
      int[] test;
      test = new int[5];
```

```
        System.out.println("test[10]に値を代入します。");

        test[10] = 80;
        System.out.println("test[10]に80を代入しました。");
        System.out.println("無事終了しました。");
    }
}
```

配列要素の数をこえているため例外がおきます

この処理は行われません

Sample1の実行画面

```
test[10]に値を代入します。
Exception in thread "main"
java.lang.ArrayIndexOutOfBoundsException: 10
                at Sample1.main(Sample1.java:10)
```

実行が途中で終了しています

プログラムを実行してみると、メッセージが表示され、途中でプログラムが終了してしまいます。配列の添字（test[10]）が要素数をこえているために、エラーがおきてしまったのです。このエラーはプログラムを実行したときでないとわからないようになっています。

Javaではこのようなエラーがおこることを、

ArrayIndexOutOfBoundsExceptionという種類の例外がおきた

と呼んでいます。「例外がおきた」ということを、

例外が送出された（throw）

と呼ぶこともあります。

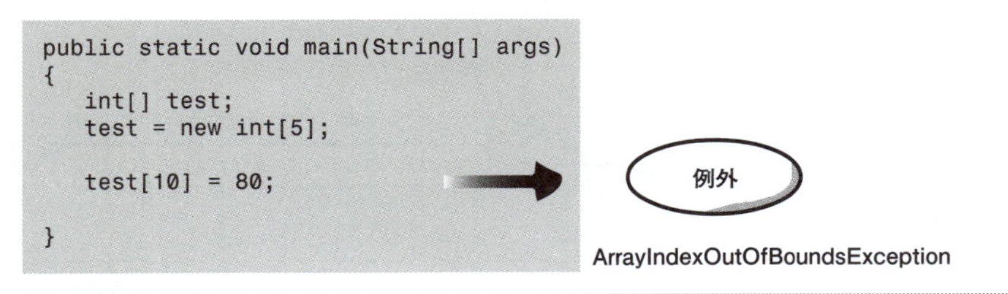

図14-1 例外
例外は、プログラムを実行したときにおきるエラーなどをあらわします。

例外を処理する

Sample1では、例外に対して特になんの処理もしていません。しかし、この例外に対して適切な処理をするコードを書くことで、**エラーに強いプログラム**を作成することができます。これを、**例外処理**（exception handling）と呼びます。

さっそくSample1を書きかえて、例外処理をしてみることにしましょう。

Sample2.java ▶ 例外を処理する

```
class Sample2
{
   public static void main(String[] args)
   {
      try{

         int[] test;
         test = new int[5];

         System.out.println("test[10]に値を代入します。");

         test[10] = 80;
         System.out.println("test[10]に80を代入しました。");

      }
      catch(ArrayIndexOutOfBoundsException e){

         System.out.println("配列の要素をこえています。");
      }
      System.out.println("無事終了しました。");
   }
}
```

- try{ … 例外の発生を調べる部分を指定します
- test[10] = 80; … 配列要素をこえる例外が発生すると…
- catch ブロック … このブロックの処理が行われます

Sample2の実行画面

```
test[10]に値を代入します。
配列の要素をこえています。
無事終了しました。
```

- 配列の要素をこえています。 … catchブロックの処理が行われています

ここでは、try、catchという2つのブロックをつけ加えています。このブロックが例外処理の基本です。次のスタイルをみてください。

例外処理

```
try{
    例外の発生を調べる文;
    ...
}
catch(例外のクラス 変数名){
    例外がおきたときに処理する文;
    ...
}
```

この2つのブロックをつけると、次のような順番で例外が処理されます。

❶tryブロック中で例外がおきると、そこで処理を中断する

❷例外がcatchブロックの()内の例外の種類と一致していれば、そのcatchブロック内の処理を行う

❸catchブロックが終わったら、そのtry～catchブロックのあとから処理が続けられる

次のページの図14-2をみてください。これが例外処理の流れです。

例外とcatchブロックの()内の種類が一致し、catchブロックの処理が行われることを、

catchブロックで例外を受けとる(catch)

といいます。

例外処理を行うと、Sample1のようにプログラムが途中で終了することはありません。まず例外を受けとって、catchブロックで「配列の要素をこえています。」というエラーメッセージを出力しています。そして、最後まで無事に処理が実行されるようになっています。エラーに対処したプログラムになっていることがわかりますね。

```
public static void main(String[] args)
{
   try{

      int[] test;
      test = new int[5];

      test[10] = 80;

   }
   catch(ArrayIndexOutOfBoundsException e){
   ...
   }
}
```


図14-2 例外処理

tryブロックでおきた例外を、catchブロックで受けとって処理をすることができます。

tryブロックでおこった例外に対する処理を、catchブロックで行うことができる。

catchブロック

tryブロックでおきた例外に対するcatchブロックがみつからなかった場合には、処理中のメソッドの呼び出し元のメソッドに戻って、catchブロックが探されることになっています。

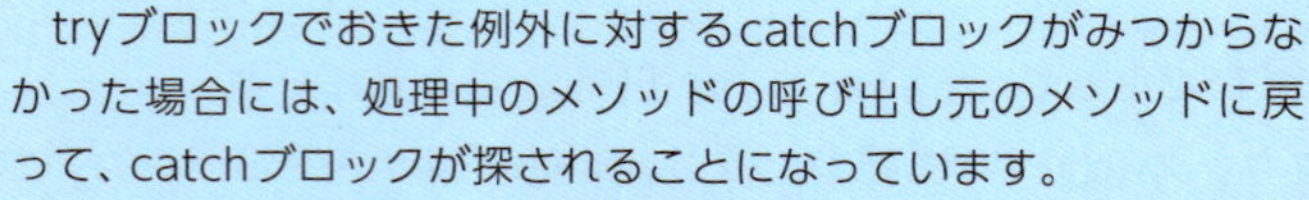

ここではmain()メソッドで例外がおこっているので、それ以上呼び出し元のメソッドに戻ることができません。このため、Sample2にcatchブロックを書かなかった場合は、プログラムが途中で終了してしまうことになります。

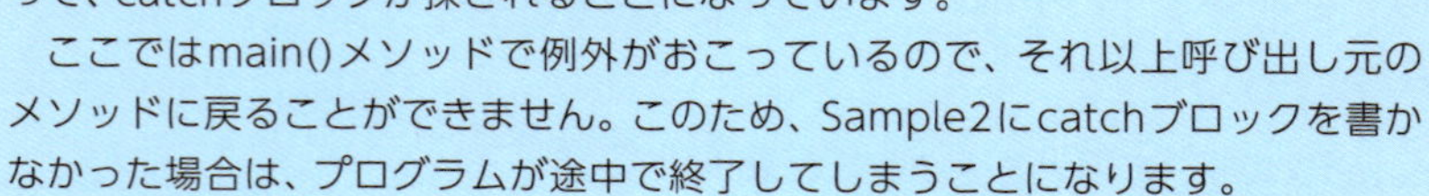

finallyブロックをつける

このことを頭において、さらにfinallyというブロックについて学びましょう。このブロックをつけた例外処理は、次のようなかたちになります。

finallyブロック

```
try{
    例外の発生を調べる文;
    ...
}
catch(例外のクラス 変数名){
    例外がおきたときに処理する文;
    ...
}
finally{
    必ず最後に処理する文;
    ...
}
```

次のコードをみてください。

Sample3.java ▶ finallyブロックをつける

```
class Sample3
{
   public static void main(String[] args)
   {
      try{
         int[] test;
         test = new int[5];

         System.out.println("test[10]に値を代入します。");

         test[10] = 80;
         System.out.println("test[10]に80を代入しました。");

      }
      catch(ArrayIndexOutOfBoundsException e){

         System.out.println("配列の要素をこえています。");
```

```
        }
        finally{
            System.out.println("最後に必ずこの処理をします。");
        }
        System.out.println("無事終了しました。");
    }
}
```

例外の発生にかかわらず最後に処理されます

Sample3の実行画面

```
test[10]に値を代入します。
配列の要素をこえています。
最後に必ずこの処理をします。
無事終了しました。
```

finallyブロックが処理されています

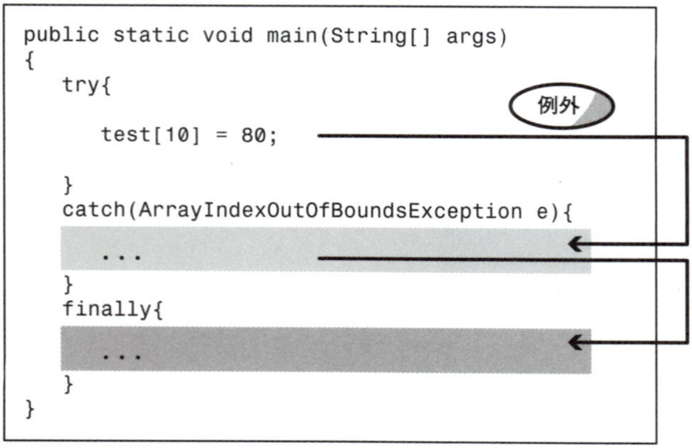

```
public static void main(String[] args)
{
    try{

        test[10] = 80;

    }
    catch(ArrayIndexOutOfBoundsException e){
        ...
    }
    finally{
        ...
    }
}
```

例外

図14-3 finallyブロック
finallyブロックでは、例外の発生にかかわらず、最後に行う処理を記述します。

finallyブロックは、例外がおきる・おきないにかかわらず、そのメソッド内で最後に必ず処理が行われるブロックです。メソッド内に一致するcatchブロックがなかったとしても、**finallyブロックだけは最後に必ず処理されることになっている**のです。try〜、catch〜、finally〜は例外処理の基本となっています。

最後に必ず行わなければならない処理は、finallyブロックに記述する。

finallyブロック

catchブロックのコラムで説明したように、例外処理では、例外がおきたメソッド内でcatchブロックがみつからなかった場合に、呼び出し元のメソッドに戻って、catchブロックが探されることになっています。

このため、例外の発生にかかわらず、そのメソッド内で必ず行っておきたい**重要な処理がある場合には、finallyブロックの中に書いておかなければなりません。**そうでないと例外が発生したときに、その重要な処理が飛ばされたままプログラムの処理がすすんでしまう場合があります。

このような重要な処理としては、ファイルの書き込み処理や、ネットワークとの接続を終了する処理などがあります。

14.2 例外とクラス

例外とクラスのしくみを知る

この節では、「例外」の正体をさらにくわしくみていくことにしましょう。

実は、この章で扱っている「例外」とは、クラスライブラリ（java.langパッケージ）の中の

Throwableクラスのサブクラスのオブジェクト

のことを意味しています。たとえば、これまでに扱った例外は、

Throwableクラスのサブクラスから拡張された、
ArrayIndexOutOfBoundsExceptionというクラスのオブジェクト

となっています。catchブロックでは、()内でこのクラスのオブジェクトを受けとって扱うための変数を記述していたのです。

例外のクラスを指定しています

```
catch(ArrayIndexOutOfBoundsException e){
   System.out.println("配列の要素をこえています。");
}
```

例外オブジェクトを受けとるための変数です

例外のオブジェクトを受けとると、catchブロック内では、変数eがその例外オブジェクトをさし示すようになります。なお、受けとることができる例外オブジェクトは、Throwableクラスから拡張されたサブクラスでなければならないので、注意してください。

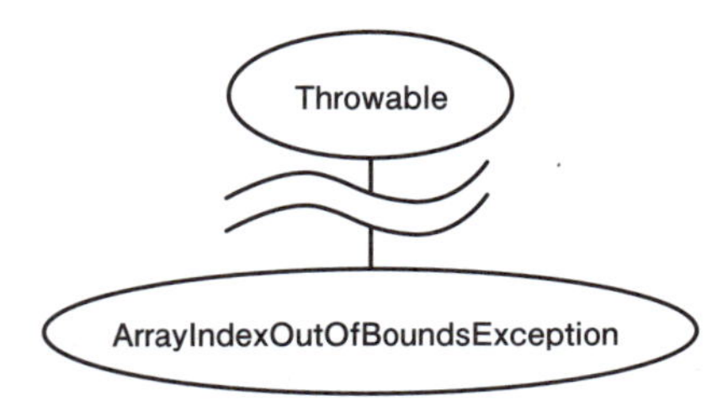

図14-4 例外とクラス
catchブロックでは、Throwableクラスのサブクラスのオブジェクト（例外）を受けとります。

例外の情報を出力する

例外を受けとった変数を利用すれば、catchブロックの中で、例外の情報を出力することもできます。次のコードをみてください。

Sample4.java ▶ 例外の情報を出力する

```
class Sample4
{
   public static void main(String[] args)
   {
      try{

         int[] test;
         test = new int[5];

         System.out.println("test[10]に値を代入します。");

         test[10] = 80;
         System.out.println("test[10]に80を代入しました。");

      }
      catch(ArrayIndexOutOfBoundsException e){

         System.out.println("配列の要素をこえています。");
         System.out.println(e + "という例外が発生しました。");
      }
      System.out.println("無事終了しました。");
```

例外を受けとります

例外の種類を出力します

Lesson 14

```
    }
}
```

Sample4の実行画面

```
test[10]に値を代入します。
配列の要素をこえています。
java.lang.ArrayIndexOutOfBoundsException: 10という例外が発生しました。
無事終了しました。
```

例外の種類がわかります

catchブロックの中で、例外をさしている変数を出力してみました。すると、受けとった例外の種類が出力されることがわかります。この方法を使うと、どんな種類の例外がおきたのかを出力することができて便利です。

```
public static void main(String[] args)
{
   try{

        test[10] = 80;

   }
   catch(ArrayIndexOutOfBoundsException e){

        System.out.println(e + ・・・);
   }
}
```

例外

図14-5 例外情報の出力
catchブロックでは、受けとった例外の情報を出力することができます。

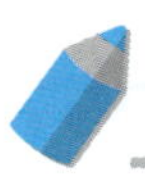

例外の種類を知る

ところで、例外のクラスにはさまざまな種類があります。例外クラスのおおもとになっているThrowableクラスとそのサブクラスは、次のようになっています。

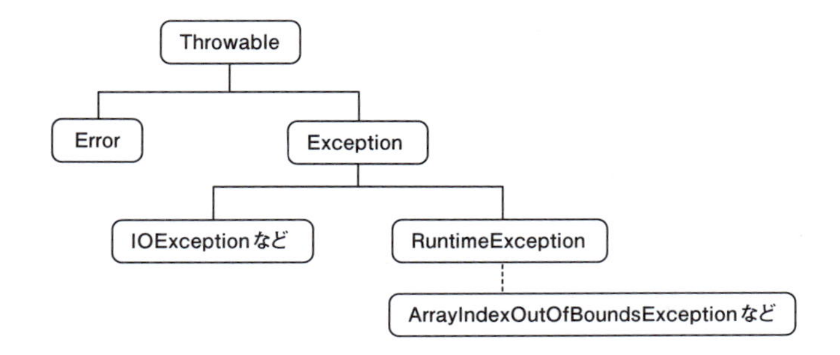

Throwableクラスからは、**Errorクラス**と**Exceptionクラス**が拡張されています。Errorクラスは、プログラムの実行が続行できないようなエラーをあらわしているので、通常例外処理は行いません。

例外処理を行うのは、Exceptionクラスの例外です。Exceptionクラスからは、さらに**RuntimeExceptionクラス**が拡張されています。

たとえば、配列の要素数をこえたときに送出されるArrayIndexOutOfBoundsExceptionは、RuntimeExceptionクラスのサブクラスから拡張されています。

また、キーボードの入力エラーのときにおこる例外であるIOExceptionは、Exceptionクラスのサブクラスです。

このようにクラスライブラリには、さまざまな例外に関するクラスがあります。

いろいろな例外クラス

ここでは配列要素の数をこえたときの例外のみを処理しました。しかし、catchブロックはいくつも記述することができます。このとき、例外クラスの種類に応じて処理をすることができます。

```
}
catch(ArrayIndexOutofBoundsException ae){
...
}
catch(IOException ie){
...
}
```

配列要素数をこえたときのエラーを処理します

入出力のエラーを処理します

また、スーパークラスの変数を使うと、その下のサブクラスの例外すべてを受けとめて処理することができます。

```
}
catch(Exception e){
...
}
```

配列や入出力のエラーを処理します

14.3 例外の送出

例外クラスを宣言する

この章ではこれまで、例外を受けとって処理するコードを記述してきましたね。実はこれとは逆に、

例外をおこすコード

というものも作成することができます。自分の設計したクラスの中に、例外を送出するしくみをもたせることができるのです。

このしくみは、だれか別の人に自分のクラスを利用してもらうときに便利です。例外を送出するクラスを設計しておくことで、クラスを利用する人にエラーに対する処理を記述してもらうことができます。

そこで、まず最初に、

自分で例外クラスをつくる

という方法をみておくことにしましょう。例外クラスをつくることができれば、いろいろな例外をおこす準備ができます。

自分で例外クラスをつくるには、**Throwableクラスのサブクラスを拡張して例外クラスを宣言する**ことが必要です。たとえば、Exceptionクラス（Throwableクラスのサブクラス）から、CarExceptionクラスという独自の例外クラスを拡張してみます。

```
class CarException extends Exception
{
}
```

Exceptionクラスを拡張して独自の例外クラスを宣言します

Lesson 14

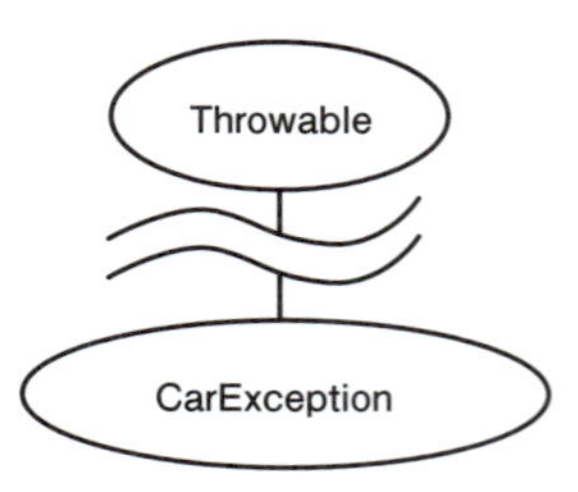

図14-6 独自の例外クラス
Throwableクラスのサブクラスを拡張して、独自の例外クラスを宣言することができます。

このようなCarExceptionクラスを例外とすることができるのです。

例外を送出する

例外クラスができたら、さっそく例外を送出する方法を学びましょう。例外を送出するには、throwという文を使います。次のコードをみてください。

```
public void setCar (int n, double g) throws CarException
{
    if(g < 0){
        CarException e = new CarException();
        throw e;
    }
}
```

- throws CarException：例外を送出するメソッドであることを宣言します
- new CarException()：例外のオブジェクトを作成します
- throw：作成したオブジェクトを送出します

このメソッドでは、渡された引数gが0未満だった場合に、CarExceptionオブジェクトを送出して例外を送出します。throw文は次のように使います。

例外の送出

```
throw 例外のオブジェクトをさす変数;
```

さらに、メソッド名の後ろに注目してください。ここにはthrowsというキーワードがついています。

例外を送出するメソッドであることを宣言します

```
public void setCar(int n, double g) throws CarException
```

これは、setCar()メソッドがCarExceptionクラスの例外を送出する場合があることを示しています。

例外を送出するメソッド

```
戻り値の型 メソッド名(引数リスト) throws 例外クラス
```

それでは実際のコードをみてみることにしましょう。

Sample5.java ▶ 例外を送出する

```
class CarException extends Exception
{
}
//車クラス
class Car
{
   private int num;
   private double gas;

   public Car()
   {
      num = 0;
      gas = 0.0;
      System.out.println("車を作成しました。");
   }
   public void setCar (int n, double g) throws CarException
   {
      if(g < 0){
         CarException e = new CarException();
         throw e;
      }
      else{
```

独自の例外クラスを宣言します

独自の例外クラスを宣言します

例外を送出する可能性があるメソッドであることを宣言します

特定の場合に例外を送出します

```
            num = n;
            gas = g;
            System.out.println("ナンバーを" + num + "にガソリン量を"
               + gas + "にしました。");
        }
    }
    public void show()
    {
        System.out.println("車のナンバーは" + num + "です。");
        System.out.println("ガソリン量は" + gas + "です。");
    }
}

class Sample5
{
    public static void main(String[] args)
    {

        Car car1 = new Car();
        try{
            car1.setCar(1234, -10.0);    ← この呼び出しで例外が送出されます
        }
        catch(CarException e){
            System.out.println(e + "が送出されました。");
        }
        car1.show();
    }
}
```

Sample5の実行画面

```
車を作成しました。
CarExceptionが送出されました。    ← 例外処理が行われています
車のナンバーは0です。
ガソリン量は0.0です。
```

Carクラスを利用する人は、setCar()を呼び出すメソッドの中で、例外に対する処理を記述します。そこでここでは、setCarを呼び出したmain()メソッドの中で例外処理をしています。

例外はthrow文で送出する。

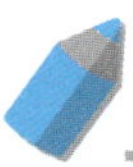

例外を受けとめなかった場合は？

ところで、Carクラスを利用するとき、ここで例外を処理しないこともできます。次のようにSample5の後半を書きかえて、プログラムを実行してみてください。

```
...
class Sample5
{
   public static void main(String[] args)
      throws CarException
   {

      Car car1 = new Car();
      car1.setCar(1234, -10.0);
      car1.show();
   }
}
```

CarExceptionクラスの例外を処理しないこともできます

ただし、このとき例外が送出された場合には・・・

変更後のSample5の実行画面

```
車を作成しました。
Exception in thread "main" CarException
        at Car.setCar(Sample5.java:20)
        at Sample5.main(Sample5.java:42)
```

実行が途中で終了してしまいます

例外が送出される可能性がある場合には、次の2つの処理のいずれかを選択することができるようになっています。

❶ try～catchを使って、そのメソッド内で例外を受けとって処理してしまう

または、

❷throwsを記述して、そのメソッドを利用する呼び出し元のメソッドに例外処理をまかせることを示す

ということになっています。Sample5では、最初に❶の処理を選んで行いました。書きかえたあとは❷を選んでいます。

❶を選んだ場合には、そのメソッドで例外を受けとって処理するので、それ以外には特に何も記述する必要はありません。❷を選んだ場合には、メソッドにthrowsをつけることで、受けとめなかった例外の処理を、さらにそのメソッドを利用する呼び出し元のメソッドにまかせることを示す必要があります。ただし、このときSample5のように呼び出し元のメソッドがないmain()メソッドである場合には、プログラムの実行が終了します。

例外が送出される可能性のあるメソッドでは、原則として
❶そのメソッド内で例外を処理する
❷throwsでほかのメソッドに例外処理をまかせることを示す
のいずれかの処理を記述する。

例外処理をしなくてもよいクラス

ここでは例外が送出される場合に、❶❷のいずれかを選んでコードを記述することを説明しました。ただし、例外がErrorクラスのサブクラスまたはRuntimeExceptionクラスのサブクラスの場合は、❶❷のいずれかを選ばなくてもよいことになっています。つまり、❶の例外処理を行わない場合にも、❷のようにthrows～を記述する必要はありません。

これは、Errorクラスは致命的なエラーをあらわすものであり、例外処理を行う必要がないためです。またRuntimeExceptionクラスは、配列の要素数をこえた場合のエラーなど、必ずしも例外処理をする必要がない程度のエラーであると考えられるためです。

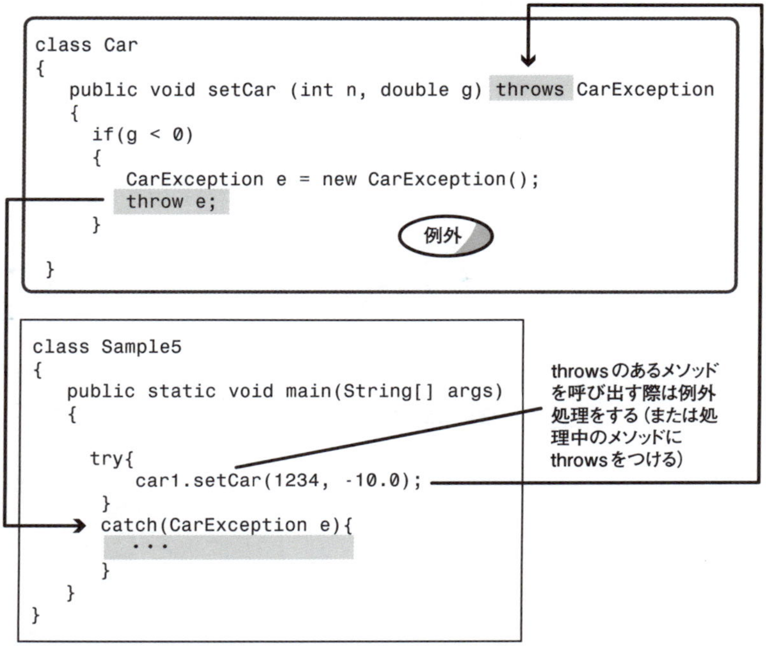

```
class Car
{
   public void setCar (int n, double g) throws CarException
   {
     if(g < 0)
     {
        CarException e = new CarException();
        throw e;
     }
 
 }
```

例外

```
class Sample5
{
   public static void main(String[] args)
   {

     try{
         car1.setCar(1234, -10.0);
      }
      catch(CarException e){
         ...
      }
   }
}
```

throwsのあるメソッドを呼び出す際は例外処理をする(または処理中のメソッドにthrowsをつける)

図14-7 例外の送出
例外を受けとめて処理するか、ほかのメソッドに処理をまかせるかを選択することができます。

このように、例外を送出する可能性のあるメソッドを利用する場合には、❶❷の処理を選択する必要があります。

利用するメソッドが例外を送出する可能性があるかどうかは、クラス中のメソッドにつけられたthrows〜によって知ることができます。クラスの利用者がthrowsがついているメソッドを利用する際には、❶❷を選択する必要があるのです。

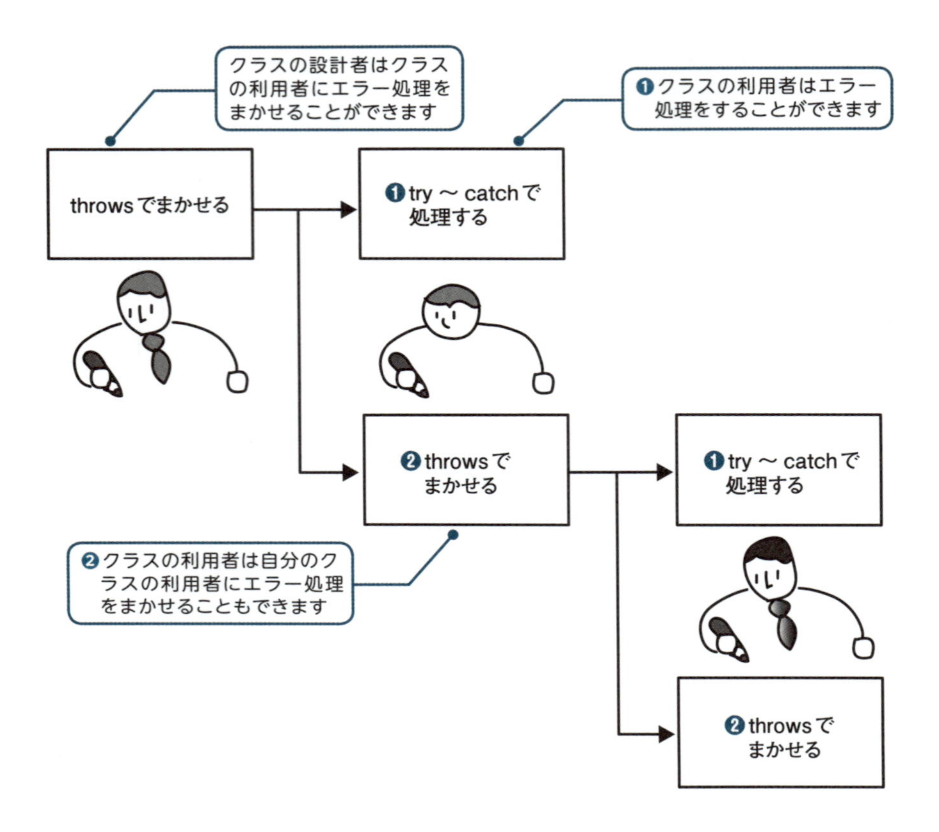

クラスの設計者がすべての考えられうるエラーの処理を記述してしまうと、プログラムの柔軟性が失われてしまう場合があります。クラスの利用者にエラー処理をまかせるという例外処理の機構が存在することによって、エラーに対する柔軟な対応ができるようになっているのです。

14.4 入出力の基本

ストリームのしくみを知る

例外処理を学んだところで、この節では、より実践的なプログラムを作成してみることにしましょう。

いままで作成してきたプログラムの中には、画面に文字や数値を出力したり、キーボードから情報を入力する処理をするものがありました。入出力は、画面やキーボード、それにファイルなどに対して行われます。これらの装置は一見異なるものですが、Javaでは、これらさまざまな装置に対する入出力を統一的な方法で扱うことができるようになっています。この入出力機能をささえる概念を、ストリーム（stream）といいます。

ストリームは、さまざまな異なる装置を同じように扱うための抽象的なしくみです。この節では、さまざまな入出力を行うプログラムを作成していくことにしましょう。

図14-8 ストリーム
入出力はストリームの概念を使って行われます。

ストリームの例を知る

まず、最も基本的なストリームの扱いかたをみてみることにしましょう。ストリームは、これまで何度も登場した画面に出力を行うコードや、キーボードから入力を行うコードで使われています。

Sample6.java ▶ 画面・キーボードから入出力する

```
import java.io.*;

class Sample6
{
   public static void main(String[] args)
   {
      System.out.println("文字列を入力してください。");

      try{
         BufferedReader br =
           new BufferedReader
            (new InputStreamReader(System.in));

         String str = br.readLine();
         System.out.println(str + "が入力されました。");
      }
      catch(IOException e){
         System.out.println("入出力エラーです。");
      }
   }
}
```

❶標準入力を指定して文字ストリームを作成します

❷バッファを介して読み込むようにします

❸1行読み込みます

Sample6の実行画面

```
文字列を入力してください。
Hello ↵
Helloが入力されました。
```

このコードでは、画面やキーボードに出力をするために、標準出力（画面）、標準入力（キーボード）をあらわすオブジェクトを使っています。

System.out …… **標準出力**
System.in …… **標準入力**

私たちはキーボードから文字列を入力をするために、次のような手順をとってきたのです。

❶ System.in（標準入力）からInputStreamReaderクラスのオブジェクトを作成する

❷ ❶からBufferedReaderクラスのオブジェクトを作成する

↓

❸ ❷のreadLine()メソッドを使って1行データを読み込む

ここでは、2つのクラスを使っています。

InputStreamReaderクラス …… 文字ストリーム
BufferedReaderクラス …… バッファを介して読み込むための文字ストリーム

InputStreamReaderクラス（文字ストリーム）は、文字や文字列を読み書きするために使われるストリームです。これにバッファと呼ばれる場所を介してデータを読み書きするBufferedReaderクラスを加えて使うと、読み書きの効率がよくなります。ストリームは入出力には欠かせないしくみなのです。

なお、Sample6ではこれまでのコードと異なり、例外処理もしているので注意してみてください。

ファイルのしくみを知る

キーボードからデータを入力したり、画面に出力したりするプログラムはたいへん便利なものです。しかし、データを長く保存したり、大量に読み込んだりするには、ファイルを使ってデータを管理することが欠かせません。

ファイルを使ってデータを読み書きするコードも、ストリームを使うことによって、これまでの入出力のコードとほとんど同じような方式で作成できるようになっています。ファイルへの書き出しのことを出力、ファイルからの読み込みのことを入力といいます。そこで次に、ファイルによる入出力操作を学んでいきましょう。

ファイルに出力する

ファイルを使うと、データを保存したり読み込んだりといった、実用的なプログラムを作成できます。実際にデータをファイルに書き込んでみることにしましょう。

Sample7.java ▶ ファイルに出力する

```
import java.io.*;

class Sample7
{
    public static void main(String[] args)
    {
        try{
            PrintWriter pw = new PrintWriter
            (new BufferedWriter(new FileWriter("test1.txt")));

            pw.println("Hello!");
            pw.println("GoodBye!");
            System.out.println("ファイルに書き込みました。");

            pw.close();
        }
        catch(IOException e){
            System.out.println("入出力エラーです。");
        }
    }
}
```

❶ファイル名を指定して、ファイルに書き出すための文字ストリームを作成します

❷バッファを介して書き込むようにします

❸1行書き出す準備をします

❹1行ずつ書き込みます

❺ファイルをクローズします

test1.txt

```
Hello!
GoodBye!
```

ここでは、ファイルを書き込むために、3つのクラスが使われています。これらはjava.ioパッケージのWriterクラスのサブクラスとなっています。

FileWriterクラス …… ファイルに書き込むための文字ストリーム
BufferedWriterクラス …… バッファを介して書き込むための文字ストリーム
PrintWriterクラス …… 1行書き出すための文字ストリーム

そして、ファイルに文字列を書き出すために、次のような手順をとっています。

❶ ファイル名を指定して FileWriterクラスのオブジェクトを作成する

❷ ❶からBufferedWriterクラスのオブジェクトを作成する

❸ ❷からPrintWriterクラスのオブジェクトを作成する

❹ ❸のprintln()メソッドを使って1行データを書き出す

なお、ファイルを扱うには、最後にclose()メソッドを使って、「ファイルをクローズする」という操作を行います（❺）。

ファイルから入力する

では今度は、さきほど書き込んだファイルから、データを読み込むコードを記述してみましょう。さきほど文字列を2行分書き込んだ、test1.txtをプログラムと同じディレクトリ内に保存してください。このファイルの内容を画面に出力してみることにしましょう。

Lesson 14

Sample8.java ▶ ファイルから入力する

```
import java.io.*;

class Sample8
{
   public static void main(String[] args)
   {
```

```
        try{
            BufferedReader br =
             new BufferedReader(new FileReader("test1.txt"));

            String str1 = br.readLine();
            String str2 = br.readLine();

            System.out.println("ファイルに書き込まれている2つの文字列は");
            System.out.println(str1 + "です。");
            System.out.println(str2 + "です。");

            br.close();
        }
        catch(IOException e){
            System.out.println("入出力エラーです。");
        }
    }
}
```

❶ファイル名を指定して、ファイルから読み込むための文字ストリームを作成します

❷バッファを介して読み込むようにします

❸1行ずつ読み込みます

Sample8の実行画面

```
ファイルに書き込まれている2つの文字列は
Hello!です。
GoodBye!です。
```

このコードでは、ファイルに書き込まれている2つの文字列を読み込んで、それを画面に出力しています。使っているのは次のクラスです。これらはjava.ioパッケージのReaderクラスのサブクラスとなっています。

FileReaderクラス …… ファイルを読み込むための文字ストリーム
BufferedReaderクラス …… バッファを介して読み込むための文字ストリーム

ファイルからデータを読み込む場合には、次のような手順をとります。

❶ ファイル名を指定してFileReaderクラスのオブジェクトを作成する

❷ ❶からBufferedReaderクラスのオブジェクトを作成する

❸ ❷のreadLine()メソッドを使って1行データを読み込む

キーボードから文字列を読み込む場合と同じreadLine()メソッドを使っています。

大量のデータを入力する

ファイルからデータを入力する方法を使えば、テキストエディタなどで作成したファイルから、大量のデータを読み込むこともできます。まず、次のようなファイルをテキストエディタで作成してみてください。

test2.txt

```
80
68
22
33
56
78
33
56
```


これは8人の学生のテストの点数をあらわすデータです。このたくさんのデータを読み込んで、成績処理を行うコードを記述してみましょう。

Sample9.java ▶ ファイルから入力する

```
import java.io.*;

class Sample9
{
   public static void main(String[] args)
   {
      try{
         BufferedReader br =
          new BufferedReader(new FileReader("test2.txt"));

         int[] test = new int[8];
         String str;

         for(int i=0; i<test.length; i++){
            str = br.readLine();
            test[i] = Integer.parseInt(str);
         }

         int max = test[0];
         int min = test[0];
         for(int i=0; i<test.length; i++){
            if(max < test[i])
               max = test[i];
            if(min > test[i])
               min = test[i];
            System.out.println(test[i]);
         }

         System.out.println("最高点は" + max + "です。");
         System.out.println("最低点は" + min + "です。");

         br.close();
      }
      catch(IOException e){
         System.out.println("入出力エラーです。");
      }
   }
}
```

最高点と最低点を出力します

Sample9の実行画面

```
80
68
22
33
56
78
33
56
最高点は80です。
最低点は22です。
```

このコードでは、あらかじめ保存しておいたファイルから8人分のデータを読み込み、最高点と最低点を出力する成績管理を行っています。

このようにファイルを使えば、多くのデータを大量に入力することができるので、さまざまなデータを扱うプログラムを作成することができるようになります。

データベース

大量のデータを扱う方法として、ファイルのほかにデータベースを使う方法があります。データベースの利用方法については、シリーズの『やさしいJava 活用編』で紹介しています。

コマンドライン引数を使う

ところで、これまでのコードでは、読み書きするファイルには、「test●.txt」などというあらかじめ決まった名前のものを使ってきました。しかしプログラムを実行するときに、ユーザーが読み書きするファイル名を自由に指定できれば、より便利なプログラムになります。

このようなとき**コマンドライン引数**を利用すると便利です。コマンドライン引数とは、ユーザーが実行時に入力する値を受けとって、プログラムの処理に利用する機能です。コマンドライン引数は、次のようにmain()メソッドの引数として定義されています。

コマンドライン引数

```
public static void main(String[] args)
{
    ...
}
```

入力した文字列を受けとります

さっそくコードを記述してみましょう。次のように、テキストが入力されているtest3.txtを用意してください。

test3.txt

```
A long time ago,
There was a little girl.
```

Sample10.java ▶ コマンドライン引数を使う

```
import java.io.*;

class Sample10
{
   public static void main(String[] args)
   {
      if(args.length != 1){
         System.out.println("ファイル名を正しく指定してください。");
         System.exit(1);
      }
      try{

         BufferedReader br =
          new BufferedReader(new FileReader(args[0]));

         String str;
         while((str = br.readLine()) != null){
            System.out.println(str);
         }
         br.close();
      }
      catch(IOException e){
```

入力した文字列の個数を調べます

入力した1番目の文字列（ファイル名）から文字ストリームを作成します

```
            System.out.println("入出力エラーです。");
        }
    }
}
```

Sample10の実行方法

```
java Sample10 test3.txt ↵
```

最後にファイル名を指定します

Sample10の実行画面

```
A long time ago,
There was a little girl.
```

ここではプログラムを実行するときに、プログラム名に続けて空白をあけ、文字列を入力します。読み込むファイル名（test3.txt）を入力していますね。コマンドライン引数を利用するプログラムでは、この入力した文字列を、配列argsで扱えるようになるのです。

このコードではまず最初に、第7章で学んだ.lengthを使って、正しくファイル名だけを引数として入力したかどうかを調べています。ユーザーが入力した引数が1個でない場合は、エラーメッセージを表示してプログラムを終了します。

配列argsの長さを調べます

```
if(args.length != 1){
    System.out.println("ファイル名を正しく指定してください。");
    System.exit(1);
}
```

違っていればプログラムを終了します

正しくファイル名が入力されていれば、args[0]という要素で扱えるので、いままでと同じようにファイルを読み込む準備をします。

```
BufferedReader br =
    new BufferedReader(new FileReader(args[0]));
```

args[0]はユーザーが指定したファイル名です

このようなしくみを使えば、読み込むファイル名が「test3.txt」ではなくても、プログラムをもう一度作成しなおさずに、別のファイル名を指定することができます。

なお、このコードでは、while文の条件の中で、readLine()メソッドの戻り値であるファイルの1行分をstrに読み込んでいます。そして、この値がnullでないかどうかを調べる条件を記述しています。

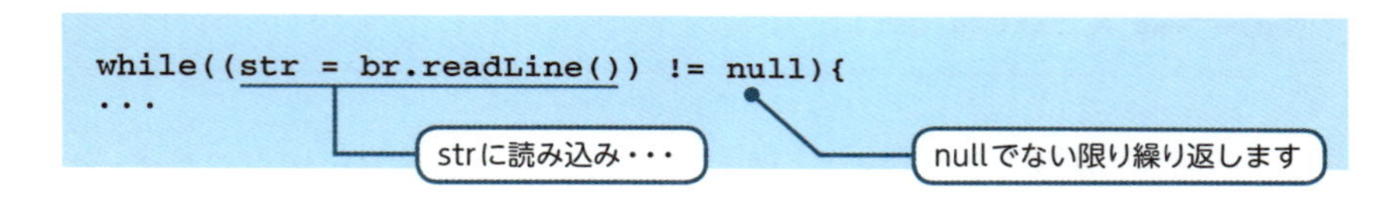

readLine()メソッドは、ファイルの終端まで読み終わると、nullという値を返すので、値がnullでないかぎりはwhile文が繰り返され、1行ずつ読み込みが続けられることになります。こうしてデータを最後の行まで読み出しているのです。

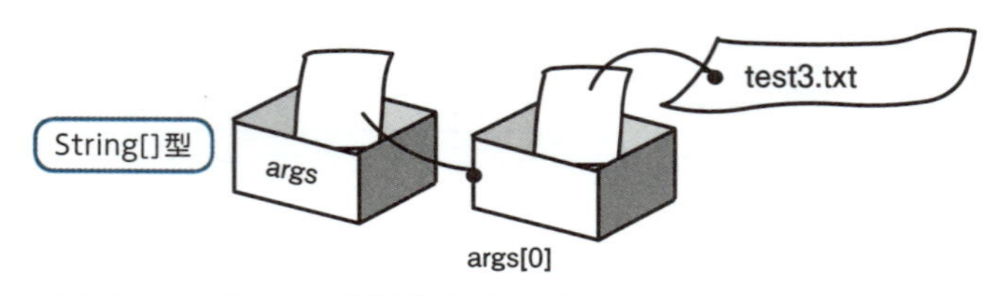

図14-9 コマンドライン引数
コマンドライン引数を使うと、プログラムに文字列を渡すことができます。

コマンドライン引数

ここでは1つの文字列をファイル名としてmain()メソッドに渡しました。この文字列をスペースで区切れば、プログラムを実行するときに2つ以上の文字列を渡すこともできます。

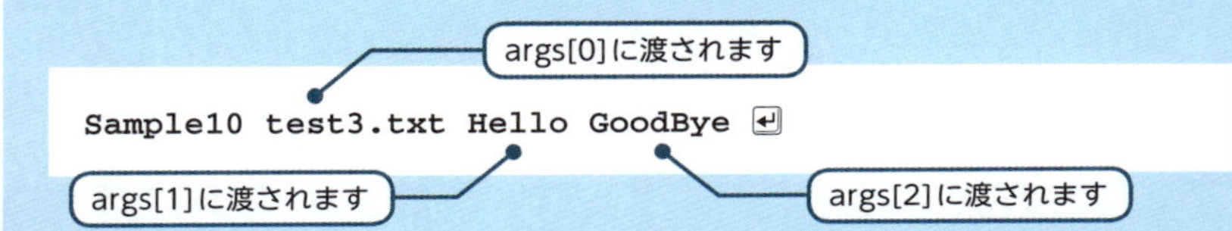

コマンドラインからさまざまなデータを入力してプログラムの処理に利用したい場合に便利です。渡した文字列の数は、「args.length」で調べることができます。

14.5 レッスンのまとめ

この章では、次のようなことを学びました。

- 例外は、try、catch、finallyブロックを使って処理します。
- 独自の例外のクラスをつくるには、Throwableクラスのサブクラスを拡張します。
- 例外を送出するにはthrow文を使います。
- 例外を送出する可能性のあるメソッドにはthrowsをつけます。
- 入出力処理を行うには、ストリームを利用します。
- コマンドライン引数を利用すると、プログラムに引数を渡すことができます。

この章では、例外処理と入出力に関する機能を学びました。例外処理は、エラーに対して柔軟な処理を行うプログラムを作成するには不可欠な知識です。また、画面やキーボード、ファイルを使った入出力は、プログラムの作成には欠かせないものです。ファイルなどを利用すれば、実用的なプログラムを作成できるようになるでしょう。

練習

1. 次の項目について、○か×で答えてください。

① 例外が送出されると、必ずcatchブロックが処理される。
② 例外が送出されてもされなくても、必ずfinallyブロックが処理される。
③ RuntimeExceptionのサブクラスは例外処理をしなくともよい。

2. 次のような文字列をファイルtest1.txtに書き込むコードを記述してください。

```
A long time ago,
There was a little girl.
```

3. 2.について、結果を出力するファイル名をコマンドラインから指定できるようにしてください。

スレッド

これまでの章で扱ってきたプログラムは、処理されていく文を、コードの中で1つの流れとしておいかけることができました。Javaではこのような処理の流れを、コード上で複数もつことができるようになっています。この章では、処理の流れであるスレッドを複数動かす方法を学ぶことにしましょう。

Check Point!

- スレッド
- Threadクラス
- スレッドの起動
- スレッドの一時停止
- スレッド終了の待機
- Runnableインターフェイス
- 同期

15.1 スレッドの基本

スレッドのしくみを知る

これまでの章で扱ってきたプログラムは、コード上で行われていく処理を、1つの流れとしておいかけることができました。私たちは、main()メソッドからはじまって、順番に文を実行したり、条件判断文をたどったりする1つの処理の流れをおいながら、コードを学んできたわけです。

Javaでは、この「処理の流れ」を複数もつことができるようになっています。つまり、図15-1のように、コード上の複数の箇所の処理が同時に行われるようなしくみをもたせることができるのです。このような処理の流れのひとつひとつのことを、スレッド（thread）と呼んでいます。コード上で処理の流れを増やすことを、

スレッドを起動する

といいます。

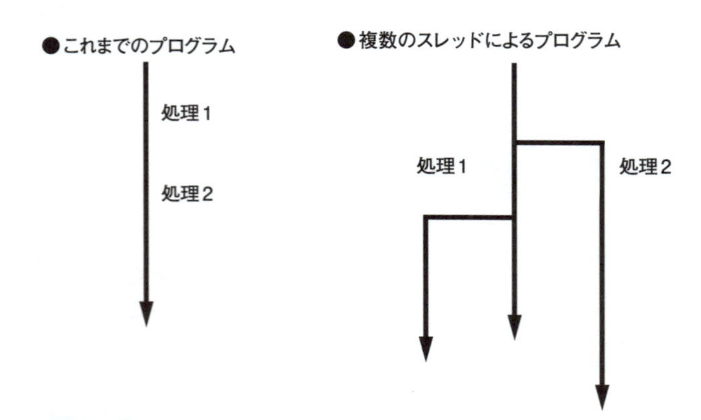

図15-1 スレッド
スレッドを複数起動して、処理の流れを増やすことができます。

複数のスレッドを起動することができると、効率よく処理を行うことができる場合があります。たとえば、繰り返し文などを使った非常に長い時間がかかる処理が行われている間に、別のスレッドでほかの処理を行うことができるのです。Javaでは、スレッドをかんたんに扱うしくみが用意されています。

この章では、スレッドを起動する方法を学ぶことにしましょう。

スレッドを起動する

スレッドを起動するためには、まず最初に、クラスライブラリのThreadクラス(java.langパッケージ)を拡張したクラスを作成することが必要です。たとえば、次のようなクラスをみてください。

```
class Car extends Thread
{
    public void run()
    {
        別スレッドで行いたい処理;
        ...
    }
}
```

Threadクラスを拡張します

run()メソッドを定義します

Threadクラスを拡張したクラスには、その中にrun()メソッドを定義することが必要です。このメソッドに処理を記述しておくと、その処理が、これまでとは異なる処理の流れのスタート地点になるのです。

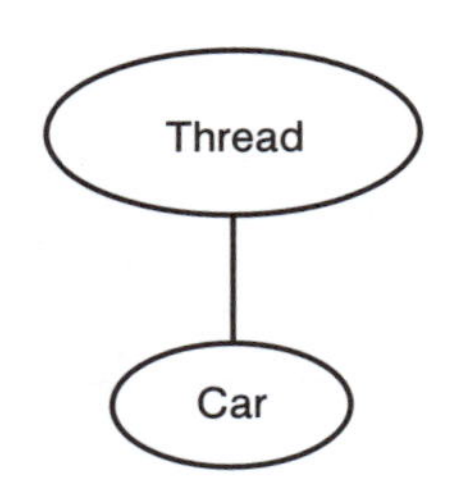

図15-2 Threadクラス
スレッドを起動するには、Threadクラスを拡張したクラスを記述します。

Lesson 15

それでは、スレッドのようすをみるために、実際のコードを記述してみましょう。

Sample1.java ▶ スレッドを起動する

```
class Car extends Thread
{
   private String name;

   public Car(String nm)
   {
      name = nm;
   }
   public void run()
   {
      for(int i=0; i<5; i++){
         System.out.println(name + "の処理をしています。");
      }
   }
}

class Sample1
{
   public static void main(String[] args)
   {
      Car car1 = new Car("1号車");
      car1.start();

      for(int i=0; i<5; i++){
         System.out.println("main()の処理をしています。");
      }
   }
}
```

Threadクラスを拡張します

Threadクラスのサブクラスのオブジェクトを作成します

新しいスレッドを起動します

Sample1の実行画面

```
main()の処理をしています。
main()の処理をしています。
1号車の処理をしています。
main()の処理をしています。
1号車の処理をしています。
main()の処理をしています。
1号車の処理をしています。
main()の処理をしています。
```

main()メソッドを処理しているスレッドです

run()メソッドを処理しているスレッドです

```
1号車の処理をしています。
1号車の処理をしています。
```

このコードはいつもと同じように、main()メソッドから処理がはじまります。ここで、Threadクラスを拡張したクラスのオブジェクトを作成することにします。

```
Car car1 = new Car("1号車");
```

Threadクラスのサブクラスのオブジェクトを作成します

そして、start()メソッドを呼び出します。

```
car1.start();
```

新しいスレッドを起動します

start()メソッドは、CarクラスがThreadクラスから継承したメソッドです。このメソッドを呼び出すと、

新しいスレッドが起動し、その最初の処理としてrun()メソッドの処理が行われる

というしくみになっています。このため、新しいスレッドが起動し、run()メソッドの処理がはじまると、「1号車の処理をしています。」というメッセージが繰り返し出力されるのです。

一方、新しいスレッドを起動したあと、main()メソッドのほうでも続きの処理が続けられます。こちらからは、「main()の処理をしています。」というメッセージが繰り返し出力されます。

実行結果をみてください。2つの処理は、どちらがどのような順番で行われるかということは決まっていません。2つの処理は別々の流れで行われているからです。ここでは2種類の出力結果が混じっていますが、お使いの環境によって出力結果が異なる場合もあります。

つまり、新しくスレッドを起動すると、

処理の流れが2つになる

かのようなしくみになっているのです。

なお、新しく起動したスレッドは、run()メソッドが終了したところで終了しま

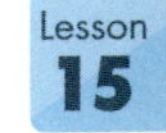

す。元のmain()メソッドのほうは、これまでどおりmain()メソッドが終了したところで終了します。

Threadクラスを拡張し、run()メソッドを定義してスレッドを扱う準備をする。
start()メソッドの呼び出しでスレッドが起動する。

●これまでのプログラム

```
public static void main(String[] args)
{


}
```

●スレッドを起動するプログラム

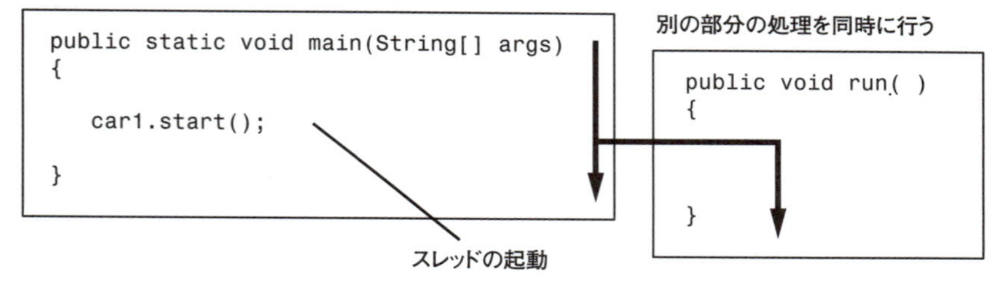

図15-3 **スレッドの起動**
スレッドを起動すると、run()メソッド内の処理がはじまります。スレッドを起動したmain()メソッドの処理もそのまま続けられます。

複数のスレッドを起動する

それでは、スレッドのイメージを深めるために、スレッドをもうひとつ増やしてみることにしましょう。Carクラス部分については、Sample1と同じコードを入力してください。

Sample2.java

```
...
class Sample2
{
   public static void main(String[] args)
   {
      Car car1 = new Car("1号車");
      car1.start();   ←スレッドを起動します

      Car car2 = new Car("2号車");
      car2.start();   ←もうひとつスレッドを起動します

      for(int i=0; i<5; i++){
         System.out.println("main()の処理をしています。");
      }
   }
}
```

Sample2の実行画面

```
main()の処理をしています。
main()の処理をしています。
1号車の処理をしています。   ←新しいスレッドによる処理です
2号車の処理をしています。
main()の処理をしています。
...
1号車の処理をしています。
2号車の処理をしています。
```

今度は、新しく「2号車」というオブジェクトをnewを使って作成しました。こちらもstart()メソッドを呼び出します。すると、新しいスレッドによるrun()メソッドの処理がはじまります。2つの処理の流れが1つ増えて、3つになったのがわかりますね。

このように、スレッドは複数動かすことができます。

複数のスレッドを起動することができる。

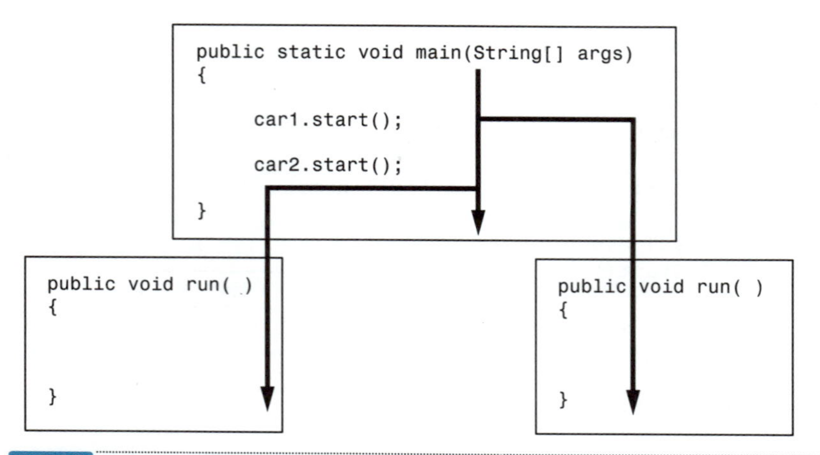

図15-4 **複数のスレッド**
スレッドの数は増やすこともできます。

15.2 スレッドの操作

スレッドを一時停止する

Threadクラスから継承されたメソッドを使うと、スレッドを操作することができます。たとえば、sleep()メソッドというものを使ってみましょう。このメソッドを使うと、起動したスレッドを一時停止することができます。次のコードをみてください。

Sample3.java ▶ スレッドを一時停止する

```
class Car extends Thread
{
   private String name;

   public Car(String nm)
   {
      name = nm;
   }
   public void run()
   {
      for(int i=0; i<5; i++){
         try{
            sleep(1000);
            System.out.println(name + "の処理をしています。");
         }
         catch(InterruptedException e){}
      }
   }
}

class Sample3
{
   public static void main(String[] args)
   {
```

この文が処理されるたびにスレッドが1秒間一時停止します

sleep()メソッドから送出される可能性のある例外です

Lesson 15

```
        Car car1 = new Car("1号車");
        car1.start();                    スレッドを起動します

        for(int i=0; i<5; i++){
            System.out.println("main()の処理をしています。");
        }
    }
}
```

Sample3の実行画面

```
main()の処理をしています。
main()の処理をしています。
main()の処理をしています。
main()の処理をしています。
main()の処理をしています。
1号車の処理をしています。
1号車の処理をしています。
1号車の処理をしています。     1秒ごとに出力されます
1号車の処理をしています。
1号車の処理をしています。
```

実行してみると、「1号車の処理」のほうが1秒ごとに出力されていることがわかります。スレッドがsleep()メソッドを処理すると、()内に指定したミリ秒数だけ処理が一時停止するからです。

それでは、今度は次のようにコードを作成してみましょう。

Sample4.java ▶ 別のスレッドを一時停止する

```
class Car extends Thread
{
    private String name;

    public Car(String nm)
    {
        name = nm;
    }
    public void run()
    {
        for(int i=0; i<5; i++){
```

```
            System.out.println(name + "の処理をしています。");
        }
    }
}

class Sample4
{
    public static void main(String[] args)
    {
        Car car1 = new Car("1号車");
        car1.start();

        for(int i=0; i<5; i++){
            try{
                Thread.sleep(1000);
                System.out.println("main()の処理をしています。");
            }
            catch(InterruptedException e){}
        }
    }
}
```

この文が処理されるたびにスレッドが1秒間一時停止します

Sample4の実行画面

```
1号車の処理をしています。
1号車の処理をしています。
1号車の処理をしています。
1号車の処理をしています。
1号車の処理をしています。
main()の処理をしています。
main()の処理をしています。
main()の処理をしています。
main()の処理をしています。
main()の処理をしています。
```

1秒ごとに出力されます

今度は、main()メソッドのほうの処理が1秒おきに出力されます。sleep()メソッドはThreadクラスのクラスメソッドであるため、「Thread.sleep(1000);」という記述をしてスレッドを一時停止することができるのです。

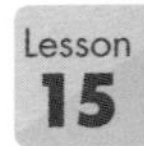

スレッドを一時停止するにはsleep()メソッドを呼び出す。

```
sleep(1000)

sleep(1000)

...
```

図15-5 スレッドの一時停止
sleep()メソッドを呼び出すと、スレッドを一時停止することができます。

スレッドの終了を待つ

さて、これまで各スレッドはまったく別々の流れで処理が行われていました。しかし、別のスレッドの終了を待って、自分の処理を再開するというしくみにすることもできます。このためには、join()メソッドを使います。

コードをみてください。

Sample5.java ▶ スレッドの終了を待つ

```
class Car extends Thread
{
   private String name;

   public Car(String nm)
   {
      name = nm;
   }
   public void run()
   {
      for(int i=0; i<5; i++){
         System.out.println(name + "の処理をしています。");
```

```
        }
    }
}

class Sample5
{
    public static void main(String[] args)
    {
        Car car1 = new Car("1号車");
        car1.start();

        try{
            car1.join();
        }
        catch(InterruptedException e){}

        System.out.println("main()の処理を終わります。");
    }
}
```

このスレッドの終了まで処理を中断して待機します

join()メソッドから送出される可能性のある例外です

Sample5の実行画面

```
1号車の処理をしています。
1号車の処理をしています。
1号車の処理をしています。
1号車の処理をしています。
1号車の処理をしています。
main()の処理を終わります。
```

別スレッドの終了後に出力されます

join()メソッドを呼び出すと、そのオブジェクトに関連づけられているスレッドが終了するまで、呼び出しをしたスレッド側が待機します。スレッドが終了したら、待機していたスレッドの処理が再開されます。

つまりここでは、join()メソッドのあとにある「main()の処理を終わります。」のメッセージが必ず最後に出力されることになります。

スレッドの終了を待つには、join()メソッドを呼び出す。

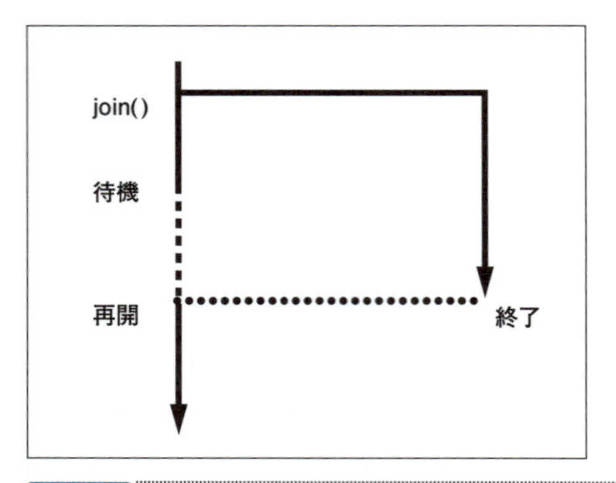

図15-6 スレッドの終了と待機

join()メソッドを呼び出すと、そのスレッドが終了するまで待機します。

スレッドの応用

スレッドを作成することは、非常に長い時間がかかる処理を行う場合に重要です。長い時間かかる処理とほかの処理を別スレッドとすることで、プログラムを使いやすいものとすることができます。このような処理としては、ネットワークとの通信処理や、大規模なファイル・データベースの処理などがあります。

15.3 スレッドの作成方法

もうひとつのスレッドの作成方法を知る

これまで、スレッドを作成するのにThreadクラスを拡張したクラスを使ってきました。ところで、Threadクラスを拡張しようとしたクラスが、ほかのクラスを継承しなければならない場合にはどうしたらよいのでしょうか？　第12章でもみたように、

Javaでは2つ以上のクラスから多重継承することができない

ことになっています。つまり、Threadクラスとそのほかのクラスの2つを、スーパークラスにすることはできないのです。

```
//class Car extends Vehicle, Thread
//{
//    ...
//}
```

2つ以上のクラスを継承できません

このようなとき、クラスライブラリの**Runnableインターフェイス**（java.langパッケージ）というものを使って、スレッドを起動するしくみをつくることができます。Threadクラスを拡張するのではなく、**Runnableインターフェイスを実装する**コードを書くのです。

Runnableインターフェイスを実装してスレッドを扱うことができます

```
class Car extends Vehicle implements Runnable
{
   ...
}
```

同時にほかのクラスを継承することもできます

つまり、スレッドを起動するには、

- Threadクラスを拡張する
- Runnableインターフェイスを実装する

という2つの方法があるわけです。

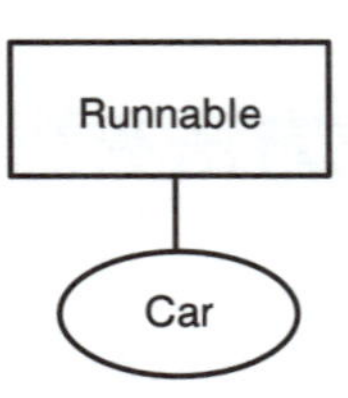

図15-7 **Runnableインターフェイスの実装**
Runnableインターフェイスを実装して、スレッドを起動することもできます。

それでは、実際にコードを作成してみましょう。

Sample6.java ▶ Runnableインターフェイスを実装する

```
class Car implements Runnable
{
   private String name;

   public Car(String nm)
   {
      name = nm;
   }
   public void run()
   {
      for(int i=0; i<5; i++){
         System.out.println(name + "の処理をしています。");
      }
   }
}
class Sample6
{
   public static void main(String[] args)
   {
      Car car1 = new Car("1号車");
```

Runnableインターフェイスを実装します

run()メソッドを定義します

```
        Thread th1 = new Thread(car1);
        th1.start();

        for(int i=0; i<5; i++){
            System.out.println("main()の処理をしています。");
        }
    }
}
```

Threadクラスのオブジェクトを作成します

スレッドを起動します

Sample6の実行画面

```
main()の処理をしています。
main()の処理をしています。
1号車の処理をしています。
main()の処理をしています。
1号車の処理をしています。
main()の処理をしています。
1号車の処理をしています。
main()の処理をしています。
1号車の処理をしています。
1号車の処理をしています。
```

Sample6のCarクラスは、Runnableインターフェイスを実装したクラスとなっています。Runnableインターフェイスを実装したクラスでも、やはりrun()メソッドを定義することで、別スレッドで行う処理を記述することができます。

ただし、この場合には、main()メソッド内でCarクラスのオブジェクトを作成したあと、もうひとつ作業が必要になります。それは、

Threadクラスのオブジェクトを作成する

という作業です。次のコードをみてください。

```
Car car1 = new Car();
Thread th = new Thread(car1);
th.start();
```

Threadクラスのオブジェクトを作成します

スレッドを起動します

Threadクラスのオブジェクトを作成してから、start()メソッドを呼び出してい

ますね。Runnableインターフェイスを実装したクラスのオブジェクトを渡して、Threadオブジェクトを作成します。そのあとでstart()メソッドを呼び出してスレッドを起動しています。

これまでより少し手間が必要ですが、実行結果はSample1と同じになっています。こうして、スレッドを使った柔軟なプログラムが作成できるようになります。

スレッドを扱うには、Runnableインターフェイスを実装する方法もある。

15.4 同期

同期のしくみを知る

スレッドは便利なしくみなのですが、複数のスレッドを起動するときには注意しなければならないことがいくつかあります。

たとえば、次のような状況を考えてみてください。ある車会社には運転手が2人いて、別々にお金を稼いできます。そこで、運転手をDriverというクラスにして、2つのスレッドを起動するプログラムを考えました。2人の稼いだお金は、Companyというクラスで管理するものとします。

Sample7.java ▶ スレッドによって矛盾がおこる

```
//会社クラス
class Company
{
   private int sum = 0;
   public void add(int a)
   {
      int tmp = sum;
      System.out.println("現在、合計額は" + tmp + "円です。");
      System.out.println(a + "円稼ぎました。");
      tmp = tmp + a;
      System.out.println("合計額を" + tmp + "円にします。");
      sum = tmp;
   }
}
//運転手クラス
class Driver extends Thread
{
   private Company comp;

   public Driver(Company c)
   {
      comp = c;
```

振り込み処理です

Lesson 15

```
    }
    public void run()
    {
        for(int i=0; i<3; i++){
            comp.add(50);
        }
    }
}

class Sample7
{
    public static void main(String[] args)
    {
        Company cmp = new Company();

        Driver drv1 = new Driver(cmp);
        drv1.start();

        Driver drv2 = new Driver(cmp);
        drv2.start();
    }
}
```

振り込み処理をします

会社オブジェクトを作成します

運転手オブジェクト1を作成します

運転手オブジェクト2を作成します

Sample7の実行画面

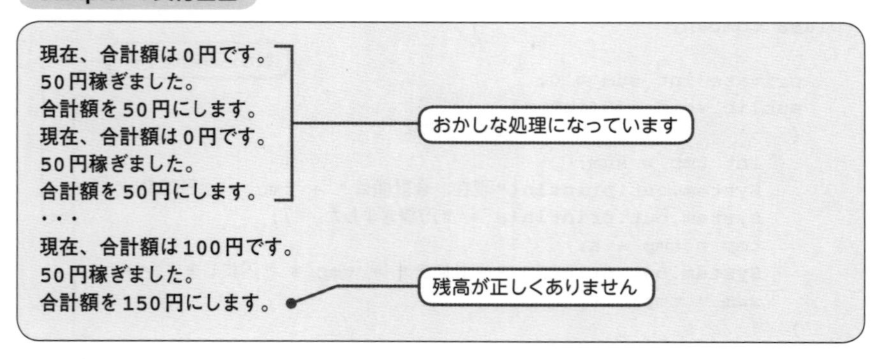

main()メソッドでは、

会社をあらわすCompanyクラスのオブジェクトを1つ、
運転手をあらわすDriverクラスのオブジェクトを2つ

作成しました。Driverオブジェクトのstart()メソッドを呼び出すと、スレッドが起動します。

Driverクラスのオブジェクトは、Companyクラスのオブジェクトのadd()メソッドを使って、稼いだお金（1回50円）をそれぞれ3回ずつ会社に振り込む処理を行います。つまり、最終的には2人×3回×50円＝300円が、会社の残高として残るはずです。

ところが実行結果をみてみると、おかしなことになっています。会社には、予想と異なる金額が残高になっています。

図15-8をみてください。これは、1人の運転手（1つのスレッド）が振り込み作業（add()メソッドの呼び出し）をしているときに、ほかの運転手が同時に振り込み作業をはじめたので、おかしなことになってしまっているのです。会社の1つの口座（フィールド）に複数のスレッドが同時にアクセスしてしまっているために、矛盾が生じているのです。

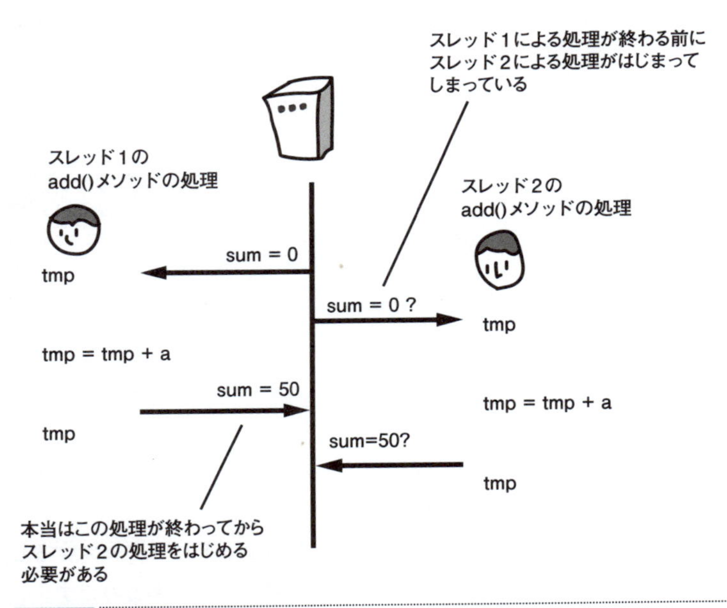

図15-8 複数のスレッドによる矛盾

複数のスレッドが共有するフィールドなどを処理すると、矛盾が生じる場合があります。

このような不具合を避けるためには、あるスレッドが振り込み処理をしている間は、別のスレッドは処理ができないようにする必要があります。このためには、振り込み処理であるadd()メソッドを書きかえる必要があります。次のコードをみてください。

```
public synchronized void add(int a)
{
    ...
}
```

synchronizedをつけます

メソッドにsynchronizedという指定をつけると、**あるスレッドがメソッドを処理している間は、ほかのスレッドはこのメソッドを呼び出すことができなくなります。**つまり、ある人の振り込みが終わるまで、もう一人は待つ、というしくみになるのです。add()メソッドにsynchronizedをつけてみましょう。すると、実行結果は次のようになります。

変更後のSample7の実行画面

```
現在、合計額は0円です。
50円稼ぎました。
合計額を50円にします。
・・・
現在、合計額は250円です。
50円稼ぎました。
合計額を300円にします。
```

今度は正しく処理が行われました。このように、スレッドどうしの処理のタイミングをとるしくみを**同期**（synchronization）といいます。

複数のスレッドから、ある1つのフィールド（ここではsum）にアクセスするときには、処理に注意して、矛盾がおきないように気をつける必要があるのです。

スレッドどうしの処理のタイミングをとるしくみを同期という。

同期の利用

ここでは預金処理を例にして同期について紹介しました。このようにコンピュータでは、1つしかない資源に同時に複数のアクセスが行われる場合があります。このとき資源に矛盾が起こらないように注意する必要があるのです。

たとえば、データを蓄積したファイル・データベースを複数のスレッドから利用する際には、各スレッドからのアクセスによってデータに矛盾がおこらないようにしなければなりません。こうした同期のしくみは実践の場で重要なものとなっています。

15.5 レッスンのまとめ

この章では、次のようなことを学びました。

- スレッドは、複数起動することができます。
- スレッドを起動するにはThreadクラスを拡張し、start()メソッドを呼び出します。
- スレッドの最初の処理として、run()メソッドが呼び出されます。
- スレッドを一時停止するには、sleep()メソッドを呼び出します。
- スレッドの終了を待つには、join()メソッドを呼び出します。
- 複数のスレッドが共有するフィールドなどを処理するときは、メソッドにsynchronizedを指定します。

この章では、スレッドを起動する方法を学びました。スレッドを起動すると、時間のかかる処理を別スレッドにすることによって、効率よい処理を行うプログラムを作成することができます。

練習

1. 次の項目について、○か×で答えてください。

① スレッドを起動するには、Threadクラスのサブクラスのstart()メソッドを呼び出す。

② スレッドを作成するには、Runnableインターフェイスを実装するクラスを用いてもよい。

③ スレッドを一時停止するには、stop()メソッドを呼び出す。

2. Sample2をRunnableインターフェイスを使って書きかえてください。

3. Sample3をRunnableインターフェイスを使って書きかえてください。

グラフィカルなアプリケーション

Javaはさまざまな分野に応用されています。Javaによってグラフィカルなウィンドウアプリケーションを作ることや、スマートフォンのアプリを作成することができます。さらに、Webサーバ上で動作するプログラムを開発することもできます。この章では、Javaの応用について、その展開を紹介していきましょう。

Check Point!

- GUIアプリケーション
- コンポーネント
- イベント
- スマートフォン
- Webアプリケーション

16.1 GUIアプリケーションの基本

GUIのしくみを知る

最後となるこの章では、Javaの応用について学んでいきましょう。私たちはこれまでキーボードから入力して動作するプログラムを作成してきました。しかし、私たちがよく利用するプログラムはウィンドウをもち、マウスなどで操作するアプリケーションでしょう。このようなグラフィカルな外観をもつプログラムは

GUI（Graphical User Interface）

と呼ばれています。

Javaで GUIアプリケーションを開発する際には、さまざまなクラスを利用することができます。この章では最も基本となるGUIアプリケーションの作成方法を紹介しましょう。

図16-1 GUIアプリケーション
Javaによってグラフィカルなアプリケーションを作成することができます。

ウィンドウをもつアプリケーションを作る

最も基本的なGUIアプリケーションの作成方法として、Javaの標準クラスライブラリに含まれるAWT（Abstract Window Toolkit）を利用する方法があります。AWTはウィンドウやウィンドウ上のさまざまな部品を扱うためのライブラリです。

まずウィンドウを作成する方法を紹介しましょう。次のコードを入力してみてください。

Sample1.java ▶ フレームを使う

```
import java.awt.*;
import java.awt.event.*;

public class Sample1 extends Frame
{
   public static void main(String[] args)
   {
      Sample1 sm = new Sample1();
   }
   public Sample1()
   {
      super("サンプル");

      addWindowListener(new SampleWindowListener());

      setSize(250, 200);
      setVisible(true);
   }

   class SampleWindowListener extends WindowAdapter
   {
      public void windowClosing(WindowEvent e)
      {
         System.exit(0);
      }
   }
}
```

❶フレームクラスを拡張します

❷拡張したクラスからオブジェクトを作成します

❸ウィンドウのタイトルを設定しています

❹ウィンドウのサイズを設定します

❺ウィンドウが表示されるようにします

ウィンドウを閉じることができるようにします

Sample1の実行画面

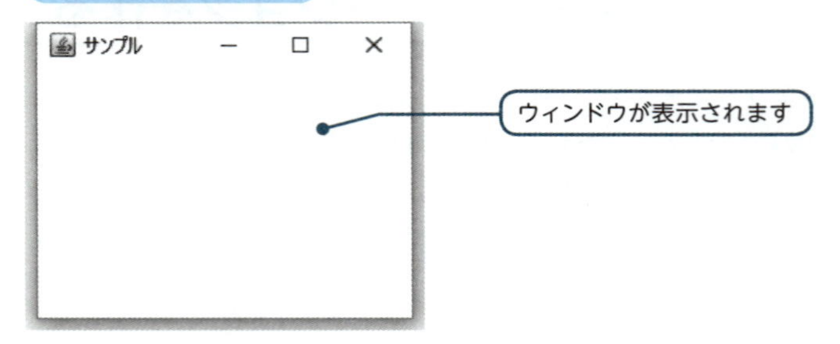

ウィンドウを作成するにはAWTのフレーム（Frame）クラスを利用します。java.awtパッケージのFrameクラスを拡張したクラスを定義するのです（❶）。このクラスのサブクラスのオブジェクトをmain()メソッド内で作成すると、ウィンドウを作成することができます（❷）。

ここではフレームクラスのコンストラクタを呼び出すことで、ウィンドウのタイトルを設定しています（❸）。またsetSize()メソッドでウィンドウのサイズを設定し（❹）、setVisible()メソッドでウィンドウが表示されるようにしています（❺）。

ウィンドウを閉じる

ウィンドウの右上隅をマウスで押して閉じることができるようにするためには、節末で紹介するイベント処理の手法が必要です。ここではコードをながめておいてみてください。

コンポーネントのしくみを知る

AWTにはウィンドウ上で表示できるさまざまなウィンドウ部品が用意されています。ウィンドウ部品はコンポーネントと呼ばれます。最も基本的なコンポーネントとして、文字を表示するためのラベル（Label）があります。ラベルを利用してみましょう。

Sample2.java ▶ コンポーネントを表示する

```
import java.awt.*;
import java.awt.event.*;

public class Sample2 extends Frame
{
   private Label lb;

   public static void main(String[] args)
   {
      Sample2 sm = new Sample2();
   }
   public Sample2()
   {
      super("サンプル");

      lb = new Label("ようこそ。");          ❶ラベルを作成します

      add(lb);                                ❷ラベルを追加します

      lb.setForeground(Color.blue);           文字色を設定します
      lb.setFont(new Font("Serif", Font.BOLD, 24));   フォントを設定します

      addWindowListener(new SampleWindowListener());

      setSize(250, 200);
      setVisible(true);
   }

   class SampleWindowListener extends WindowAdapter
   {
      public void windowClosing(WindowEvent e)
      {
         System.exit(0);
      }
   }
}
```

Sample2の実行画面

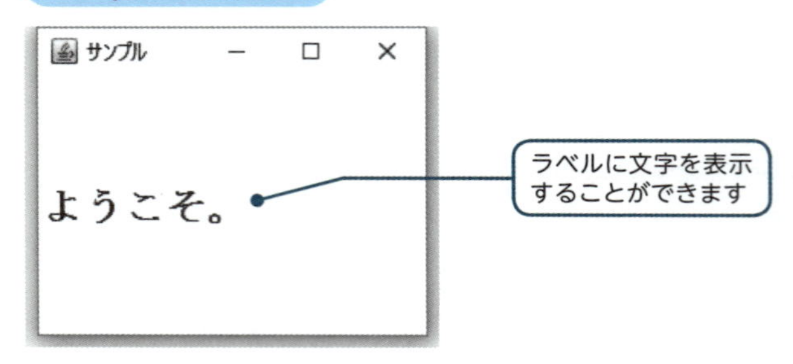

Labelクラスのオブジェクトを作成して、ラベルに文字を表示しました（❶）。フレームクラスから継承したadd()メソッドを利用することで、フレームにコンポーネントを取りつけることができるのです（❷）。

ほかにもAWTには、次の表のようなさまざまなグラフィカルなウィンドウ部品が用意されています。使用してみるとよいでしょう。

表16-1　AWTの主な部品とクラス

部品名	クラス名	
ボタン	Button	ボタン
チェックボックス	Checkbox	
チョイス	Choice	チョイス
ラベル	Label	ラベル
リスト	List	リスト1 リスト2 リスト3
テキストフィールド（1行）	TextField	テキストフィールド
テキストエリア（複数行）	TextArea	テキストエリア
スクロールバー	Scrollbar	
キャンバス	Canvas	

部品名	クラス名
パネル	Panel
ダイアログ	Dialog
ファイルダイアログ	FileDialog
フレーム	Frame

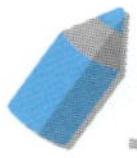

色・フォントを設定する

なお、このラベルを使ったアプリケーションでは、ラベルの文字の色・フォントを指定しています。コンポーネントのsetForeGround()メソッドで色を設定し、setFont()メソッドでフォントを表示しました。

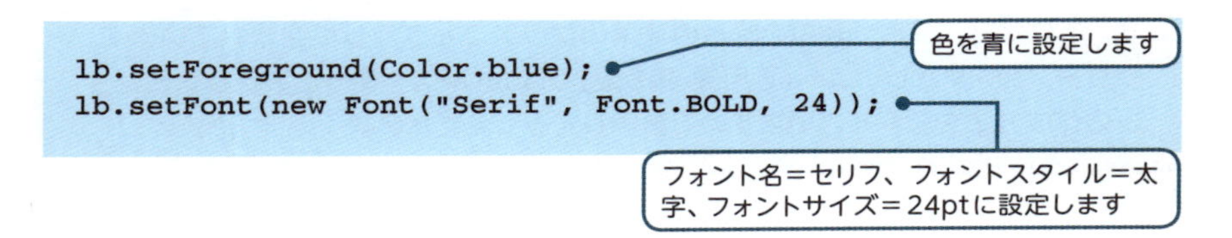

よく使う色やフォントとして次の指定を使うことができます。ためしてみてください。

表16-2　色

色名	指定
白	Color.white
ライトグレイ	Color.lightGray
グレイ	Color.gray
ダークグレイ	Color.darkGray
黒	Color.black
赤	Color.red
ピンク	Color.pink

色名	指定
オレンジ	Color.orange
黄	Color.yellow
緑	Color.green
マゼンタ	Color.magenta
シアン	Color.cyan
青	Color.blue

表16-3　フォント

フォント名
Dialog
DialogInput
Monospaced
Serif
SansSerif
Symbol

表16-4　フォントスタイル

フォントスタイル	指定
並	Font.PLAIN
太字	Font.BOLD
イタリック	Font.ITALIC

GUIアプリケーションに関するライブラリ

AWTのほかにも、高度なGUIアプリケーションを開発するクラスとして、JavaFXやSwingと呼ばれるウィンドウ部品があります。これらもAWTと同様にJavaの標準のクラスライブラリに含まれています。シリーズの『やさしいJava活用編 第5版』ではJavaFXを使ったアプリケーションの作成方法を紹介していますので参照してみてください。

イベントのしくみを知る

ウィンドウ部品の中にはマウスなどで操作するものがあります。GUIではマウスなどに反応して動作するためのしくみを**イベント処理**（event handling）として作成します。GUIではマウスやキーボードの操作を

イベント（event）

としてとらえ、それをきっかけに処理をするしくみをもっています。

まず、マウスでボタンを押すと反応するアプリケーションを作成してみましょう。

Sample3.java ▶ ボタンをつける

```
import java.awt.*;
import java.awt.event.*;

public class Sample3 extends Frame
{
   private Button bt;

   public static void main(String[] args)
   {
      Sample3 sm = new Sample3();
   }
   public Sample3()
   {
      super("サンプル");

      bt = new Button("ようこそ。");          ボタンを作成します
      add(bt);                                ボタンを追加します

      addWindowListener(new SampleWindowListener());
      bt.addActionListener(new SampleActionListener());
                                              ❷イベントを受け取ることができるようにします
      setSize(250, 200);
      setVisible(true);
   }

   class SampleWindowListener extends WindowAdapter
   {
      public void windowClosing(WindowEvent e)
      {
         System.exit(0);
      }
   }
   class SampleActionListener implements ActionListener    ❶イベントを処理するリスナです
   {
      public void actionPerformed(ActionEvent e)           ❸イベントが発生した際に呼び出されます
      {
         bt.setLabel("こんにちは。");
      }
   }
}
```

Sample3の実行画面

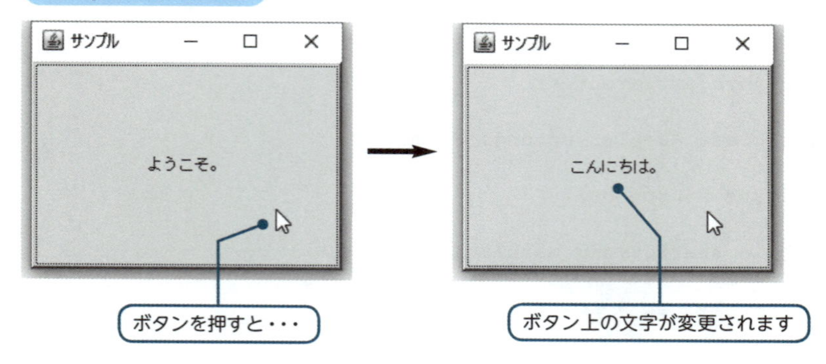

このアプリケーションにはボタンを配置しました。ボタンはウィンドウいっぱいに表示されています。このボタンを押したときにボタン上の文字が変更されるようにします。

ボタンに反応するようにするためには、まずActionListenerインターフェイスを実装したクラスを宣言します。このインターフェイスのactionPerformed()メソッドを定義して、どのような処理を行うかを指定しておきます（❶）。

また、「イベント」を調べるウィンドウ部品（ボタン）のaddActionListener()メソッドを呼び出し、イベントを処理するクラスのオブジェクトを渡しておきます。これで「ボタンを押した」という「イベント」を受けとる準備をしたことになります（❷）。

すると実際にアプリケーション上でボタンが押されたとき、定義しておいたactionPerformed()メソッドが呼び出されてイベントが渡され、イベント処理が行われるようになっているのです（❸）。

イベントを調べるウィンドウ部品の側を**ソース**、イベントを処理する側を**リスナ**といいます。ソースのクラス・リスナのインターフェイスの組みあわせはAWTで決められています。

高度なイベント処理をする

さらに高度なイベント処理を行ってみましょう。今度はマウスの詳細な動きに反応させることにします。

Sample4.java ▶ マウスに反応させる

```
import java.awt.*;
import java.awt.event.*;

public class Sample4 extends Frame
{
   private Button bt;

   public static void main(String[] args)
   {
      Sample4 sm = new Sample4();
   }
   public Sample4()
   {
      super("サンプル");

      bt = new Button("ようこそ。");
      add(bt);

      addWindowListener(new SampleWindowListener());
      bt.addMouseListener(new SampleMouseListener());

      setSize(250, 200);
      setVisible(true);
   }

   class SampleWindowListener extends WindowAdapter
   {
      public void windowClosing(WindowEvent e)
      {
         System.exit(0);
      }
   }

   class SampleMouseListener implements MouseListener
   {
      public void mouseClicked(MouseEvent e){}
```

MouseListenerインターフェイスを実装します

```
        public void mouseReleased(MouseEvent e){}
        public void mousePressed(MouseEvent e){}
        public void mouseEntered(MouseEvent e)
        {
            bt.setLabel("いらっしゃいませ。");
        }
        public void mouseExited(MouseEvent e)
        {
            bt.setLabel("ようこそ。");
        }
    }
}
```

マウスが入ったときに行われる処理です

マウスが出たときに行われる処理です

Sample4の実行画面

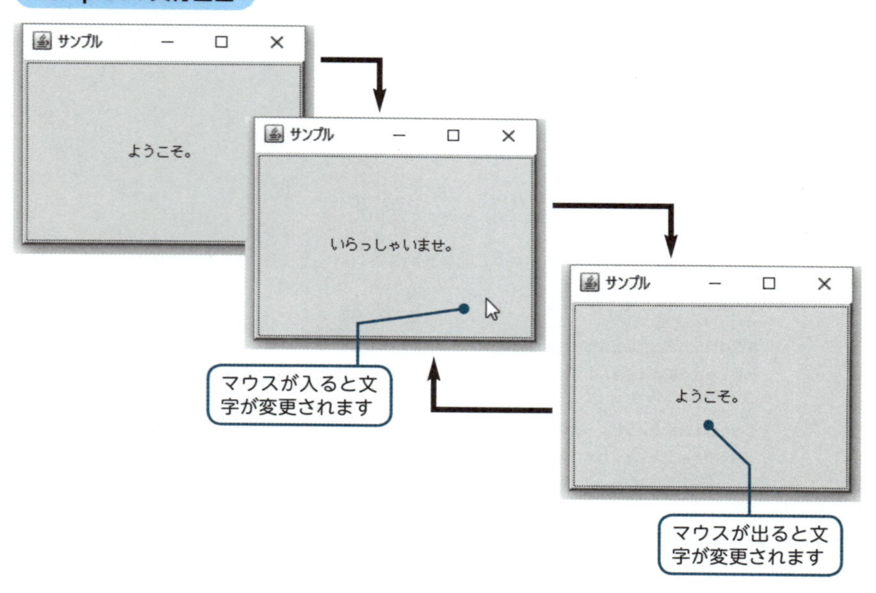

マウスの動きに反応するより詳細なアプリケーションを作成するには、MouseListenerインターフェイスを実装するクラスを宣言します。

そして、マウスの動作をしたときに呼び出される5つのメソッドを定義しておきます。ここではこのうち、mouseEntered()メソッド内にマウスが入ったときに処理される文を、mouseExited()メソッド内にマウスが出たときに処理される文を記述します。このイベント処理の組みあわせは次のようになっています。

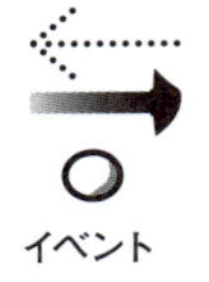

イベント処理をかんたんに記述する

ところで、このサンプルではMouseListenerインターフェイスを実装するために、5つのメソッドをすべて定義しておかなければなりません。このためかんたんなイベント処理でありながら、コードが多く読みづらいものとなっています。

このようなとき、さまざまな方法でイベント処理をかんたんに記述することができるようになっています。次のような方法があります。

アダプタクラスを使う

アダプタクラス（adapter class）は、多くのメソッドをオーバーライドする必要のあるインターフェイスを、必要なメソッドだけをオーバーライドするクラスに変換する役割（アダプタ）をはたすクラスです。このクラスを使ってコードをかんたんに記述することができます。

```
bt.addMouseListener(new SampleMouseAdapter());
...
class SampleMouseAdapter extends MouseAdapter
{
   public void mousePressed(MouseEvent e)
   {
      ...
   }
}
```

アダプタクラスを使うと・・・

必要なメソッドだけを定義するだけですみます

無名クラスを使う

無名クラス（anonymous class）はクラス名をもたないクラスです。ほかのクラスの中に記述される**内部クラス**（inner class）となっています。拡張するクラス名は指定しますが、自分のクラス名は記述しません。リスナやアダプタとなるクラスが無名クラスとなるわけです。無名クラスを使うと、イベントを登録するメソッドの中にイベント処理を記述することができるのでコードがかんたんになります。

```
bt.addMouseListener(new MouseAdapter()
{
    public void mousePressed(MouseEvent e)
    {
        ...
    }
});
```


ラムダ式を使う

ラムダ式（lambda expression）は比較的新しいJavaのバージョンから導入された概念で、(メソッドの引数)->{メソッドの処理}で処理を記述します。メソッドの引数が1つのときは()を、メソッドの処理が1文のときは{}を省略できます。ラムダ式を使えば、さらにコードをかんたんにすることができるのです。

```
bt.addMouseListener(new MouseAdapter(
    e ->
    {
        ...
    }
);
```


イベント処理ではこれらの簡潔な記述方法もよく使われますので、知っておくと便利でしょう。

16.2 アプリケーションの応用

画像を表示する

今度は画像を扱うアプリケーションを作成してみましょう。「Image.jpg」という画像ファイルを用意します。次のコードを入力し、コードと画像を同じディレクトリ内に保存してください。

Sample5.java ▶ 画像を表示する

```
import java.awt.*;
import java.awt.event.*;

public class Sample5 extends Frame
{
   Image im;

   public static void main(String[] args)
   {
      Sample5 sm = new Sample5();
   }
   public Sample5()
   {
      super("サンプル");

      Toolkit tk = getToolkit();
      im = tk.getImage("Image.jpg");

      addWindowListener(new SampleWindowListener());

      setSize(250, 200);
      setVisible(true);
   }
   public void paint(Graphics g)
   {
      g.drawImage(im, 100, 100, this);
```

❶ツールキットを取得して・・・

画像を取得します

❷paint()メソッドを上書きし・・・

❸画像を描画する処理を行います

```
    }

    class SampleWindowListener extends WindowAdapter
    {
       public void windowClosing(WindowEvent e)
       {
          System.exit(0);
       }
    }
}
```

Sample5の実行画面

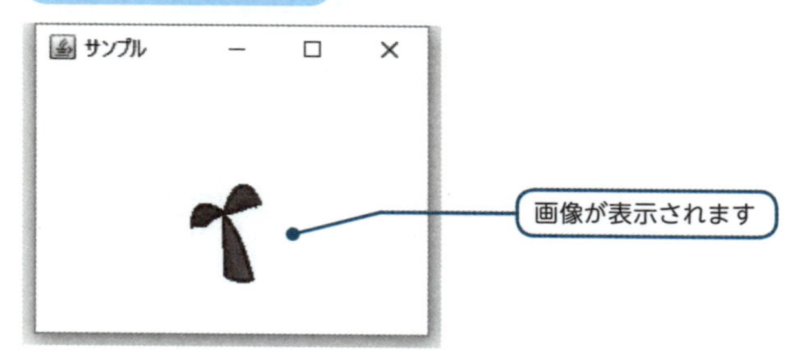

ここでは、まずツールキットと呼ばれる概念として扱われるオブジェクトを取得します（❶）。このgetImage()メソッドを呼び出して画像を読み込んでおきます。

また、フレームクラスのpaint()メソッドをオーバーライドします。このメソッドは、フレーム画面が描画されるときに呼び出されるメソッドとなっています（❷）。paint()メソッドの中では、GraphicsクラスのdrawImage()メソッドを呼び出して描画が行われるようにします（❸）。これで画像を表示することができるようになります。

なお、Graphicsクラスのメソッドには画像を描画するほかにも、さまざまな描画メソッドが用意されていますので紹介しておきましょう。

表16-5 Graphicsクラスの主なメソッド

メソッド名	機能
void drawArc(int x, int y, int width, int height, int startAngle, int arcAngle)	円弧を描く
Boolean drawImage(Image img, int x, int y, ImageObserver observer)	イメージを描く
void drawLine(int x1, int y1, int x2, int y2)	線を描く
void drawOval(int x, int y, int width, int height)	楕円を描く
void drawPolygon(int[] xPoints, int[] yPoints, int nPoints)	多角形を描く
void drawRect(int x, int y, int width, int height)	四角形を描く
void drawString(String str, int x, int y)	文字列を描く
void fillArc(int x, int y, int width, int height, int startAngle, int arcAngle)	塗りつぶされた円弧を描く
void fillOval(int x, int y, int width, int height)	塗りつぶされた楕円を描く
void fillPolygon(int[] xPoints, int[] yPoints, int nPoints)	塗りつぶされた多角形を描く
void setColor(Color c)	色を設定する
void setFont(Font font)	フォントを設定する

マウスで描画する

次に、画像の描画とイベント処理を組みあわせることで、マウスに反応して画像を描画するアプリケーションを作成してみましょう。

Sample6.java ▶ マウスで描画する

```
import java.awt.*;
import java.awt.event.*;

public class Sample6 extends Frame
{
   int x = 10;
   int y = 10;

   public static void main(String[] args)
   {
      Sample6 sm = new Sample6();
   }
```

Lesson 16

```
    public Sample6()
    {
       super("サンプル");

       addWindowListener(new SampleWindowListener());
       addMouseListener(new SampleMouseAdapter());

       setSize(250, 200);
       setVisible(true);
    }
    public void paint(Graphics g)
    {
       g.setColor(Color.RED);
       g.fillOval(x, y, 10, 10);
    }

    class SampleWindowListener extends WindowAdapter
    {
       public void windowClosing(WindowEvent e)
       {
          System.exit(0);
       }
    }
    class SampleMouseAdapter extends MouseAdapter
    {
       public void mousePressed(MouseEvent e)
       {
          x = e.getX();
          y = e.getY();
          repaint();
       }
    }
}
```

paint()メソッドを上書きし・・・

❶図形を描画する処理を行います

マウスを押したときに・・・

❷押した位置を取得します

❸図形が描画されるようにします

Sample6の実行画面

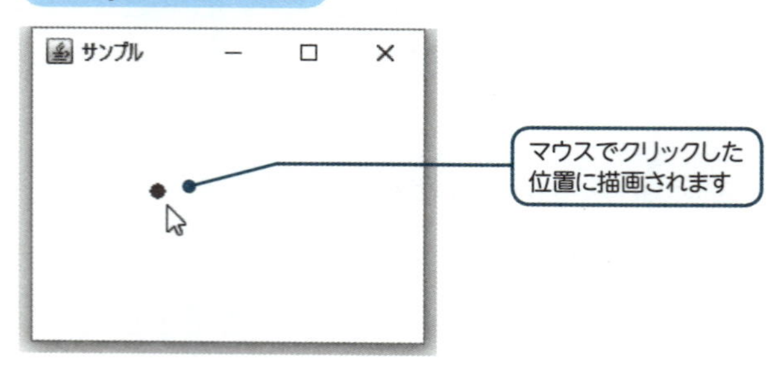

このアプリケーションでもpaint()メソッドをオーバーライドします。今度は図形を描画する処理を記述しています（❶）。

また、画面をクリックしたときに反応するようにイベント処理を行っています。ソースをフレーム（画面）としていることに注意してください。

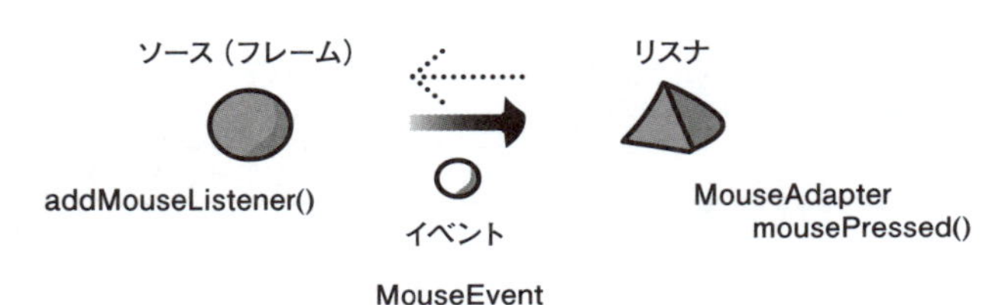

イベント処理の中では、まずマウスをクリックしたときにその位置を取得する処理を行います。MouseEventクラスのオブジェクトを調べると、マウスの座標を取得することができます（❷）。

そしてrepaint()メソッドを呼び出します（❸）。このメソッドによってフレームのpaint()メソッドが呼び出されます。このためマウスでクリックしたときに図形が描画されることになります。

アニメーションをする

最後に画面上でアニメーションを行う方法を紹介しましょう。アニメーションをするには、第15章で紹介したスレッドを使うことになります。

Sample7.java ▶ アニメーションをする

```
import java.awt.*;
import java.awt.event.*;

public class Sample7 extends Frame implements Runnable
{
   int num;

   public static void main(String[] args)
   {
```

```
        Sample7 sm = new Sample7();

    }
    public Sample7()
    {
        super("サンプル");

        addWindowListener(new SampleWindowListener());

        Thread th;
        th = new Thread(this);
        th.start();

        setSize(250, 200);
        setVisible(true);
    }
    public void run()
    {
        try {
            for(int i=0; i<10; i++){
                num = i;
                repaint();
                Thread.sleep(1000);
            }
        }catch(InterruptedException e){}
    }
    public void paint(Graphics g)
    {
        String str = num + "です。";
        g.drawString(str, 100, 100);
    }

    class SampleWindowListener extends WindowAdapter
    {
        public void windowClosing(WindowEvent e)
        {
            System.exit(0);
        }
    }
}
```

新しいスレッドを開始します

スレッドの処理です

❶描画を・・・

❷1秒ごとに行うようにします

❸文字が描画されるようにしておきます

Sample7の実行画面

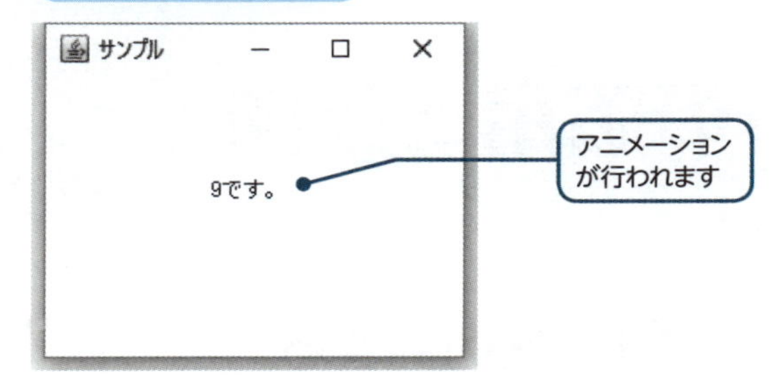

run()メソッド内では、repaint()メソッドを呼び出し、スレッドを1秒停止します。このため、画面が約1秒おきに描画されることになります（❶・❷）。この処理は10回繰り返して行われます。

また、paint()メソッド内では繰り返し回数numを文字として描画するようにしておきます（❸）。このため、数字が0から9まで、約1秒ごとに変化するアニメーションとなるのです。

16.3 Javaの応用と展開

スマートフォンアプリを開発する

グラフィカルなアプリケーションを作成することができたでしょうか。現在ではパソコン上のアプリケーションばかりでなく、スマートフォンやタブレットなどのモバイル環境で動作するアプリケーション（アプリ）がよく利用されています。Javaは特にスマートフォンで大きなシェアを持っているAndroid OS用のアプリ開発の現場で用いられています。

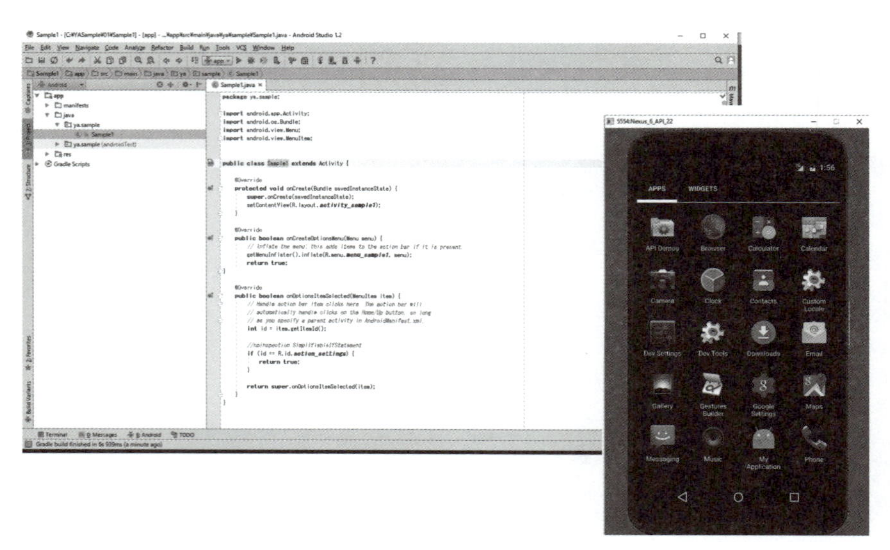

図16-2 Androidアプリ

JavaはAndroidアプリ開発の現場で用いられています。

Webアプリケーションを開発する

インターネットやWebを使ったシステムも広く普及しています。こうしたシステムは、WebシステムやWebアプリケーションと呼ばれます。JavaはWebアプリケーションのうち、特にサーバ上で動作するプログラムの開発に用いられています。

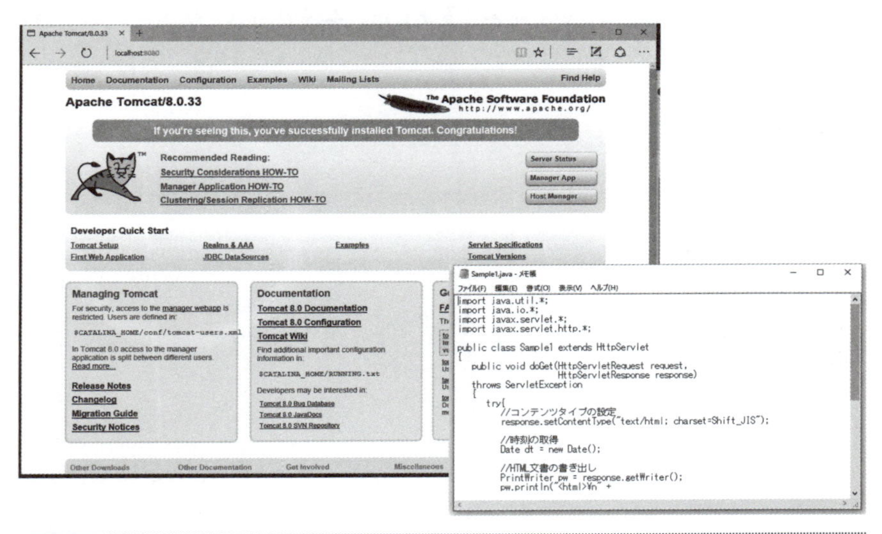

図16-3 Webアプリケーション
JavaはWebアプリケーションのうち、特にサーバ上で動作するプログラム開発で用いられています。

さらなる学習のために

Javaにはさまざまな可能性が開かれています。より深く学びたい方のために、本書のシリーズとして以下の書籍が刊行されています。

- 『やさしいJava 活用編』
  JavaによるGUIアプリケーション開発・サーバサイドプログラミング開発について学びます。

- 『やさしいJava オブジェクト指向編』
  Javaが採用するオブジェクト指向の考え方・開発設計手法についてくわしく学びます。
- 『やさしいAndroidプログラミング』
  Javaを使ったAndroidスマートフォンアプリの開発手法を学びます。

開発の目的にあわせてさまざまな技術を習得していくとよいでしょう。

本書ではJavaの基本について学んできました。本書の知識を基礎として、実践的なJavaプログラミングを自分のものとしていってみてください。

16.4 レッスンのまとめ

この章では次のようなことを学びました。

- ウィンドウをもつアプリケーションを作成することができます。
- ウィンドウ部品（AWT）を利用することができます。
- イベント処理を行ってマウスなどに反応させることができます。
- イベント処理をかんたんに記述するために無名クラスやラムダ式を使うことができます。
- スレッドによるアニメーションを作成することができます。

この章では、グラフィカルなウィンドウを作成する方法を学びました。Javaの標準クラスライブラリにはさまざまなグラフィカルなウィンドウ部品が用意されています。

またJavaを使って、さまざまな用途に応じた開発を行うことができます。スマートフォンアプリの開発、Webシステムの開発など、さまざまな開発が行われています。本書で学んだJavaの基本をおさえ、実践の場に活かしてください。

練習

1. 「Hello」という文字列がセリフ体・イタリック体・32ポイント・青で表示されるアプリケーションを作成してください。

2. 左上隅の座標が(50, 50)、幅・高さが(100, 100)である塗りつぶされた四角形を描くアプリケーションを作成してください。

3. マウスでクリックされた位置に、画像(Image.gif)の左上隅がくるように描くアプリケーションを作成してください。

4. マウスがアプリケーションに入ったとき「こんにちは」、アプリケーションから出たときに「さようなら」と座標が(100, 100)の位置から表示されるようにしてください。

5. Sample7を変更して、1秒ごとに文字が右へ10ずつ移動して表示されるようにしてください。

Appendix A

練習の解答

Lesson 1 はじめの一歩

1. ① ×　② ○　③ ×　④ ×　⑤ ×

Lesson 2 Javaの基本

1. このコードは文法上のまちがいはありません。コンパイルし、実行することができます。しかし、たいへん読みにくいコードです。改行やインデントなどを行って、次のように読みやすいコードにします。

```
//画面に文字を出力するコード
class SampleP1
{
   public static void main(String[] args)
   {
      System.out.println("ようこそJavaへ！");
      System.out.println("Javaをはじめましょう！");
   }
}
```

2.

```
//文字と数値を出力する
class SampleP2
{
   public static void main(String[] args)
   {
      System.out.println('A');
      System.out.println("ようこそJavaへ！");
      System.out.println(123);
   }
}
```

3.

```
class SampleP3
{
   public static void main(String[] args)
   {
      System.out.println(123);
      System.out.println("¥¥100もらった");
      System.out.println("またあした");
   }
}
```

4.

```
class SampleP4
{
   public static void main(String[] args)
   {
      System.out.println("1¥t2¥t3¥t");
   }
}
```

5.

●8進数

```
class SampleP5_1
{
   public static void main(String[] args)
   {
      System.out.println(06);
      System.out.println(024);
      System.out.println(015);
   }
}
```

●16進数

```
class SampleP5_2
{
   public static void main(String[] args)
   {
      System.out.println(0x6);
      System.out.println(0x14);
      System.out.println(0xD);
   }
}
```

Lesson 3 変数

1. ① ×　　② ×　　③ ○

2. char型の変数に、3.14をそのまま代入することはできません。

3.

```
import java.io.*;

class SampleP3
{
   public static void main(String[] args) throws IOException
   {
      System.out.println("あなたは何歳ですか？");

      BufferedReader br =
       new BufferedReader(new InputStreamReader(System.in));

      String str = br.readLine();

      int num = Integer.parseInt(str);

      System.out.println("あなたは" + num + "歳です。");
   }
}
```

4.

```
import java.io.*;

class SampleP4
{
   public static void main(String[] args) throws IOException
   {
      System.out.println("円周率の値はいくつですか？");

      BufferedReader br =
       new BufferedReader(new InputStreamReader(System.in));

      String str = br.readLine();

      double pi = Double.parseDouble(str);

      System.out.println("円周率の値は" + pi + "です。");
   }
}
```

5.

```
import java.io.*;

class SampleP5
```

App A

```
{
    public static void main(String[] args) throws IOException
    {
        System.out.println("身長と体重を入力してください。");

        BufferedReader br =
         new BufferedReader(new InputStreamReader(System.in));

        String str1 = br.readLine();
        String str2 = br.readLine();

        double num1 = Double.parseDouble(str1);
        double num2 = Double.parseDouble(str2);

        System.out.println("身長は" + num1 + "センチです。");
        System.out.println("体重は" + num2 + "キロです。");
    }
}
```

Lesson 4 式と演算子

1. ① × ② ○ ③ ×

2.

```
class SampleP2
{
    public static void main(String[] args)
    {
        int ans1 = 0-4;
        double ans2 = 3.14*2;
        double ans3 = (double)5/3;
        int ans4 = 30%7;
        double ans5 = (7+32)/(double)5;

        System.out.println("0-4は" + ans1 + "です。");
        System.out.println("3.14×2は" + ans2 + "です。");
        System.out.println("5÷3は" + ans3 + "です。");
        System.out.println("30÷7のあまりの数は" + ans4 + "です。");
        System.out.println("(7+32)÷5は" + ans5 + "です。");
    }
}
```

3.

```
import java.io.*;

class SampleP3
{
   public static void main(String[] args) throws IOException
   {
      System.out.println("正方形の辺の長さを入力してください。");

      BufferedReader br =
       new BufferedReader(new InputStreamReader(System.in));

      String str = br.readLine();

      int width = Integer.parseInt(str);

      System.out.println("正方形の面積は" + (width * width)
         + "です。");
   }
}
```

4.

```
import java.io.*;

class SampleP4
{
   public static void main(String[] args) throws IOException
   {
      System.out.println("三角形の高さと底辺を入力してください。");

      BufferedReader br =
       new BufferedReader(new InputStreamReader(System.in));

      String str1 = br.readLine();
      String str2 = br.readLine();

      int height = Integer.parseInt(str1);
      int width = Integer.parseInt(str2);

      System.out.println("三角形の面積は" + (height * width
       /(double) 2)+ "です。");
   }
}
```

5.

```
import java.io.*;

class SampleP5
{
   public static void main(String[] args) throws IOException
   {
      System.out.println("科目1～5の点数を入力してください。");

      BufferedReader br =
       new BufferedReader(new InputStreamReader(System.in));

      String str1 = br.readLine();
      String str2 = br.readLine();
      String str3 = br.readLine();
      String str4 = br.readLine();
      String str5 = br.readLine();

      int sum = 0;
      sum += Integer.parseInt(str1);
      sum += Integer.parseInt(str2);
      sum += Integer.parseInt(str3);
      sum += Integer.parseInt(str4);
      sum += Integer.parseInt(str5);

      System.out.println("5科目の合計点は" + sum + "点です。");
      System.out.println("5科目の平均点は" +
         (sum /(double) 5) + "点です。");
   }
}
```

なお、第6章で学ぶ繰り返し文などを使うと、さらにかんたんなコードを記述することができます。

Lesson 5 場合に応じた処理

1. ① a >= 0 && a < 10

② !(a==0)

③ a >= 10 || a == 0

2.

```
import java.io.*;

class SampleP2
{
   public static void main(String[] args) throws IOException
   {
      System.out.println("整数を入力してください。");

      BufferedReader br =
       new BufferedReader(new InputStreamReader(System.in));

      String str = br.readLine();
      int res = Integer.parseInt(str);

      if((res % 2) == 0)
         System.out.println(res + "は偶数です。");
      else
         System.out.println(res + "は奇数です。");
   }
}
```

3.

```
import java.io.*;

class SampleP3
{
   public static void main(String[] args) throws IOException
   {
      System.out.println("2つの整数を入力してください。");

      BufferedReader br =
       new BufferedReader(new InputStreamReader(System.in));

      String str1 = br.readLine();
      String str2 = br.readLine();

      int num1 = Integer.parseInt(str1);
      int num2 = Integer.parseInt(str2);

      if(num1 < num2){
         System.out.println(num1 + "より" + num2 +
             "のほうが大きい値です。");
      }
      else if(num1 > num2){
```

```
            System.out.println(num2 + "より" + num1 +
               "のほうが大きい値です。");
         }
         else{
            System.out.println("2つの数は同じ値です。");
         }
      }
   }
```

4.

```
import java.io.*;

class SampleP4
{
   public static void main(String[] args) throws IOException
   {
      System.out.println("0から10までの整数を入力してください。");

      BufferedReader br =
       new BufferedReader(new InputStreamReader(System.in));

      String str = br.readLine();
      int res = Integer.parseInt(str);

      if(res >= 0 && res <= 10){
         System.out.println("正解です。");
      }
      else{
         System.out.println("まちがいです。");
      }
   }
}
```

5.

```
import java.io.*;

class SampleP5
{
   public static void main(String[] args) throws IOException
   {
      System.out.println("成績を入力してください。");

      BufferedReader br =
       new BufferedReader(new InputStreamReader(System.in));
```

```
        String str = br.readLine();
        int res = Integer.parseInt(str);

        switch(res){
            case 1:
                System.out.println("もっとがんばりましょう。");
                break;
            case 2:
                System.out.println("もう少しがんばりましょう。");
                break;
            case 3:
                System.out.println("さらに上をめざしましょう。");
                break;
            case 4:
                System.out.println("たいへんよくできました。");
                break;
            case 5:
                System.out.println("たいへん優秀です。");
                break;
        }
    }
}
```

Lesson 6 何度も繰り返す

1.

```
class SampleP1
{
    public static void main(String[] args)
    {
        System.out.println("1～10までの偶数を出力します。");

        for(int i=1; i<=10; i++){
            if((i % 2) == 0)
                System.out.println(i);
        }
    }
}
```

2.

```
import java.io.*;

class SampleP2
{
   public static void main(String[] args) throws IOException
   {
      System.out.println("テストの点数を入力してください。(0で終了)");

      BufferedReader br =
       new BufferedReader(new InputStreamReader(System.in));

      int num = 0;
      int sum = 0;

      do{
         String str = br.readLine();
         num = Integer.parseInt(str);
         sum += num;
      }while(num != 0);

      System.out.println("テストの合計点は" + sum + "点です。");
   }
}
```

3.

```
class SampleP3
{
   public static void main(String[] args)
   {
      for(int i=1; i<=9; i++){
         for(int j=1; j<=9; j++){
            System.out.print(i*j+ "¥t");
         }
         System.out.print("¥n");
      }
   }
}
```

4.

```
class SampleP4
{
   public static void main(String[] args)
   {
```

```
        for(int i=1; i<=5; i++){
            for(int j=0; j<i; j++){
                System.out.print("*");
            }
            System.out.print("¥n");
        }
    }
}
```

5.

```
import java.io.*;

class SampleP5
{
    public static void main(String[] args) throws IOException
    {
        System.out.println("2以上の整数を入力してください。");

        BufferedReader br =
         new BufferedReader(new InputStreamReader(System.in));

        String str = br.readLine();
        int num = Integer.parseInt(str);

        for(int i=2; i<=num; i++){
            if(i == num){
                System.out.println(num + "は素数です。");
            }
            else if(num % i == 0){
                System.out.println(num + "は素数ではありません。");
                break;
            }
        }
    }
}
```

Lesson 7 配列

1. ① ×　② ×　③ ○
2. 配列の添字（test[5]）が要素数をこえています。
3. ① ア　② エ　③ カ　④ オ
4.

```
import java.io.*;

class SampleP4
{
   public static void main(String[] args) throws IOException
   {
      System.out.println("5人のテストの点数を入力してください。");

      BufferedReader br =
       new BufferedReader(new InputStreamReader(System.in));

      int[] test = new int[5];

      for(int i=0; i<test.length; i++){
         String str = br.readLine();
         int tmp = Integer.parseInt(str);
         test[i] = tmp;
      }

      int max = 0;

      for(int i=0; i<test.length; i++){
         if(max < test[i]){
            max = test[i];
         }
      }

      for(int i=0; i<test.length; i++){
         System.out.println((i+1) + "番目の人の点数は" +
            test[i] + "です。");
      }

      System.out.println("最高点は" + max + "点です。");
   }
}
```

Lesson 8 クラスの基本

1. ① ○　② ○　③ ×
2. setNumGas()メソッドの呼び出しに、Car型のオブジェクトをさす変数名がつけられていません。
3. イ
4. ① ○　② ×　③ ○
5.

```
class MyPoint
{
   int x;
   int y;

   void setX(int px)
   {
      x = px;
   }
   void setY(int py)
   {
      y = py;
   }
   int getX()
   {
      return x;
   }
   int getY()
   {
      return y;
   }
}

class SampleP5
{
   public static void main(String[] args)
   {
      MyPoint p1;
      p1 = new MyPoint();
      p1.setX(10);
      p1.setY(5);

      int px = p1.getX();
      int py = p1.getY();
```

```
        System.out.println("X座標は" + px + "Y座標は" + py +
            "でした。");
    }
}
```

Lesson 9 クラスの機能

1. ① ○　② ○　③ ×　④ ×
2. クラスメソッド内でインスタンスメソッドshow()を呼び出しています。
3. ① ×　② ○　③ ○
4. this();に気をつけてください。1つ目のオブジェクトを作成したときに①、2つ目のオブジェクトを作成したときに②と③の出力が行われます。

   ① 0　② 0　③ 1
5.

```
class MyPoint
{
    private int x;
    private int y;

    public MyPoint()
    {
        x = 0;
        y = 0;
    }
    public MyPoint(int px, int py)
    {
        if(px >= 0 && px <= 100) x = px; else x = 0;
        if(py >= 0 && py <= 100) y = py; else y = 0;
    }
    public void setX(int px)
    {
        if(px >= 0 && px <= 100)
            x = px;
    }
    public void setY(int py)
    {
        if(py >= 0 && py <= 100)
            y = py;
    }
    public int getX()
    {
```

```
        return x;
    }
    public int getY()
    {
        return y;
    }
}

class SampleP5
{
    public static void main(String[] args)
    {
        MyPoint p1;
        p1 = new MyPoint();
        p1.setX(10);
        p1.setY(5);

        int px1 = p1.getX();
        int py1 = p1.getY();

        System.out.println("p1のX座標は" + px1 + "Y座標は" +
            py1 + "でした。");

        MyPoint p2;
        p2 = new MyPoint(20, 10);

        int px2 = p2.getX();
        int py2 = p2.getY();

        System.out.println("p2のX座標は" + px2 + "Y座標は" +
            py2 + "でした。");
    }
}
```

Lesson 10 クラスの利用

1. ① ×　　② ○

2.

```
import java.io.*;

class SampleP2
{
    public static void main(String[] args) throws IOException
```

```
    {
        System.out.println("文字列を入力してください。");

        BufferedReader br =
         new BufferedReader(new InputStreamReader(System.in));

        String str1 = br.readLine();
        StringBuffer str2 = new StringBuffer(str1);
        str2.reverse();

        System.out.println(str1 + "を逆順にすると" + str2 +
           "です。");
    }
}
```

3.

```
import java.io.*;

class SampleP3
{
    public static void main(String[] args) throws IOException
    {
        System.out.println("文字列を入力してください。");

        BufferedReader br =
         new BufferedReader(new InputStreamReader(System.in));

        String str1 = br.readLine();

        System.out.println("aの挿入位置を整数で入力してください。");

        String str2 = br.readLine();
        int num = Integer.parseInt(str2);

        StringBuffer str3 = new StringBuffer(str1);
        str3.insert(num, 'a');

        System.out.println(str3 + "になりました。");
    }
}
```

4.

```
import java.io.*;

class SampleP4
{
   public static void main(String[] args) throws IOException
   {
      System.out.println("整数を2つ入力してください。");

      BufferedReader br =
       new BufferedReader(new InputStreamReader(System.in));

      String str1 = br.readLine();
      String str2 = br.readLine();

      int num1 = Integer.parseInt(str1);
      int num2 = Integer.parseInt(str2);

      int ans = Math.min(num1, num2);

      System.out.println(num1 + "と" + num2 +
         "のうち小さいほうは" + ans + "です。");
   }
}
```

Lesson 11 新しいクラス

1. ① × ② × ③ ○ ④ ○

2. ① × ② × ③ ○

3. ① A ② 0 ③ B ④ 0 ⑤ A ⑥ 1 ⑦ B ⑧ 1

1つ目のオブジェクトを作成すると、スーパークラスの引数なしコンストラクタが先に呼び出されます。2つ目のオブジェクトを作成したときには、super(b);の呼び出しにより引数1のコンストラクタが先に呼び出されます。

4.

```
class Car
{
   protected int num;
   protected double gas;
```

```
    public Car()
    {
       num = 0;
       gas = 0.0;
       System.out.println("車を作成しました。");
    }
    public void setCar(int n, double g)
    {
       num = n;
       gas = g;
       System.out.println("ナンバーを" + num + "にガソリン量を" +
          gas + "にしました。");
    }
    public String toString()
    {
       String str = "ナンバー" + num + "ガソリン量" + gas + "の車";
       return str;
    }
}

class SampleP4
{
    public static void main(String[] args)
    {
       Car car1 = new Car();
       car1.setCar(1234, 20.5);

       System.out.println(car1 + "です。");
    }
}
```

Lesson 12 インターフェイス

1. ① × ② ○ ③ ○ ④ ×

2. ① ○ ② ○ ③ ×（Dはインターフェイスです）

3. a

4. 抽象クラスのオブジェクトは作成できません。

Lesson 13 大規模なプログラムの開発

1. ① ○ ② × ③ ○ ④ ×

2. ① ○ ② × ③ ○

3. ① A　② A、B　③ C、D

4. パッケージ名の指定が誤っています。

Lesson 14 例外と入出力処理

1. ① ×　② ○　③ ○

2.

```
import java.io.*;

class SampleP2
{
   public static void main(String[] args)
   {
      try{
         PrintWriter pw = new PrintWriter
         (new BufferedWriter(new FileWriter("test1.txt")));

         pw.println("A long time ago,");
         pw.println("There was a little girl.");

         pw.close();
      }
      catch(IOException e){
         System.out.println("入出力エラーです。");
      }
   }
}
```

3.

```
import java.io.*;

class SampleP3
{
   public static void main(String[] args)
   {
      if(args.length != 1){
         System.out.println("ファイル名を正しく指定してください。");
         System.exit(1);
      }

      try{
         PrintWriter pw = new PrintWriter
         (new BufferedWriter(new FileWriter(args[0])));
```

```
            pw.println("A long time ago,");
            pw.println("There was a little girl.");

            pw.close();
         }
         catch(IOException e){
            System.out.println("入出力エラーです。");
         }
      }
}
```

Lesson 15 スレッド

1. ① ○　② ○　③ ×

2.

```
class Car implements Runnable
{
   private String name;

   public Car(String nm)
   {
      name = nm;
   }
   public void run()
   {
      for(int i=0; i<5; i++){
         System.out.println(name + "の処理をしています。");
      }
   }
}
class SampleP2
{
   public static void main(String[] args)
   {
      Car car1 = new Car("1号車");

      Thread th1 = new Thread(car1);
      th1.start();

      Car car2 = new Car("2号車");

      Thread th2 = new Thread(car2);
```

```
        th2.start();

        for(int i=0; i<5; i++){
            System.out.println("main()の処理をしています。");
        }
    }
}
```

3.

```
class Car implements Runnable
{
    private String name;

    public Car(String nm)
    {
        name = nm;
    }
    public void run()
    {
        for(int i=0; i<5; i++){
            try{
                Thread.sleep(1000);
                System.out.println(name + "の処理をしています。");
            }
            catch(InterruptedException e){}
        }
    }
}

class SampleP3
{
    public static void main(String[] args)
    {
        Car car1 = new Car("1号車");

        Thread th1 = new Thread(car1);
        th1.start();

        for(int i=0; i<5; i++){
            System.out.println("main()の処理をしています。");
        }
    }
}
```

Lesson 16 グラフィカルなアプリケーション

1.

```
import java.awt.*;
import java.awt.event.*;

public class SampleP1 extends Frame
{
   private Label lb;

   public static void main(String[] args)
   {
      SampleP1 sm = new SampleP1();
   }
   public SampleP1()
   {
      super("サンプル");

      lb = new Label("Hello");

      add(lb);

      lb.setForeground(Color.blue);
      lb.setFont(new Font("Serif", Font.ITALIC, 32));

      addWindowListener(new SampleWindowListener());

      setSize(250, 200);
      setVisible(true);
   }

   class SampleWindowListener extends WindowAdapter
   {
      public void windowClosing(WindowEvent e)
      {
         System.exit(0);
      }
   }
}
```

2.

```
import java.awt.*;
import java.awt.event.*;
```

```
public class SampleP2 extends Frame
{
   public static void main(String[] args)
   {
      SampleP2 sm = new SampleP2();
   }
   public SampleP2()
   {
      super("サンプル");

      addWindowListener(new SampleWindowListener());

      setSize(250, 200);
      setVisible(true);
   }
   public void paint(Graphics g)
   {
      g.setColor(Color.BLUE);
      g.fillRect(50, 50, 100, 100);
   }

   class SampleWindowListener extends WindowAdapter
   {
      public void windowClosing(WindowEvent e)
      {
         System.exit(0);
      }
   }
}
```

3.

```
import java.awt.*;
import java.awt.event.*;

public class SampleP3 extends Frame
{
   Image im;
   int x = 100;
   int y = 100;

   public static void main(String[] args)
   {
      SampleP3 sm = new SampleP3();
   }
   public SampleP3()
```

```
    {
       super("サンプル");

       Toolkit tk = getToolkit();
       im = tk.getImage("Image.jpg");

       addWindowListener(new SampleWindowListener());
       addMouseListener(new SampleMouseAdapter());

       setSize(250, 200);
       setVisible(true);
    }
    public void paint(Graphics g)
    {
       g.drawImage(im, x, y, this);
    }

    class SampleWindowListener extends WindowAdapter
    {
       public void windowClosing(WindowEvent e)
       {
          System.exit(0);
       }
    }
    class SampleMouseAdapter extends MouseAdapter
    {
       public void mousePressed(MouseEvent e)
       {
          x = e.getX();
          y = e.getY();
          repaint();
       }
    }
}
```

4.

```
import java.awt.*;
import java.awt.event.*;

public class SampleP4 extends Frame
{
   boolean bl;

   public static void main(String[] args)
   {
```

```
        SampleP4 sm = new SampleP4();
    }
    public SampleP4()
    {
        super("サンプル");

        bl = true;

        addWindowListener(new SampleWindowListener());
        addMouseListener(new SampleMouseAdapter());

        setSize(250, 200);
        setVisible(true);
    }
    public void paint(Graphics g)
    {
        if(bl == true){
            g.drawString("こんにちは。", 100, 100);
        }
        else{
            g.drawString("さようなら。", 100, 100);
        }
    }

    class SampleWindowListener extends WindowAdapter
    {
        public void windowClosing(WindowEvent e)
        {
            System.exit(0);
        }
    }
    class SampleMouseAdapter extends MouseAdapter
    {
        public void mouseEntered(MouseEvent e)
        {
            bl = true;
            repaint();
        }
        public void mouseExited(MouseEvent e)
        {
            bl = false;
            repaint();
        }
    }
}
```

5.

```
import java.awt.*;
import java.awt.event.*;

public class SampleP5 extends Frame implements Runnable
{
   int num;
   int x;

   public static void main(String[] args)
   {
      SampleP5 sm = new SampleP5();

   }
   public SampleP5()
   {
      super("サンプル");

      num = 0;
      x = 0;

      addWindowListener(new SampleWindowListener());

      Thread th;
      th = new Thread(this);
      th.start();

      setSize(250, 200);
      setVisible(true);
   }
   public void run()
   {
      try {
         for(int i=0; i<10; i++){
            num = i;
            x = i * 10;
            repaint();
            Thread.sleep(1000);
         }
      }catch(InterruptedException e){}
   }
   public void paint(Graphics g)
   {
      String str = num + "です。";
      g.drawString(str, x+100, 100);
   }
```

```
    class SampleWindowListener extends WindowAdapter
    {
       public void windowClosing(WindowEvent e)
       {
          System.exit(0);
       }
    }
}
```

Appendix

FAQ

コード作成時のFAQ

Q. ソースファイルの開きかたがわかりません。

A. テキストエディタを使ってソースファイルを開きます。

ここではWindowsに標準装備されているテキストエディタである「メモ帳」を例に説明しましょう。

❶メモ帳を起動します。

- Windows Vista/7

  「スタート」ボタン→［すべてのプログラム］→［アクセサリ］→［メモ帳］

- Windows 8.1

  スタート画面の何もないところで右クリックすると、画面下に「すべてのアプリ」ボタンが表示されるのでクリックして、アプリ一覧から「メモ帳」を選択

- Windows 10

  「スタート」ボタン→（［すべてのアプリ］）→［Windowsアクセサリ］→［メモ帳］

メモ帳が起動したら、［ファイル］→［開く］を選択します。

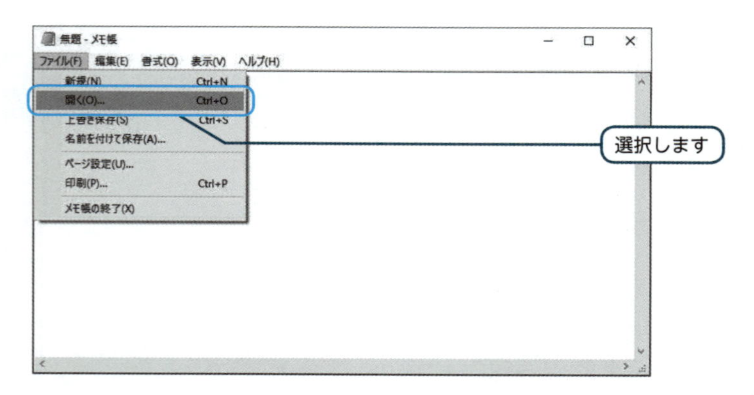

❷［ファイルの種類］で「すべてのファイル(*.*)」を選択し、［ファイルの場所］にソースファイルを保存したディレクトリを選択すると、中に保存されているファイルが表示されます。

作成したソースファイルを選択して「開く」ボタンをクリックすると、ファイルが開きます。

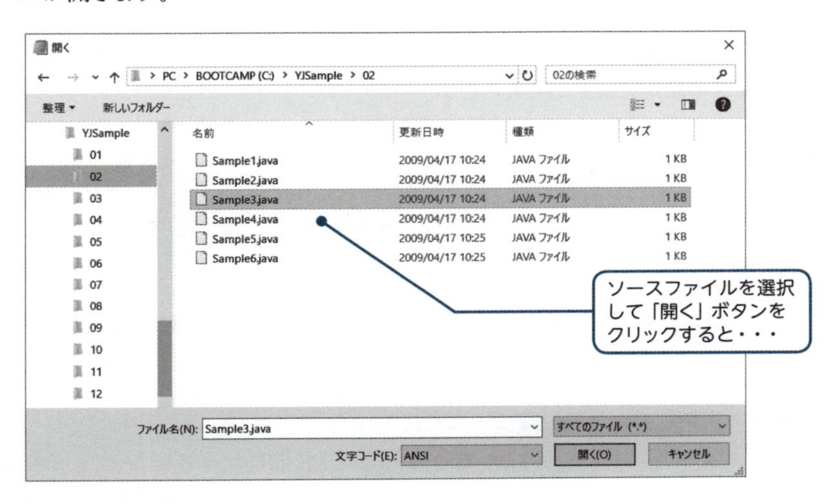

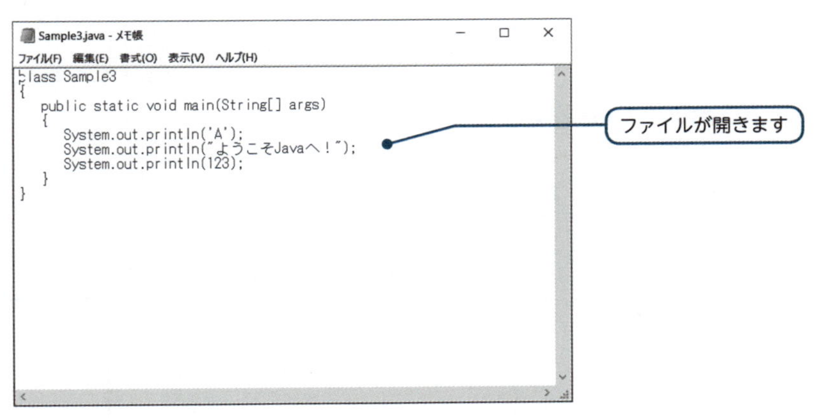

なお、デスクトップにメモ帳のショートカットを作成しておき、ソースファイルのアイコンをドラッグ＆ドロップすると、さらにかんたんにファイルを開くことができます。

コンパイル時のFAQ

Q.「コマンドまたはファイル名が正しくありません」と表示されてしまいます。

A. パスの設定を確認してください。

パスの設定方法は本書冒頭で解説しています。

Q.「Sample1.javaが読み込めません」と表示されてしまいます。

A. 以下のような解決方法が考えられます。

■ ソースファイルを保存したディレクトリに移動したかどうか確認してください。
ディレクトリの移動方法は本書冒頭で解説しています。

■ ソースファイルの名前を確認してください。
ファイル名が「Sample.java.txt」などという名前になってしまっている場合があります。このときには、次の手順でファイル名の拡張子を表示して確認してください。
Windows 8.1/10では、デスクトップ画面でフォルダウィンドウを開き、［表示］→［ファイル名拡張子］をチェックして表示します。

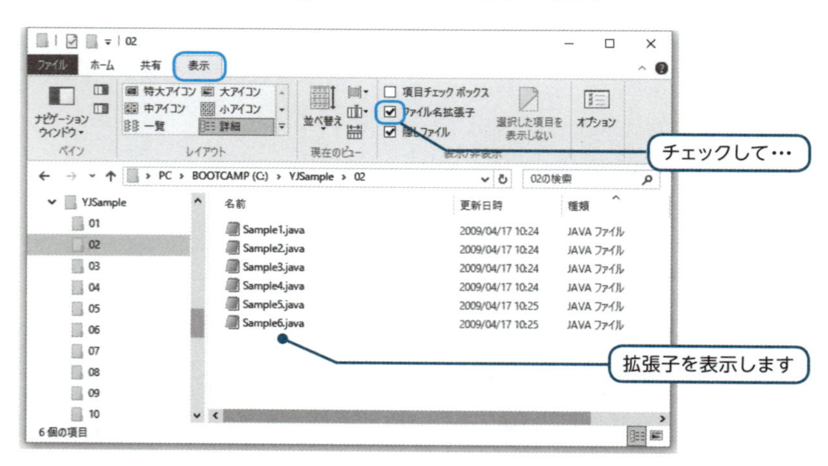

Windows 7では、次の手順で拡張子を表示します。

❶ ［スタート］ボタンを右クリックして、メニューから［エクスプローラを開く］を選択します。

❷ メニューから[整理]→[フォルダと検索のオプション]を選択します。

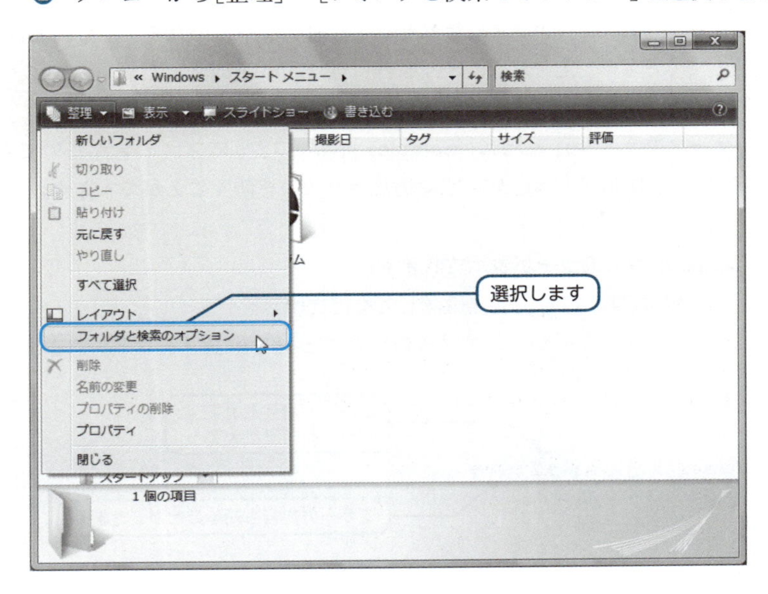

❸ [表示]タブを選択し、[登録されている拡張子は表示しない]の項目にチェックがついていたら、はずします。

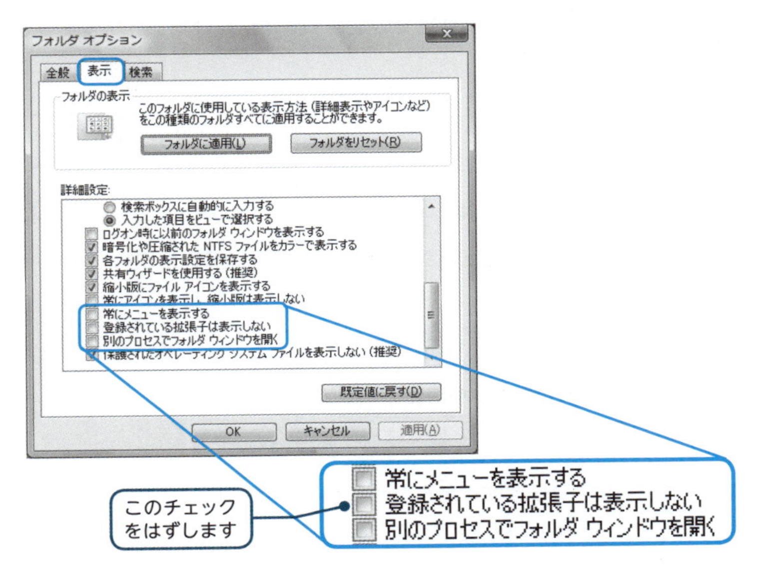

拡張子を表示できるようにしたら、作成したソースファイルのアイコンを確認し、もし「Sample1.java.txt」などという名前になっていたら、正しい名前に変更してください。たとえば、この場合には「Sample1.java」と訂正します。

なお、ソースファイル作成時に「"Sample1.java"」のようにファイル名を "" でくくって保存すると、拡張子「.txt」が末尾に追加されるのを防ぐことができます。

Q. コンパイル時にエラーが表示されます。

A. エラーが存在する行と内容を確認してください。

コンパイル時の表示から、エラーの存在する行を確認することができます。

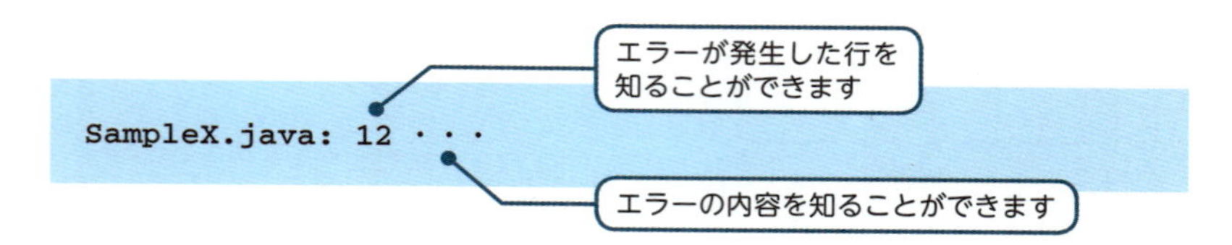

ただし、エラーが表示されている行と異なる行に誤りが存在する場合もあります。もっともよくある状況として、以下を確認してみてください

- カッコが正しく対応しているかどうか確認してください。
- その行で使用している変数・配列などの定義部分が正しいかどうか確認してください。

実行時のFAQ

Q. 「Exception in thread "main" java.lang.NoClassDefFoundError・・・」と表示されてしまいます。

A. 以下のような解決方法が考えられます。

- 大文字・小文字が正しいかどうか確認してください。

「Sample1」を「sample1」などとしてはいけません。

- 環境変数 [CLASSPATH] があるかどうか確認してください。

環境変数とは、viiiページで設定した[PATH]などのことです。この変数として[CLASSPATH]がある場合は、行の最後に「;.」(セミコロン+ピリオド)の2文字を追加してください。

Q. 「Exception in thread "main" java.lang.ArrayIndexOutOfBoundsException・・・」と表示されてしまいます。

A. 配列の要素へのアクセスが正しいかどうかを確認します。

配列の要素数をこえてアクセスしています。配列を定義する際の要素数が少ないか、配列の要素にアクセスする際の添字が正しいか確認します。

Q. 「Exception in thread "main" java.lang.NullPointerException・・・」と表示されてしまいます。

A. 変数に代入されているオブジェクトを確認します。

変数がオブジェクトを参照しておらずnullとなっています。変数の内容が正しくなっているかどうかを確認します。

Index

記号

! (論理演算子) 136
!= (関係演算子) 113
' ' (文字) 31
" " (文字列) 35, 308
% (剰余演算子) 80
& (ビット単位の論理演算子) 142
&& (論理演算子) 136
( ) (演算子の優先順位) 95
( ) (キャスト演算子) 98, 100
* (アスタリスク) 432
+ (文字列連結演算子) 80
++ (インクリメント演算子) 81
-- (デクリメント演算子) 81
. (メンバ参照演算子) 223
.java .... x, 9
.length 198, 209
, (カンマ) 248
/* */ (コメント) 26, 27
// (コメント) 26
; (セミコロン) 23, 120
<< (シフト演算子) 88
= (代入演算子) 52, 85, 181
== (関係演算子) 113
>> (シフト演算子) 88, 89
>>> (シフト演算子) 88, 89
? : (条件演算子) 139
\ (バックスラッシュ) 32
¥ (エスケープシーケンス) 32
^ (ビット単位の論理演算子) 142
{ } (ブロック) 23, 116
| (ビット単位の論理演算子) 142
| | (コメント) 136
~ (ビット単位の論理演算子) 142

数字

2進数 38
2次元配列 205
8進数 36, 38
10進数 38
16進数 36, 38

A

abstract 384, 385, 393
ActionListenerインターフェイス 510
actionPerformed()メソッド 510
addActionListener()メソッド 510
append()メソッド 312
ArrayIndexOutOfBoundsException 449
AWT (Abstract Window Toolkit) 503
　主な部品とクラス 506

B

boolean型 47
break文 129, 166
　～が抜けている 132
BufferedReaderクラス 461, 464
BufferedWriterクラス 463
byte型 47

C

case 129
catch 441
catchブロック 442
　～で例外を受けとる 441
cd 8
char型 47
charAt()メソッド 306, 307
classキーワード 215
close()メソッド 463
continue文 170

D

do～while文 159
double型 47, 48
drawImage()メソッド 516

E

equals()メソッド 374, 376, 377
Errorクラス 449, 456
Exceptionクラス 449
extends 342, 402

F

false 110
FileReaderクラス 464
FileWriterクラス 463
final 366, 367
finalize() 326
finallyブロック 443, 444, 445
float型 47
for文 148, 149
　拡張～ 201
　～のネスト 162
Frameクラス 504

G

getClass()メソッド 377
getImage()メソッド 516
Graphicsクラス 516, 517
GUI（Graphical User Interface） 502

I

if文 114, 117
if～else文 121, 122
if～else if～else 125
import 427
indexOf()メソッド 310, 311
InputStreamReaderクラス 461
instanceof演算子 391
int型 47
int[]型 178
　～の変数 192
Integerクラス 314
interface 393
IOExceptionクラス 449

J

Java仮想マシン 12
Java言語開発環境 vi
javaコマンド ..... xii, 11
java.applet 431
java.awt 431, 504
java.awt.event 431
java.awt.Image 431
javacコマンド ..... xi, 9
JavaFX 508
java.io 431, 462, 464
java.lang 431, 446
java.math 431
java.net 431
java.text 431
java.util 431
JDK ..... vi, 4
join()メソッド 486, 487

L

Labelクラス 506
length()メソッド 306, 307
long型 47

M

main()メソッド 22, 23, 293
Mathクラス 315, 368
max()メソッド 316
mouseEntered()メソッド 512
MouseEventクラス 519
mouseExited()メソッド 512
MouseListenerインターフェイス 512

N

new 179, 221
null 324, 325

O

Objectクラス 371
　主なメソッド 372

P

package 413, 417
paint()メソッド 516, 519, 521
parseInt()メソッド 315
print()メソッド 20, 21
println()メソッド 20, 21
PrintWriterクラス 463
private 263, 284, 424, 425
privateメンバ 262, 351
protected 352, 424, 425
protectedメンバ 352, 354, 355
public 265, 284, 424, 425
publicメンバ 265

R

random()メソッド 317
Readerクラス 464
readLine()メソッド 470
repaint()メソッド 519, 521

return 251, 255
Runnableインターフェイス 489, 490
RuntimeExceptionクラス 449, 456

S

setFont()メソッド 507
setForeGround()メソッド 507
setSize()メソッド 504
setVisible()メソッド 504
short型 47, 48
sleep()メソッド 483, 485
static 289
Stringクラス 305, 377
StringBufferクラス 311, 312
　主なメソッド 313
super. 364, 365, 366
super() 348, 349, 350
Swing 508
switch文 129
synchronized 496
System.in 460
System.out 20, 460

T

this. 237, 241, 366
this() 282, 283, 350
Threadクラス 477, 490
throw 452
Throwableクラス 446, 448, 449, 451
throws 453, 456, 457
toLowerCase()メソッド 309
toString()メソッド 372
toUpperCase()メソッド 309
true 110
try 441

U

Unicode 33

V

void 255

W

Webアプリケーション 523
while文 156
Writerクラス 462

あ行

値
　～の代入 52
　～を出力する 73
　～をたし算する 75
値渡し 330
アダプタクラス 513
アニメーション 519
イベント 508, 510
イベント処理 508, 513
入れ子 162
インクリメント演算子 81
　前置と後置 82
インスタンス 219
インスタンス変数 288
インスタンスメソッド 288
インターフェイス 370, 393
　～の拡張 402
　～の宣言 393
　～を実装する 394
インターフェイスの実装 395
　2つ以上の～ 400
インタプリタ 3, 11
インデックス ➡ 添字
インデント 25, 120
インポート 427
ウィンドウ部品 508
エスケープシーケンス 32
演算子 72, 78
　～の優先順位 91, 92, 94
オーバーライド 359, 362, 364
　～をしない 366
オーバーロード 269, 364
　注意 272
大文字と小文字の変換 308
オブジェクト 219
　～の作成 219, 222
　～を作成する 220
　～を配列で扱う 331
オブジェクト指向 230, 398
オペランド 72

か行

ガーベッジコレクション 325
拡張for文 201
拡張子 6
型 47

～のサイズ ………… 48
型変換 ………… 97
カプセル化 ………… 266, 346
画面への出力 ………… 18, 19
仮引数 ………… 244, 247
関係演算子 ………… 111, 112
偽 ………… 110
キーボードからの入力 ………… 61
機械語 ………… 3
機能 ………… 217
基本型 ………… 47
～の変数 ………… 329
キャスト演算子 ………… 98, 100
クラス ………… 27, 214, 215
～の宣言 ………… 217
～をインポートする ………… 432
～を拡張する ………… 340, 342
～を宣言する ………… 217
クラス階層 ………… 404, 405
クラス型の変数 ………… 319, 329
メソッドの引数 ………… 326
クラスファイル ………… 9, 13
クラス変数 ………… 289
～の宣言 ………… 289
クラス名 ………… 11, 27
クラスメソッド ………… 289, 314
注意 ………… 293
～の定義 ………… 289
～の呼び出し ………… 292
クラスライブラリ ………… 302, 318
～のパッケージ ………… 431
繰り返し ………… 161
繰り返し文 ………… 148
配列 ………… 183
継承 ………… 341, 346
後置 ………… 82
コード ………… 5
～の入力 ………… 4
～を読みやすくする ………… 24
コマンドプロンプト ………… iv
コマンドライン引数 ………… 467, 468, 471
コメント ………… 26
コレクションクラス ………… 335
コンストラクタ ………… 274, 275
省略 ………… 283
スーパークラスの～を指定する ………… 347
スーパークラスの～を呼び出す ………… 346
～に修飾子をつける ………… 284
～のオーバーロード ………… 278
引数なしの～ ………… 347
コンパイラ ………… 3, 8
コンパイル ………… 8
エラー ………… 10
コンポーネント ………… 504

さ行

サブインターフェイス ………… 402
サブクラス ………… 341
～の宣言 ………… 342
メンバへのアクセス ………… 351
サブパッケージ ………… 428
参照型の変数 ………… 197, 223
参照渡し ………… 330
式 ………… 72
識別子 ………… 45
字下げ ………… 25, 120
シフト演算 ………… 89
シフト演算子 ………… 88
修飾子 ………… 267, 284, 425
～を省略したメンバ ………… 267
出力 ………… 461
画面への～ ………… 18, 19
式の値 ………… 73
変数の値 ………… 54
順次 ………… 161
条件 ………… 110
複数の～ ………… 125
条件演算子 ………… 139, 141
条件判断文 ………… 114
条件分岐 ………… 161
剰余演算子 ………… 80
数値リテラル ………… 35
スーパーインターフェイス ………… 402
スーパークラス ………… 341, 450
～と同じ名前のメンバを使う ………… 364
～のprivateメンバ ………… 351
～のコンストラクタを指定する ………… 347
～のコンストラクタを呼び出す ………… 346
～の変数でオブジェクトを扱う ………… 359
ストリーム ………… 459
スマートフォンアプリ ………… 522
スレッド ………… 476
～の作成方法 ………… 489
～の終了を待つ ………… 486

　～を一時停止する ... 483
　～を起動する ... 477, 480
整数リテラル ... 35
セット ... 335
セミコロン ... 120
選択 ... 161
前置 ... 82
添字 ... 180, 184
ソース ... 510
ソースコード ... 5
ソースファイル ... 7
ソート ... 201, 204

た行

代入演算子 ... 85
多次元配列 ... 205
　初期化 ... 207
多重継承 ... 399
多重定義 ➡ オーバーロード
多態性 ... 271, 346, 363
単項演算子 ... 79
抽象クラス ... 384, 386, 390
　～の宣言 ... 385
抽象メソッド ... 385, 394
定数 ... 368, 394
ディレクトリ ... v
データ型 ... 47
テキストエディタ ... 4, 6
デクリメント演算子 ... 81
　前置と後置 ... 82
デフォルトコンストラクタ ... 284
同期 ... 493, 496
統合開発環境 ... 7
トークン ... 30

な行

内部クラス ... 514
名前空間 ... 425
入出力機能 ... 459
入力 ... 461
　誤った～ ... 66
　キーボードからの～ ... 61
　数値 ... 64
ネスト ... 162

は行

バイト ... 48
バイトコード ... 8, 13
配列 ... 176, 188
　オブジェクトの～ ... 331
　ソート ... 201
　～の初期化 ... 190
　～の宣言 ... 178, 179, 188
　～の添字 ... 184
　～の長さ ... 198
配列型 ... 178
配列変数 ... 178, 192, 197
　代入 ... 179, 194
配列要素
　～の確保 ... 178, 179
　～への値の代入 ... 181
パス ... ix
パッケージ ... 413
　クラスライブラリの～ ... 431
　サブ～ ... 428
　名前のない～ ... 417
バッファ ... 461
反復 ... 161
引数 ... 242
　～なしのコンストラクタ ... 347
　～のないメソッド ... 250
　複数の～ ... 248
引数リスト ... 248
左結合 ... 93
左シフト演算子 ... 88
ビット ... 48
ビット単位の論理演算子 ... 141, 142
標準出力 ... 20, 63
標準入力 ... 63
ファイル ... 461
　～から入力する ... 463
　～に出力する ... 462
　～の分割 ... 410
　～を分割する ... 410
フィールド ... 217, 218
　～にアクセスする ... 224, 236
　～の初期値 ... 277
浮動小数点数リテラル ... 35
フレーム ... 504
プログラム ... 2
　～の実行 ... 11
ブロック ... 23, 116
　～にしない ... 119
文 ... 23

変数 …… 44
～の値を代入する …… 58
～の値を変更する …… 56
～の初期化 …… 55
～の宣言 …… 50
～の宣言位置 …… 60
～の名前 …… 46
～への代入 …… 52, 53
～をループ内で使う …… 151
ポリモーフィズム ➡ 多態性

ま行

真 …… 110
マップ …… 335
右結合 …… 94
右シフト演算 …… 89
実引数 …… 244, 247
無名クラス …… 514
メソッド …… 217, 231
～にアクセスする …… 238
～のオーバーロード …… 269
～の定義 …… 231, 251
～の呼び出し …… 233
引数のない～ …… 250
戻り値のない～ …… 254
～を定義する …… 232
～を呼び出す …… 233, 243
メモリ …… 44
メンバ …… 217, 231
～にアクセスする …… 223, 224
～へのアクセスの制限 …… 260
文字
～の色・フォント …… 507
～を検索する …… 310
文字コード …… 33
文字ストリーム …… 461
文字リテラル …… 31
文字列 …… 305
～を追加する …… 311
文字列オブジェクト …… 308
文字列リテラル …… 35
文字列連結演算子 …… 80
戻り値 …… 251
～のないメソッド …… 254
「モノ」の概念 …… 215

や行

要素 …… 178
～の確保 …… 188

ら行

ラッパクラス …… 314
ラップ …… 314
ラベル …… 504
ラムダ式 …… 514
乱数 …… 317
リスト …… 335
リスナ …… 510
リテラル …… 29
数値～ …… 35
整数～ …… 35
浮動小数点数～ …… 35
文字～ …… 31
文字列～ …… 35
ループ文 ➡ 繰り返し文
例外 …… 438, 446
～が送出された …… 439
～の情報を出力する …… 447
～の送出 …… 452
～を受けとめなかった場合 …… 455
～を送出するメソッド …… 453
例外クラスを宣言する …… 451
例外処理 …… 440, 441
～をしなくてもよいクラス …… 456
ローカル変数 …… 295
論理演算子 …… 135, 136
ビット単位の～ …… 141, 142

わ行

ワープロ …… 5

●著者略歴

高橋 麻奈

1971年東京生まれ。東京大学経済学部卒業。主な著作に『やさしいC』『やさしいC++』『やさしいC#』『やさしいC アルゴリズム編』『やさしいJava 活用編』『やさしいXML』『やさしいPHP』『やさしいJava オブジェクト指向編』『やさしいAndroidプログラミング』『やさしいiOSプログラミング』『やさしいWebアプリプログラミング』『やさしいITパスポート講座』『やさしい基本情報技術者講座』『やさしい応用情報技術者講座』『やさしい情報セキュリティスペシャリスト講座』『マンガで学ぶネットワークのきほん』『やさしいJavaScriptのきほん』(SBクリエイティブ)、『入門テクニカルライティング』『ここからはじめる統計学の教科書』(朝倉書店)、『心くばりの文章術』(文藝春秋)、『親切ガイドで迷わない統計学』『親切ガイドで迷わない大学の微分積分』(技術評論社) などがある。

本書のサポートページ(サンプルコードダウンロード)
http://mana.on.coocan.jp/yasaj.html

やさしいJava 第6版

2000年 9月30日 初版 発行
2002年 3月25日 第2版 発行
2005年 9月10日 第3版 発行
2009年 9月 3日 第4版 発行
2013年 9月 3日 第5版 発行
2016年 9月10日 第6版第1刷発行
2017年 8月22日 第6版第3刷発行

著 者 高橋 麻奈
制 作 風工舎
発行者 小川 淳
発行所 SBクリエイティブ株式会社
〒106-0032 東京都港区六本木2-4-5
営 業 03-5549-1201
印 刷 株式会社シナノ
カバーデザイン 新井 大輔
帯・扉イラスト コバヤシヨシノリ

落丁本、乱丁本は小社営業部にてお取り替えします。
定価はカバーに記載されています。

Printed in Japan ISBN978-4-7973-8826-8